大学文科基本用书

DAXUE WENKE JIBEN YONGSHU

中华茶文化概论

主编

刘礼堂　吴远之

副主编

宋时磊

编写者

（按姓氏音序排列）

高添璧　关剑平　蒋文倩　李　芳

刘礼堂　沈冬梅　施由明　宋时磊

吴远之　徐　学

北京大学出版社

PEKING UNIVERSITY PRESS

图书在版编目(CIP)数据

中华茶文化概论/刘礼堂，吴远之主编. —北京：北京大学出版社，2020.12
大学文科基本用书
ISBN 978-7-301-31727-3

Ⅰ.①中…　Ⅱ.①刘…②吴…　Ⅲ.①茶文化—中国—高等学校—教材
Ⅳ.①TS971.21

中国版本图书馆 CIP 数据核字(2020)第 191416 号

书　　名	中华茶文化概论 ZHONGHUA CHA WENHUA GAILUN
著作责任者	刘礼堂　吴远之　主编
责任编辑	徐　迈
标准书号	ISBN 978-7-301-31727-3
出版发行	北京大学出版社
地　　址	北京市海淀区成府路 205 号　100871
网　　址	http://www.pup.cn　　新浪微博：@北京大学出版社
电子邮箱	编辑部 wsz@pup.cn　　总编室 zpup@pup.cn
电　　话	邮购部 010-62752015　发行部 010-62750672 编辑部 010-62752022
印 刷 者	北京虎彩文化传播有限公司
经 销 者	新华书店
	965 毫米×1300 毫米　16 开本　19.5 印张　336 千字 2020 年 12 月第 1 版　2024 年 11 月第 7 次印刷
定　　价	58.00 元

目　录

导　论

中国人酷爱饮茶。林语堂在《中国与中国人》(又译:《吾国与吾民》)中说:“中国人最爱品茶,在家中喝茶,上茶馆也是喝茶;一个人独处喝茶,与友朋相聚,也是喝茶;开会时喝茶,打架讲理也要喝茶;早饭前喝茶,午饭后也要喝茶。有清茶一壶,中国人便可随遇而安。”[①]从宋代开始,茶已经成为中国人的“开门七件事”之一,“柴米油盐酱醋茶”是人们生活必需品或日常琐事的代称。在网络上,年轻人为了表达对平庸日常生活的反叛,还创造了一句流行语:“生活,不只有柴米油盐酱醋茶,还有琴棋书画诗酒茶。”“茶”在这里出现了两次,其内涵却是截然不同的,前者是日常生活,后者是休闲、雅致,是个人的品位和情趣,是在茶中体验物我两忘、天人合一的至高境界。所以茶文学作家王旭烽说:“茶是个和气性子,与谁都合得来。柴门也进得,侯门也进得,不卑不亢,不做宠物状,所以和柴米油盐酱醋过日子的同时,也能与琴棋书画诗酒共发雅性,且在那个浪漫天地里,还担任着缺一不可的角色。只是就像一个艺术天赋极高的人一样,绚烂之后归于平淡,自己不评说,只待旁人去品味罢了。”[②]可以说,茶作为一种文化,已经深深融入中华文明的血液之中,不断滋养中国人的体魄和精神。

一　概念源流与认同肇始

中国茶叶的起源,向来有“神农尝百草,一日而遇七十毒,得茶而解之”[③]的说法。这一说法有不少的拥趸,一些产茶区把炎帝神农视为中国

---

① 林语堂:《中国与中国人》,丁镜心译,战时读物编译社 1938 年版,第 54 页。

② 王旭烽:《旭烽茶话》,浙江摄影出版社 2006 年版,第 76 页。

③ 陈元龙:《格致镜原》卷二一,《文渊阁四库全书》本。

"茶祖",陆羽在《茶经》中也说,茶作为饮料是从神农开始的。2015 年,浙江省文物考古研究所、中国农业科学院茶叶研究所(杭州)也曾发布消息,认为浙江余姚田螺山遗址所发现的距今六千年左右的古树根是茶树根,并宣布这是我国境内考古发现的最早的人工种植茶树的遗存。但对于以上这两种观点,学术界向来有很大争议,前者更多被视为美好的神话传说,后者则有太多疑点。中国茶叶的开发利用历史,目前可追溯至西汉,应是可信的。这既有陕西汉阳陵出土的茶叶为实物证据,也有西汉王褒《僮约》"烹茶尽具""武都买茶"的文献印证,从二重证据法的角度解读,可信度相对较高一些。

尽管中国人开发利用茶叶的时间存在争议,但茶文化的确立时期则相对统一,一般都认为是在唐代。茶文化概念的出现是比较晚近的事件,但该概念一经提出,便获得了各界的广泛认同,已融入我们日常的语言之中。在此之前,人们用"茶礼""茶风""茶俗"等词汇来表达与茶文化相关的观念。最早将"茶"与"文化"连在一起使用的是日本学者,1937 年诸冈存在东京大东出版社出版了《茶与茶文化》(『茶とその文化』)。20 世纪 40 年代,中国也有类似表述。1941 年《贸易月刊》发表《茶与文化》一文,扼要分析了茶树的起源地问题,认为茶叶经汉人几千年的栽培改良而发展成世界性的饮料。作者的潜台词是,茶之所以成为一种文化,主要是因为与人类社会的结合。1948 年 5 月 20 日,《申报》(上海版)第 8 版刊登《泡茶与文化》一文,篇首简要提到了不同时期茶文化的变迁。20 世纪 80 年代,社会上再次掀起了茶与文化的议题。以日本国立民族学博物馆为中心,日本成立"茶文化研究会",其活动成果之一是 1981 年日本学者守屋毅编的《茶文化及其综合研究》(『茶の文化:その総合的研究』)。

中华茶文化的自觉始于台湾,然后迅速拓展到了大陆。1973 年,刘汉介的科普性读物《中国茶艺》在台湾晓群出版社出版。1977 年,台北市仁爱路出现了第一家茶艺馆。"茶艺"一词的使用,有建立与日本茶道范式相区别的茶文化的独立意识。[①] 1978 年,台北、高雄等地成立了地方性的茶文化组织"茶艺协会"。1980 年,台湾天仁集团成立陆羽茶艺中心,并出版《茶艺

---

① 据台湾中华民俗学会理事长娄子匡教授称,当时有一批茶叶爱好者提出弘扬茶文化的倡议,有人提出"茶道"一词。但有人认为"茶道"虽然建立于中国,但日本使用该词历史已久,如果此时提出"茶道"容易引起误会,以为是把日本茶道搬到中国来;另一个顾虑是,怕提出"茶道"过于严肃,人们很难在短时间内普遍接受,于是提出了"茶艺"一词。(见范增平《台湾茶业发展史》,台北,碧山岩出版社 1992 年版,第 277 页。)

月刊》。1982 年台湾全省性质的茶艺社团“中华茶艺协会”在台北成立,创办中华茶艺杂志社,举办中华茶艺选拔赛,推动茶文化交流。1982 年,娄子匡教授在为许明华、许明显的《中国茶艺》作的序里,使用了“茶文化”一词。之后,茶文化的概念逐渐普及开来,1987 年张宏庸在《茶的历史》一书中,多次提到茶文化,他旗帜鲜明地提出“中国茶文化是世界茶文化的矢嚆”①。1988 年范增平在台湾省发起成立了“中华茶文化学会”。与此同时,大陆茶文化研究也发展起来。1983 年,杭州召开了“茶叶与健康、茶叶与文化研究讨论会”,开启了茶文化的全国性交流探讨的序幕。1984 年 5 月,陈椽在《茶业通史》第 10 章中,论述了茶与文化的关系。同年 7 月,庄晚芳在《中国茶文化的传播》一文中,提倡发扬“中国茶文化”,并指出“茶的传播也就是中国文化的传播”。②

“茶文化”概念的普遍接受和使用是在 20 世纪的 80 年代末到 90 年代初。论文发表方面,1989 年茶文化的论文已经比较集中出现,如吕维新的《继承和发扬我国茶叶文化——兼评〈大观茶论〉》,郭泮溪的《唐代饮茶习俗与中国茶文化之始》,邱永生、赖云川的《茶文化——中国传统文化的瑰宝》,丛中笑的《中国茶文化散论》等。论著出版方面,1991 年,王冰泉、余悦主编的《茶文化论》出版,书中的《中国茶文化学论纲》一文系统探讨了中国茶文化学的理论体系,同年出版的还有姚国坤等人编著的《中国茶文化》;1992 年,陈宗懋等人主编的《中国茶经》、朱世英主编的《中国茶文化辞典》等带有索引和百科全书性质的茶文化著作出版,茶文化学者王玲出版了《中国茶文化》,在湖南常德举办的“第二届国际茶文化研讨会”的会议论文也由王家扬编选为《茶文化的传播及其社会影响》出版。杂志编辑方面,1991 年江西省社会科学院主办的《农业考古》杂志,开始推出“中国茶文化专号”,成为中国茶文化研究的特色代表期刊。会议和学术组织方面,1989 年在北京民族文化宫举办了首届“茶与中国文化展示周”;1990 年 10 月,首届“国际茶文化研讨会”在杭州召开,成立了“国际茶文化研讨会常设委员会”,在此基础上,1993 年正式成立了“中国国际茶文化研究会”;1991 年中国农业科学院茶叶研究所、中华茶人联谊会等 15 家单位举办“中华茶文化学术研讨会”;1994 年,上海举办首届“上海国际茶文化节”,同年 11 月,在陕西法门寺召开了“唐代茶文化国际学术讨论会”。文化场馆建设方面,

---

① 张宏庸编纂:《茶的历史》,桃园,茶学文学出版社 1987 年版,第 41 页。

② 庄晚芳:《中国茶文化的传播》,《中国农史》1984 年第 2 期。

1990 年位于浙江省杭州市西湖西南面龙井路旁双峰村的中国茶叶博物馆建成开馆，这是茶文化主题博物馆。影视文学作品方面，1993 年 10 月，中央电视台播出 8 集电视专题片《中华茶文化》；1995 年，中央电视台播出 18 集电视系列片《话说茶文化》；1995 年—1999 年，王旭烽的长篇小说“茶人三部曲”《南方有嘉木》《不夜之侯》《筑草为城》先后出版。

至此，经过各方面的努力，茶文化作为一个概念，已经得到广泛认同。其中，中国农业科学院陈宗懋教授（2003 年当选为中国工程院院士）主编的《中国茶经》，受到各方面好评，1998 年获“国家科技进步奖”三等奖；王旭烽的“茶人三部曲”前两部于 2000 年获得“第五届茅盾文学奖”。这些主流奖项的获得，既标志茶文化的概念已被普遍接受，也标志着茶文化的研究和传播进入了新的阶段。

二　概念的界定与概说

如前文所述，我国种茶、饮茶的历史可追溯至西汉。但种植和品饮不等于茶文化，只能说是茶文化形成的前提条件，这些活动中必须有人的广泛参与，且要上升到精神层面，才能说已经形成了茶文化。茶与文化紧密相连，所呈现的茶事文化，与中国传统文化相融。陆羽的《茶经》开篇即言：“茶者，南方之嘉木也。”此语提纲挈领，道出了茶之物质与精神水乳交融的复合形态：茶者，生长于南部的嘉物，具有君子般的风范。

文化有广义和狭义之分。广义的文化，一般包括三种类型：器物性文化、制度性文化和精神性文化。狭义的文化，主要指精神性文化，正如费孝通所言：“包括着各种知识，包括着道德上、精神上及经济上的价值体系，包括着社会组织的方式，及最后，并非最次要的，包括着语言。”[①]同样地，茶文化作为文化的一个具体分支，也有广义和狭义之分。较早尝试对茶文化概念做出界定的是王玲，她在《中国茶文化》一书中说：“研究茶文化，不是研究茶的生长、培植、制作、化学成分、药学原理、卫生保健作用等自然现象，这是自然科学家的工作。也不是简单把茶叶学加上考古和茶的发展史。我们的任务，是研究茶在被应用过程中所产生的文化和社会现象。”[②]其实，该定义明显同义重复，实际上没有直接界定。1999 年，陈文华在《中华茶文化基

---

① 费孝通：《文化与文化自觉》，群言出版社 2005 年版，第 20 页。

② 王玲：《中国茶文化》，中国书店 1992 年版，第 12 页。

础知识》中下的定义是：广义的茶文化是指整个茶叶发展历程中有关物质和精神财富的总和；狭义的茶文化则是专指其"精神财富"。[①] 这种分类方法，是文化分析常用的分析方法，即将文化分为技术和价值两个体系：技术体系是指人类加工自然生成的技术的、器物的、非人格的、客观的东西；价值体系是指人类在加工自然、塑造自我的过程中形成的规范的、精神的、人格的、主观的东西。这两个体系经由语言和社会结构组成统一体，也就是广义的文化。在这个逻辑框架和体系之下，文化又可分为物态文化、制度文化、行为文化、心态文化。陈文华便是从这四个角度对茶文化的领域进行了分析，但这种常见的分类法，在一定程度上，缺乏学术内核，失之于笼统和泛化。

可见，下一个定义是困难的。阮浩耕便深知此苦，他在下定义时显得颇为踌躇："如果试着给茶文化下一定义，是否可以是：以茶叶为载体，以茶的品饮活动为中心内容，展示民俗风情、审美情趣、道德精神和价值观念的大众生活文化。"[②]丁以寿也面临着同样的困惑，他认为广义上的茶文化，林林总总、包罗万象，还与茶学有重复之嫌，内涵太宽泛，狭义的茶文化又显得内涵狭隘，两者都难圆满。为此，他提出了"中义"的茶文化概念，主要包括精神文化层、行为文化层的全部，以及物质文化层的部分，不包括制度文化层。[③] 即茶文化是茶学的一部分，茶文化、茶经贸、茶科技三足鼎立，共同构成了茶学。相对而言，这种界定方式比较清晰，给茶文化确立了边界，这一定义确定了茶文化的外延，说明了茶文化包括哪些领域，而没有对内涵做出说明。内涵是事物的特有属性的反映，从这一定义上，我们看不出茶文化的本质属性表现在什么方面。

因此，本教材并不给出明确的茶文化定义，只将茶文化作为一种物质与精神双重融合的综合性文化。文化有着内在规定性和约定俗成性，茶文化同样如此。本教材主要介绍茶文化的发展历史、思想哲理、茶事艺文、饮茶习俗、品类功用、茶艺、茶俗、茶礼、茶馆、茶具及对外传播等。

本教材书名使用了"中华茶文化"，而不是"中国茶文化"。之所以没有使用"中国"而使用"中华"作为茶文化的限定语，是因为在中国文明发源早期，"中国"是地理意义上的概念。"中国"一词最早见于西周初年青铜何尊铭文"兹宅中国"之语，表达的是"天下之中"的意思。春秋战国的诸子言论

---

① 陈文华编著：《中华茶文化基础知识》，中国农业出版社 1999 年版，第 96—99 页。

② 阮浩耕：《茶馆风景》，浙江摄影出版社 2003 年版，第 2 页。

③ 丁以寿主编：《中国茶文化概论》，科学出版社 2018 年版，第 2—3 页。

中，“中国”的称呼已经比较常见，表达的是“中原”之意，主要包括今天的山西、山东、河南、河北一带。随着疆域的不断扩大，“中国”表达的地域也得到扩大。另一方面，随着近代民族国家政权的建立，“中国”一词也有了主权国家的含义。与“中国”相比，“中华”一词出现时间要晚，见于《三国志·诸葛亮传》裴松之注“若使游步中华”。但“华”的概念出现很早，在《尚书·周书·武成》中，“华”作为族群之称，是“圣王后代”的意思。《尚书》中多次出现“华夏”，是文明礼仪的代称，与外族对举。随着时间的推移和民族的不断融合，“华”被赋予的含义也被拓宽，代指所有中国人。因此，中华不仅指文化意义上的中国，在更广的范围内，还包括当今世界上的华人文化，即便没有生活在中国，只要是华人，喜欢饮茶品茗，那么，他们也归属于中华茶文化的范畴。

三　中华茶文化的特质

要对中华茶文化的特质进行分析，就要确定茶文化的维度。茶文化的维度分析包括两项基本的分析内容，即茶文化的主维度分析与茶文化的次维度分析。任何一种文化，都离不开三个维度，族群、时间和空间。族群是文化最核心和最基础的部分，没有族群则文化无法附着、依存，更无法发展演化。爱琴海最南面的克里特岛上的米诺斯文化曾经盛极一时，公元前1500年后被火山喷发的岩浆所吞噬，该文化就此销声匿迹。族群繁衍生息，有了物质生产、制度设计和精神文明的创造，这一过程体现了文化发展的历史和时间。在长期的实践中，族群不断发展和创造，文化才能不断继承和更新。但时间的延续并不是文化发展的唯一条件，文化还需要不断拓展空间。中国有很多家族代代传承制墨、锻造等技艺，只在家族内部或者区域内部传承，导致其所代表的文化样态最终在时间长河中消失。所以，文化要发展还需不断扩大空间，向更远更广大的区域传播。中国创造的造纸术、指南针、火药等技术之所以至今仍有生命力，最主要是因为其传播到世界的每一个角落，在当地落地生根，创造了新的文化，这也赋予了古老文化更高更强的生命力。

茶是中华文明的绿色徽标，是华人日常生活不可或缺的一部分，正如陈正祥所言：“饮茶是汉文化圈日常生活的一部分。”[①]在茶香的熏陶之中，在

① 陈正祥：《中国文化地理》，生活·读书·新知三联书店1983年版，第7页。

茶礼的交往之中，在香茗的品咂之中，中国人达到心驰神醉、物我两忘的境界，体现出中华民族尤其是文人君子们独特的世界观、生命价值观、处世哲学以及由此形成的“冲淡”的审美情趣。[①] 中华茶文化主要有下面几个特点：

第一，历史传承的悠久性。唐陆羽的《茶经》中讲“茶之为饮，发乎神农氏，闻于鲁周公”，将茶的开发利用追溯到了神农时代。据此，有不少论者为了凸显中华茶文化的历史悠久，提出中华茶文化有五千年的历史，同中华文化的发展史是同步同轨展开的。陆羽所说饮茶发端于神农氏，从严谨的学术视角来看，应视为茶的传说故事。实际上，根据目前可靠的资料，中华饮茶史的展开是在汉代。即便如此，我们仍旧可以说中华茶文化有两千年的悠久历史。日本、韩国等较早饮茶的东亚国家，其饮茶史和成熟的茶文化史，比中国晚了将近一千年；而英国、俄罗斯等欧洲国家饮茶是近三百年的事情，更多国家饮茶是近一两百年的事情。

第二，统一而多元的整体性。中国是一个多民族的统一国家，虽经历了多次长时间的分裂，但最终还能够实现统一；经历了数轮民族融合，最终形成了中华民族的大家庭。不同民族或族群的茶俗和茶文化都有一定的特色，如藏族的酥油茶、蒙古族的奶茶、客家的擂茶、佤族的盐茶、苗族和侗族的油茶等，呈现多元化的特征。但这些茶文化大多起源于中原，是中土茶文化在边疆族群中的遗存；这些族群所饮用或使用的茶叶，绝大多数来自内陆茶叶主产区。茶文化的统一性还表现在，不同族群之间用茶交流，都表达了好客重礼的待人之道。茶是平等交往的途径，是无障碍沟通的共同的语言。王国维云：“凡一代有一代之文学，楚之骚、汉之赋、六代之骈语、唐之诗、宋之词、元之曲，皆所谓一代之文学，而后世莫能继焉者也。”（《宋元戏曲考·序》）茶文化同样如此：唐之煎茶，宋之点茶，明清以来之泡茶，缤纷多彩，但在其背后共同彰显的是中华茶文化的精神。

第三，生产和消费的区域性。名茶、名山、名水、名人、名胜，孕育出各具特色的地区茶文化。从其地域性来说“千里不同风，百里不同俗”。由于地理环境、物质资源、气候条件、经济水平、生活层次、历史文化、社会风情等多方面的影响，中华茶文化呈现出明显的区域性的特点。如茶叶的生产带有浓厚的区域色彩：云南产普洱茶、滇红，福建产武夷岩茶、铁观音、白茶，浙江、安徽多绿茶。在每一个省份下面，不同的地区茶叶品类又有区别，如安

---

① 丛中笑：《中国茶文化散论》，《山东师范大学学报（社会科学版）》1989 年第 5 期。

徽有黄山毛峰、六安瓜片、太平猴魁、祁门红茶、屯溪绿茶、霍山黄芽、岳西翠兰、泾县特尖、涌溪火青、桐城小花等名茶。人们对茶叶的需求也呈现出很强的地域性，在一定区域内是相对一致的：福建的大部分地区以及与其临界的广东的潮汕一带，人们喜欢工夫茶，无论是政和工夫、坦洋工夫，还是潮汕工夫，都讲究小盅、浅斟、慢饮、细品，尚清饮，喝茶用工夫，喝茶也喝出了工夫；北方人崇尚花茶，明朝顾元庆《茶谱》云“木樨、茉莉、玫瑰、蔷薇、兰蕙、菊花、栀子、木香、梅花皆可作茶”，而今天的北方尤其崇尚茉莉花茶。茶事艺文亦呈现地域性：采茶戏起源于劳动妇女上山采茶，一边采茶，一边唱曲，被人称为“采茶歌”，又演化成“采茶戏”，流行于江西、湖北、湖南、安徽、福建、广东、广西等省区，但各地唱腔和表演形式不同。江西采茶戏的剧种有萍乡采茶戏、赣南采茶戏、抚州采茶戏、南昌采茶戏、吉安采茶戏等。这些都是茶文化区域性的表现。

第四，茶文化发展的时代性。物质文明和精神文明建设的发展，给茶文化注入了新的内涵和活力，在这一新时期，茶文化的内涵及表现形式不断扩大、延伸、创新和发展。以我国茶叶的饮用方法为例，其在不同时期先后经历了煮茶法（粥饮法、庵茶法）、煎茶法、点茶法和泡茶法（瀹茶法）。这四种饮茶法是不同茶文化发展阶段的产物，体现了鲜明的时代特征，分别对应魏晋南北朝、唐代、宋代、明清四个时期。[①] 从茶叶的制作方法来看，茶文化的时代性也十分明显，在唐代以前茶叶的加工制作十分原始，唐代开始出现蒸青团茶和蒸青散茶，此外还有粗茶、末茶等；宋代盛行的团茶是产生于宋代的一种小茶饼，茶饼上印有龙、凤花纹，福建北苑贡茶院生产的“龙凤团茶”名噪一时，其“龙团胜雪”更是身价不菲，体现了宋代奢华的茶文化风气；明代以来，废团茶，釜炒散茶盛行，茶人更加注重茶的自然清香、色泽和形状。日本冈仓天心在《茶之书》中，对中华茶文化的时代性有十分精准的解读：“关于茶的不同理想标志着东方文化各个时期独有的情调。煮的团茶、搅的抹茶、沏的叶茶表现了唐朝、宋朝和明朝各自的感情方式，借用最近被滥用的艺术分类，我们大体上可以把它们称作：茶的古典派、茶的浪漫派和茶的自然派。”[②]故一时代有一时代之文化，特别是时代的文化背景，对茶文化品格的形成具有基础性作用。

---

① 宋时磊：《唐代茶史研究》，中国社会科学出版社 2017 年版，第 39 页。

② ［日］冈仓天心、［日］九鬼周造：《茶之书 · “粹”的构造》，江川澜、杨光译，上海人民出版社 2016 年版，第 15 页。

第五,茶文化传播的国际性。在全球消费领域中,有三大宗成瘾性消费品,分别是酒、烟草和咖啡因。酒中含有酒精,过度饮用会对人的身体健康造成危害;烟草中含有尼古丁,长时期吸食则会对人的呼吸系统造成重大威胁。虽然在日常生活中,烟酒十分受欢迎,但全球使用最广泛的瘾品并不是尼古丁、酒精,而是咖啡因。人类学家安德森(Eugene Anderson)指出,咖啡、茶、可可、可乐等四种含有咖啡因的饮料名称是世界上流行最广的名词。[①] 茶作为一种取自自然、健康安全的饮料,受到各个国家的欢迎。为了取得足够消费的茶叶,18 世纪上半叶的英国人不惜冒着被判处绞刑的风险从事茶叶走私贸易。让他们甘愿冒如此巨大风险的茶叶,在一个世纪前还完全不为英国人所知。[②] 由此可见茶叶这一消费饮品的巨大魅力。更重要的是,茶还与各国家的文化特色相适应,融入异国的文化之中,形成了各具特色的茶文化。这一方面扩大了中华茶文化的世界影响力,另一方面又丰富了茶文化的形式和样态,共同构成了世界茶文化的大观园。在唐代,日本就开始接受中华茶文化的影响,宋代的点茶法传入日本后,受到上层社会的喜爱,在能阿弥、村田珠光、武野绍鸥、千利休等人的不懈传承和努力下,流派并作、摇曳多姿,融入了“侘寂”(Wabi - Sabi)的精神内核,呈现出规则化、严肃化和艺术化的特征,最终形成了日本式的茶道。此外,英国的下午茶文化、俄罗斯的茶炊文化、美国的冰茶文化、泰国的腌茶文化等,都是与中华茶文化不同的新型茶文化。

四　教材体例与学习旨趣

改革开放以来,在文化复兴的大背景下,茶文化作为中国文化的一张独特的名片,备受各方面重视。各地政府为拉动经济,都在努力打造本土的茶业产业,将茶文化视为讲好产业故事的砝码;茶叶企业也追先述祖,借用众多美好传说,给自身产品穿上文化的外衣;茶馆、茶艺培训机构等,也在其中大展身手;茶叶爱好者也纷纷投入茶文化的研究,热衷于参加各种茶事活动。这些行为极大地促进了茶文化发展和传播,但同时也让茶文化掺杂了

---

① 参见[美]戴维·考特莱特《上瘾五百年:瘾品与现代世界的形成》,薛绚译,上海人民出版社 2005 年版,第 14 页。

② 参见[英]罗伊·莫克塞姆《茶:嗜好、开拓与帝国》,毕小青译,生活·读书·新知三联书店 2010 年版,第 8—15 页。

过多浮躁的气息。

与此同时,职业学校、在职培训机构、孔子学院、高等学校等不同类型的教育机构开设了茶文化、中国茶文化、茶艺与茶道、中国茶艺等课程。中国农业科学院茶叶研究所、浙江大学、安徽农业大学、湖南农业大学等研究机构和高校,每年都招收一定数量的茶学、茶文化与经济等方向的研究生和本科生,众多职业技术学院和中等专业学校也开设了茶文化或茶学方面的专业。学生的招收和课程的设置,也带动了教材的出版,目前国内与茶文化相关的教材主要有徐晓村主编的《中国茶文化》(北京市高等教育精品教材立项项目,中国农业大学出版社 2005 年版),王梦石、叶庆主编的《中国茶文化教程》(高等教育出版社 2012 年版),贾红文、赵艳红主编的《茶文化概论与茶艺实训》(21 世纪高职高专规划教材,清华大学出版社、北京交通大学出版社 2012 年版),关剑平主编的《茶文化》(高等职业教育农业部"十二五"规划教材,中国农业出版社 2015 年版),张凌云主编的《中华茶文化》(高等学校专业教材,中国轻工业出版社 2016 年版),李璐等编著的《茶文化与大学生素养》(高等职业教育旅游类专业系列教材,重庆大学出版社 2017 年版),王岳飞、徐平主编的《茶文化与茶健康》(旅游教育出版社 2014 年版),丁以寿主编的《中国茶文化概论》(国家大学生文化素质教育基地系列教材,科学出版社 2018 年版)等。此外,还有一些茶文化的普及性读物或者学术论著,如王玲的《中国茶文化》(中国书店 1992 年版),陈香白的《中国茶文化》(山西人民出版社 1998 年版),陈文华编著的《中华茶文化基础知识》(中国农业出版社 1999 年版),刘晋勤主编的《茶文化学》(中国农业出版社 2000 年版),王从仁的《中国茶文化》(上海古籍出版社 2001 年版),姚国坤的《茶文化概论》(浙江摄影出版社 2004 年版),程启坤、姚国坤、张莉颖的《茶及茶文化二十一讲》(上海文化出版社 2010 年版),丁以寿、章传政编著的《中华茶文化》("中华诵·经典诵读行动"之文化常识系列,中华书局 2012 年版)等。

茶文化方面的教材和书籍,不可谓不多。但为什么我们还要出版一本该领域的教材?一方面,面向综合类院校大学生的教材还十分欠缺。前述教材有很大一部分是面向职业学校的酒店与旅游管理专业或者是茶学、农学等专业的学生,还有一些是面向社会上的普通阅读者。这些类型的教材和著作在普及性和专业性方面做了不少工作,但无法适用于综合类高校学生的特点——综合类高校学生往往基础较好,视野较为开阔,对教材的知识性需求较弱,更多需要探究性的问题讨论。另一方面,在文理分科、专业细化的背景下，茶文化课程的优势在于以科学为基础且更强调文化的提升，因此综合类高校的学生在选择“茶文化”这门课程时，要求教材兼有这两方面的特性。进一步讲，即便是酒店与旅游管理、茶学或农学专业的学生，在进入本专科阶段后，也不应该仅仅以追求更多的知识为目标和旨趣，而更应该从事探究性地学习、批判性地思考，为将来适应复杂的社会实践奠定基础。

因此，本教材在编纂和遴选作者方面，兼顾基础知识的介绍的同时，在以下几个方面做了创新。

一是以脚注的形式，注出了一些必要的文献和出处。在传统的教材中，这些要素往往被视为累赘，删繁就简，仅在最后的参考文献中列明。这当然有利于阅读，显得简洁明快，但学习者无法明确知道正文中哪些是教材编著者的观点，哪些是引自其他学者的观点，包括这些观点是否权威可靠。文献脚注的方式，可以较好地解决该问题。除此之外，如果学生对脚注中的文献有兴趣，那么教材就会成为学生进一步探索茶文化的索引和指南。正是基于这样的考量，教材对于外文文献在正文中附上中文名称，但在括号里面用原文注明，也方便学习者的检索。

二是课后练习方面设立了全新的模块，这是本教材的一大特色。具体来说，课后练习由三大模块构成。其一，思考论述，主要是根据本章节的主要内容而提出的，帮助学习者更深入地了解所学内容。其二，学术选题，主要是搜集与本章节相关的、有价值、相对前沿的问题，提供相关的背景资料和参考文献，让学生更加自由、自主地探索。这一学习方式是世界主流大学的主要教学方式，旨在在课后提供继续学习的素材，同时也激发一些有潜力的学生的学习能力。这一模块是本教材的特色。其三，设立社会实践题，茶文化与其他纯精神层面的文化类型不同，它隶属于物质文化的范畴，是我们日常生活的必不可少的一部分，可感、可观、可闻、可品、可识，是一种鲜活、蓬勃的客观存在。因此，我们设置这一模块，激励学生走出课堂，在茶文化的现场感受茶的魅力和生机。

三是遴选教材作者方面注重学术和实践的结合。本教材最注重的是学术性，要求教材编写者秉持客观、真实、科学的态度；另一方面，茶文化还有很强的实践性，这就需要一定的茶业从业人员参与。为此，本教材实施双主编制度，武汉大学刘礼堂教授负责学术的统筹，确保观点的正确和专业，大益茶道院院长吴远之先生负责茶叶一线问题的把关。在具体参编者方面，也做同样的安排：中国社会科学院历史研究所沈冬梅、江西社会科学院《农业考古》主编施由明、浙江农林大学文法学院关剑平、安徽农业大学茶与食品科技学院蒋文倩、武汉大学茶文化研究中心宋时磊等，都长期从事茶文化的研究，学术态度严谨，并出版过较为重要的茶文化论著；大益茶道院徐学、李芳等人在茶叶行业有长期的从业经验，在茶具、茶馆等方面的研究和实践都颇有心得；高添璧等在茶事艺文等方面也有一定的造诣。

五　教材的效果与目的

本教材的编写主要期望达成以下几个方面的目的：

第一，提高大学生的综合素质，为茶文化的进阶研究提供导引。法国启蒙思想家伏尔泰认为“中国的文化源远流长，在人类文明史上占有重要地位”(《论中国》)，而中华茶文化更是独树一帜，底蕴深厚。中华茶文化博大精深，将儒释道各派思想的精华融合，形成一种独特的文化思想形式。具体而言，中华茶文化蕴含着精行俭德、致清导和、韵高致静、茶禅一味、诚敬以礼等方面的思想。总体而言，茶与中国人追求的高尚道德情操紧密融合在一起，这就是我们常说的茶之精神。在大学开设“中华茶文化”通识课很有必要，有利于提升大学生的素质修养和品德修养。学习茶文化，了解体会茶文化的内涵，将其精华运用到学习和生活中，对于提高自身的综合素质有重要的意义。另外，本教材“拓展训练”部分的学术选题，可为进一步从事茶文化研究者提供研究的方法和路径。

第二，促进大学生对茶文化的了解，使其具备基本的辨识能力。中华茶文化是一种比较系统的文化类型，既涉及茶叶的内涵，如辨别茶类、品鉴香茗、使用茶具等，又涉及茶叶的外延，如茶叶的发展历史、文学艺术等。中国的茶文化，与陶瓷文化和丝绸文化一道，是中国古代文化的“三大件”。茶叶流传两千年，至今仍与我们的生活密切结合在一起，给我们美好的精神感受。而当今茶文化界较为芜杂，各种说法不一，有一些缺乏基本的常识，有的甚至有不少谬误。市场上古树茶、老茶、野生茶等品类繁多，动辄成千上万的高价茶，显得标准不一，甚至鱼目混珠。学习茶文化课程，在一定程度上可以正本清源，提高学生的辨别能力。

第三，促进茶叶的对外传播，弘扬中华茶文化。在1886年以前，中国是世界第一大茶叶出口国，各国消费的茶叶主要是中国供应的。后来印度、锡兰(今斯里兰卡)、爪哇(今印度尼西亚的一部分)、日本等新兴产茶国不断崛起，二战以后肯尼亚等非洲国家也成为国际茶叶市场的重要供应者。相比之下，中国茶叶的市场份额，不断受到挤压，中国在英国、俄罗斯、美国等传统的茶叶市场被抢占殆尽。改革开放以后,中国茶业不断发展,目前中国已经是全球茶叶种植面积最大的国家——2019 年为 4597.87 万亩,还是茶叶产量最高的国家——2019 年产出 279.34 万吨。[①] 但茶叶世界第一大出口国不是中国,而是肯尼亚:2017 年该国出口量为 41.57 万吨;同年中国出口量则为 35.53 万吨,出口金额为 16.14 亿美元。[②] 按此推算,中国茶叶的出口单价为 4.54 美元/公斤,总体售价并不高。以 2012 年美国市场为例,中国红茶售价为 2.04 美元/公斤,而英国红茶则为 5.09 美元/公斤;中国绿茶的平均售价接近 10 美元/公斤,但日本绿茶则接近 30 美元/公斤。[③] 英国、日本茶叶之所以在美国市场售价较高,除了品质较高外,很重要的原因在于美国消费者基于文化的原因而大量购买。日本茶道在世界范围内独具特色,美国有许多地方举办茶道仪式和活动,这些仪式的主人大多是日本人或日本茶道的爱好者。他们在举行仪式时,会使用从日本直接进口的茶叶。可见,茶文化对茶叶贸易有重要的拉动作用。我国清代文人王之春在《自强切要书》中写道:"查出口货物,以丝茶为大宗。"[④]故茶文化传播能够成为国与国之间、民与民之间交流的桥梁和纽带。

当然,教材只是一个导引,让初学者有所入门。更重要的是,学生以此为基础,在课堂外继续钻研、进修,反复探索和实践。只有每一个茶文化爱好者不断学习,传承、丰富、创新我们的茶文化,中华茶文化才能更加绚烂多彩。

---

① 梅宇:《2019 年中国茶叶产销形势报告发布》,《中华合作时报》2020 年 3 月 31 日第 B02 版。

② 中国茶业流通协会:《2017 年度世界茶叶产销形势发展报告》,《茶世界》2018 年第 12 期。

③ Kennedy Evan, *Trends in U. S. Tea Imports: 1991-2015*, Kalamazoo: Honors Teses, 2017.

④ 王之春:《王之春集》第 2 册,岳麓书社 2010 年版,第 839 页。

第一章　历史源流

中国是世界茶树原产地，是世界上最早发现并利用茶叶的国家。中国人以自己对茶叶与生活的独特理解，创造出丰富的茶文化，茶在为人类提供物质消费与享受的同时，又在人类精神文化领域触发了一系列的活动，在人类社会历史文化的发展轨迹中留下了自己的痕迹，与人类社会历史的诸多方面发生了密切的关联，它与政治、经济、思想、文化、民俗、艺术之间的关系至为深切，成为人类社会生活一个重要的组成部分。

第一节　利用起源与茶文化的萌芽

一、茶叶利用的起源

3540 万年前，茶树始祖宽叶木兰出现在中国的西南地区。地球上共发现有 36 属 700 余种山茶科植物，中国有 15 属 500 余种。[①] 以云贵高原为中心的中国西南地区山茶科植物集中分布的事实，以及 1980 年在贵州晴隆县云头山出土的距今至少有 100 万年的"新生代第三纪四球茶籽化石"，说明中国西南地区为茶树的原产地。

传说中人类发现、利用茶叶的时间很早，可追溯至神农时代。史前先民的探索与创造，大多会附名于一个英雄历史人物身上，而中国农耕文化里，从采拾到耕种的许多创造发明，都托名于炎帝神农氏，比如神农教人树艺五谷，尝百草而知中药利用，等等。神农因尝百草"一日而遇七十毒，得茶而解之"的神话传说，是直至清初才产生的，但至少在大约成书于汉代托名神农而成的《神农食经》中，已经是将茶看成一种药食兼具的物品了："茶茗久

① 傅立国主编：《中国高等植物（修订版）》第 4 卷，青岛出版社 2012 年版，第 572 页。

服，令人有力，悦志。”

2001 年，浙江杭州萧山跨湖桥遗址发现了一颗炭化的植物种子，疑似茶籽。跨湖桥遗址中还发现了一个残破的釜，里面有一块焦黑的残留物，初步鉴定为茎叶类物质。有论者据此认为杭州出土了世界上最早的茶树种子及茶与茶釜，这一观点引发了不少争论。同样的争论还体现在田螺山遗址发现的山茶科植物根，有论者结合河姆渡遗址发现的樟科植物叶，得出当时人们已经开始采集附近山上野生茶树的茶籽、在居所附近种植和利用的观点。这些论点似乎支持了神农尝百草遇毒得茶而解的传说，甚至将这一传说的时间更向前推了一大步。总体而言，这些观点多未经过严格的科学论证和分析，争议和质疑声音不断，故在得到学界普遍认可之前，本教材暂不采信。

二、商周至汉魏六朝的茶文化酝酿

四川、湖南、浙江等产茶省区所在的长江流域地区是茶饮文化的发祥地。顾炎武云：“自秦人取巴蜀而后，始有茗饮之事。”（《日知录》卷七“茶”）秦始皇统一中国后，蜀地的饮茶习俗亦随之传到了关陇等北方地区。

1991 年，汉景帝阳陵南区发现从葬坑。1998 年—2005 年陕西省考古所发掘东侧第 15 号坑，出土植物叶状物，经检测为茶叶，碳 14（AMS^{14}C）年代测定为 255 ± 80BCE。这是目前可见的最早的距今两千多年的茶叶实物。[①]

西汉早期，南北方多处墓葬中出现茶叶实物或相关文物，弥补了文献的不足。1954 年，长沙魏家大堆第十九号吴氏长沙国时期的汉墓中出土了一枚滑石质“荼陵”石印。[②] 从材质来看，“荼陵”石印是做冥器使用的陪葬品。联系当时的葬俗来推测，这座墓的墓主人应该是当时的荼陵县地方官。表明正如《茶经》所引录的《茶陵图经》所言，“茶陵者，所谓陵谷生茶茗焉”，为盛产茶叶之地。1972 年—1974 年，长沙马王堆发掘了三座西汉早期墓葬，这是约在汉惠帝二年（前 193）到汉景帝（前 157 年—前 141 年在位）时期的墓葬。墓主分别是吴氏长沙国的丞相、第一代轪侯利苍及其夫人辛追、第二代轪侯利豨。一号和三号墓葬中的部分竹简、木牌详细记录了陪葬物品的种类和数量。其中有“槓（檟）笥”“槓一笥”，显示陪葬的是茶叶（也

---

① Houyuan Lu, et. al, Earliest Tea as Evidence for One Branch of the Silk Road across the Tibetan Plateau, Scientific Reports, 07 Janury 2016.

② 彭雪开：《荼陵地名考释》，《中国地名》2012 年第 7 期。

有研究者认为是橘子、柚子之类的水果)。[1]

而浙江湖州博物馆藏东汉砖墓中出土的青瓷罍,其肩部刻有一"茶"字,与马王堆"槚笥"有着异曲同工之处。[2] 而且此器物上刻字,表明了它用于贮茶的专门性与日常性,这也表明汉代一般的中人之家乃至平民之家,茶为其日常生活所需物品之一。

随着饮用范围与程度的扩大,茶叶在西汉即已成为商品市场的货物之一。西汉宣帝神爵三年(前59),著名辞赋家王褒撰《僮约》,其中有对饮茶的确切记载,对于茶事文化的历史可谓有着重大的意义,其中所叙僮仆在家要做"烹茶尽(净)具"之事,表明了茶之食用在当时社会士大夫文人阶层生活中的日常性,而"武都买茶"之语,则表明茶在当时的商品化,在其产地或者区域集散地,有着相当规模的茶叶贸易。王褒是四川资中人,订约之地在成都附近,买茶之地在四川彭山。王褒之后对茶有记载的扬雄、司马相如均是蜀人,《茶经》引扬雄《方言》云"蜀西南人谓茶曰蔎",司马相如《凡将篇》"荈诧",这些都是茶的最早记录,可见巴蜀茶事之丰,故有饮茶文化起源于巴蜀之说。

综言之,魏家大堆汉墓中的"荼陵"石印,马王堆汉墓中的"槚笥"木牍,王褒《僮约》中的"烹茶尽具",以及东汉砖墓中的青瓷贮茶瓮,或许反映了两汉时期,在四川至长江中下游的产茶区,茶都是社会上层乃至中人之家、平民之家的日常所需物品,并成为此后茶叶饮用及相关文化在中华南北大地逐渐普遍发展的基础。汉景帝阳陵从葬坑中的茶叶实物,表明虽然没有文献的记载,贡茶至少在西汉时即已经出现,出土实物是最有力的证据;同时也表明秦汉时期,茶饮已经遍及北方的上层社会。

到了三国魏晋时期,茶在人类生活中的身影日渐清晰起来,并逐渐形成自己的文化风格与内涵。

《三国志·韦曜传》记吴末代皇帝孙皓:"每飨宴,无不竟日,坐席无能否率以七升为限,虽不悉入口,皆浇灌取尽。曜素饮酒不过二升。初见礼异时,常为裁减,或密赐茶荈以当酒。"表明当时茶在东南地区已经是和酒一样的清饮了。而南朝宋山谦之《吴兴记》载,"乌程县有温山,出御荈",可见已经有专供皇家享用的贡茶御荈。

到了两晋时期,左思的《娇女诗》中的相关诗句,"吾家有娇女,皎皎颇

---

① 周世荣:《关于长沙马王堆汉墓中简文——楕(槚)的考订》,《茶叶通讯》1979年第3期。

② 吴铭生:《湖州发现东汉晚期贮茶瓮》,《茶叶通讯》1990年第3期。

白皙……心为茶荈剧，吹嘘对鼎䥶”，让人们看到，茶已经成为北方士人阶层的日常饮品，因各种机缘，茶已经在基本不产茶的北方地区流行开来。

杜育的《荈赋》从各个方面描绘了当时茶文化的形式和成就。从种茶的自然地理环境到茶的品质特性：“灵山惟岳，奇产所钟……厥生荈草，弥谷被冈，承丰壤之滋润，受甘露之霄降。”到农事稍为空闲的初秋季节，与志趣相投的人相约相伴，一起采摘制作茶叶：“月惟初秋，农功少休，结偶同旅，是采是求。”品茶所用之水为岷江流淌着的清澈的江水：“水则岷方之注，挹彼清流。”茶碗则选用浙东一带出产的陶瓷瓯：“器泽陶简，出自东隅。”饮用时则像《诗经·大雅·公刘》中所言的饮酒之法“酌之以匏”那样“取式公刘”，以瓢瓠分酌而饮之。煮成的茶汤“惟兹初成，沫沉华浮”，像春花、像积雪一样明灿可人，“焕若积雪，晔若春敷”。茶的功效则是能够“调神和内，倦解慵除”。

《荈赋》所存文字已非当时全貌，但即便如此，已经足够让人们看到当时茶文化发展到比较成熟的水平，茶产、茶品、器具、程式，到一些相关的理念，都被以一两句简洁扼要的文学化语言呈现在读者的眼前。

在两晋时期，长江以南地区已经出现了客来敬茶的习俗。《世说新语·纰漏》记载王导在石头城以茶接待北方南渡者的行为：“坐席竟，下饮（即设茶）。”《茶经》所引《桐君录》记交、广地区客来设茶的记录：“交、广最重，客来先设。”弘君举《食檄》：“寒温既毕，应下霜华之茗，三爵而终。”言客人到来，见面寒暄之后，先设茶请饮，揭示了客来敬茶习俗在南部中国地区的逐渐形成与作用范围之广泛。《太平御览》引《世说》：“晋司徒长史王濛，字仲祖，好饮茶，客至辄饮之。士大夫甚以为苦，每欲候濛，必云：‘今日有“水厄”。’”王濛喜茶，客来辄饮茶，不喜者称为“水厄”的记载，则表明客来敬茶习俗形成过程中的曲折。

《晋中兴书》记吴兴太守陆纳以茶待客，以此与他本人的“素业”相匹，《晋书》记扬州牧桓温以燕饮用茶果表现节俭的品性：“性俭，每讌唯下七奠柈茶果而已。”是以茶表明俭德之性的开始。南齐世祖武皇帝遗诏：“我灵上，慎勿以牲为祭，唯设饼、茶饮、干饭、酒脯而已。”（《南齐书》卷三）这强化了茶为节俭之物的象征，并使之进入祭祀礼俗。这些行为都将茶的俭约之性与人的素朴和节俭的品性相对应而论，茶饮在物质属性之外，开始被赋予了文化的属性。

南北朝时期，南方地区饮茶习俗遍及社会各阶层，上自帝王将相文人士大夫，下至平民百姓。如《茶经》引《广陵耆老传》记：“晋元帝时，有老姥每旦独提一器茗，往市鬻之，市人竞买。”广陵老姥每天早晨到街市卖茶，市民争相购买，这反映了平民的饮茶风尚。道士、僧徒亦饮茶。南朝著名道士陶弘景《杂录》记：“苦茶轻身换骨，昔丹丘子、黄山君服之。”《续名僧录》记宋释法瑶“年垂悬车，饭所饮茶”。也有僧人以茶待客，如昙济道人于八公山设茶茗招待贵客。

与南朝隔江对峙的北朝政权多为少数民族所创，茶饮及其文化在此一时期经历了往北方的传播，其中甚至伴随着不同民族文化之间的冲突——由不理解直至相互交融。《洛阳伽蓝记》里从南朝投往北朝的王肃因饮茶被戏称“酪奴”的记载，与正史所记这一时期民族文化的冲突与融合的背景正相契合。

经过漫长的历史发展，至两晋南北朝时期，茶已经成为南方地区普遍的饮品，客来敬茶渐成习俗，茶艺初成其形，茶的文化秉性日渐明晰丰富。茶文学创作日渐增多，有孙楚的《出歌》、张载的《登成都白菟楼》、左思的《娇女诗》、王微的《杂诗》等早期的涉茶诗。西晋杜育的《荈赋》是文学史上第一篇以茶为题材的散文，情辞俱美。南北朝时鲍令晖撰有专门的《香茗赋》，惜散佚不存。晋宋时期的一些志怪小说集如《搜神记》《神异记》《搜神后记》《异苑》等书中都有一些关于茶的故事，等等。所有这些初始萌发的茶文化表现与因素，都为此后茶文化的发展起到了奠定根基的作用。

第二节　唐代茶文化全面形成

隋唐时期是中华茶文化的全面形成时期。隋代开凿大运河沟通了南北，便利了茶叶贸易。唐代茶叶生产规模扩大，茶区进一步发展，一代“茶圣”陆羽诞生，写下了不朽名著《茶经》，为中华茶文化的发展增添了浓墨重彩的一笔。

一、大运河、禅宗及《茶经》对茶文化的推动作用

隋代立国的时间虽然很短，但对茶文化的发展却有着至关重要的作用。

隋初，有僧人以茶治好了文帝头痛的毛病，带动了人们对茶叶的消费与追求：“隋文帝微时，梦神人易其脑骨，自尔脑痛。忽遇一僧云：山中有茗草，煮而饮之当愈。服之有效。由是人竞采掇。”（《天中记》卷四四《饮茗治脑》）进士权纾《茗赞》称：“穷春秋，演河图，不如载茗一车。”（《纬略》卷七

《茗一车》）他感叹穷尽心血研究《河图》《春秋》，以学问货与帝王之家，所得报偿，还不比拥有一车茶叶所得价值丰厚。随着南北运河的开凿通航，货物流通极大增加，大量南方物产，随着运河的水路运到北方。大运河的水运直航，贸易的便捷大大降低了货物流通过程中的运输成本，使得原本在北方只有社会上层和中上之家才能享用的茶叶，也日渐进入平民乃至更下层民众的消费之中。

隋祚甚短，运河的便利，在唐代集中显现。玄宗时，韦坚凿广运潭连通隋代以来的运渠，运送大量南方货物到长安，其中有"豫章郡船，即名瓷、酒器、茶釜、茶铛、茶碗"，京城人"观者山积"（《旧唐书·韦坚传》）。

唐高宗、武后、中宗时期，禅宗渐兴，玄宗开元时传至大江南北。坐禅务于不寐，又有不夕食的习惯，使得禅众在坐禅与修禅过程中对茶的需求量大增。如封演《封氏闻见记》卷六《饮茶》载："开元中，泰山灵岩寺有降魔师，大兴禅教。学禅务于不寐，又不夕食，皆许其饮茶。人自怀挟，到处煮饮。从此转相仿效，遂成风俗。自邹、齐、沧、棣，渐至京邑，城市多开店铺，煎茶卖之，不问道俗，投钱取饮。其茶自江、淮而来，舟车相继，所在山积，色额甚多。"降魔藏是北宗禅创始人神秀的徒弟，神秀主张坐禅渐悟。坐禅要求不能打瞌睡，傍晚不吃饭，但允许饮茶。大运河南北货物流通的便利，以及坐禅修禅的倡导，使茶饮在北方中国极大地普及开来，成为全社会各阶层的通用饮品。

在这样的背景下，陆羽的《茶经》应时而出，这部百科全书式的著作，全方位地推动了唐代茶业的发展、茶文化的全面形成，为此后中国乃至世界茶业与茶文化的发展奠定了坚实的基础。"楚人陆鸿渐为茶论，说茶之功效并煎茶炙茶之法，造茶具二十四事，以'都统笼'贮之。远近倾慕，好事者家藏一副。……于是茶道大行。王公朝士，无不饮者。"人们开始普遍喜好饮茶，"穷日尽夜，殆成风俗"。饮茶的盛况如陆羽《茶经·六之饮》所记："滂时浸俗，盛于国朝，两都并荆渝间，以为比屋之饮。"人们日常已经离不开茶饮，"难舍斯须，田闾之间，嗜好尤切"，至有"茶为食物，无异米盐"的说法（《旧唐书·李珏传》）。

二、陆羽《茶经》与煮茶法

陆羽（733—804），字鸿渐，唐复州竟陵（今湖北天门）人。居吴兴号竟陵子，居上饶号东冈子，于南越称桑苎翁。三岁时被遗弃野外，龙盖寺僧智积收养于寺。陆羽自幼就与茶结下了不解之缘，在龙盖寺时要为智积师父煮茶。天宝十一载(752)起与贬为竟陵司马的崔国辅交游三年,相与较定茶、水之品,成为文坛佳话:"交情至厚,谑笑永日。又相与较定茶、水之品……雅意高情,一时所尚。"(《唐才子传校笺·崔国辅》)天宝十四载(755)安禄山叛乱,陆羽在陕西,随即与北方移民一道渡江南迁。上元初,陆羽隐居湖州,与释皎然、玄真子张志和等名人高士为友,"结庐于苕溪之湄,闭关对书,不杂非类,名僧高士,谈谯永日"(《陆文学自传》)。陆羽撰写了大量的著述,其中有《茶经》这部茶文化历史上的里程碑著作,对唐代及后世茶业与文化的发展有着持续与深刻的影响。

首先,陆羽的《茶经》提出了茶叶种植、生产、制造的一些基本要素:植产之地,最好的是"阳崖阴林",以朝阳且有树木遮阴处为佳;土壤要风化充分,以"砾壤"为上;茶叶原料以紫者、笋者、叶卷为上;采茶要在春季、晴天。

陆羽的《茶经》使得春茶的观念深植人心:"凡采茶在二月、三月、四月之间。"改变了魏晋以来春秋茶皆重,甚至因为秋茶是在粮食生产完成之后不妨农事而更为受到重视的局面。春茶更符合茶叶物性的发挥,是品质的保证。陆羽的《茶经》重视春茶,使得茶成为一项独立的经济作物,而不再附尾于粮食生产,这种独立性使得茶叶独立迅速发展成为可能。诚如北宋诗人梅尧臣所言:"自从陆羽生人间,人间相学事春茶。"(《次韵和永叔尝新茶杂言》)

其次,《茶经》的另一重大影响,是从当时的多种饮用方式中,将茶的清饮方式特别提炼出来加以隆重推介,并以末茶煮饮的方式,配之以成套茶具、相关程式和理念,确立茶饮之有道的茶道形式。

《茶经·五之煮》提出了唐代完整的煮茶程式:备茶(炙茶、碎茶、碾茶、罗茶)—备火—备水—煮水(加盐)—煮茶—分茶。准备饮茶时先备茶,用竹做成的夹子夹着茶饼在火上烤炙,经常翻动,勿使"炎凉不均",烤到茶饼表面泛起像"虾蟆背"一样的小泡时,用纸袋包贮茶饼,使茶饼香气不致散逸。待茶饼冷却,用小锤将其敲碎,再用茶碾碾成茶末,过罗筛细,置茶盒中备用。备火,"其火,用炭,次用劲薪",用木炭或硬柴做燃料。备水,"其水,用山水上,江水中,井水下"。煮水,水煮三沸,第一沸水面气泡"如鱼目,微有声",此时加盐调味,并除去浮在表面如黑云母似水膜的浮沫;第二沸"缘边如涌泉连珠"正合其宜,此时先舀出一瓢水贮于熟盂之中,然后再用竹夹在沸水中心边搅拌边加入适量的茶末,待到茶汤沸腾如"奔涛溅沫"时,将先前舀出的水加入,暂时息止茶汤的沸腾,以培育汤花——沫饽。分茶,将煮好的茶汤均匀分到茶碗中,表面的汤花沫饽也要均分。饮茶,要"乘热连饮之”，如果茶放冷了，“精英随气而竭”，精华的部分会散失。

陆羽还强调，只有能解决饮茶过程中的“九难”：造茶、别茶、茶器、生火、用水、炙茶、末茶、煮茶、饮茶，即从采摘制造茶叶开始直至饮用的全部过程的所有问题，按照《茶经》所论述的规范去做，才能尽究饮茶的奥妙。

第三，《茶经·一之源》对于茶叶源流——“南方之嘉木”、秉质——“茶之为用，味至寒”的探究阐述，特别是将茶叶寒敛简约之性与人的“精行俭德”之性相匹配而论，迅速提升了茶叶的文化品性。其言“茶之为用，味至寒，为饮，最宜精行俭德之人”，首次把“品行”引入茶事之中。在《茶经》中，茶不是一种单纯的嗜好物品，茶的美好品质与品德美好之人相配，强调事茶之人的品格和思想情操，把饮茶看作“精行俭德”之人进行自我修养、锻炼志趣、陶冶情操的方法。从此茶就一直以“风味恬淡”“清白可爱”“精行俭德”的君子形象长驻于中华文化的传统之中。

第四，《茶经》影响所及，是“茶”字使用的确立，并出现了“茶道”一词。“茶道”首见于陆羽至交诗僧皎然《饮茶歌诮崔石使君》诗：“孰知茶道全尔真，唯有丹丘得如此。”封演《封氏闻见记》卷六“饮茶”记：“楚人陆鸿渐为《茶论》……有常伯熊者，又因鸿渐之论广润色之。于是茶道大行，王公朝士无不饮者。”

第五，茶在唐代成为风靡全中国的饮品，并富含文化特性，引来周边世界的向慕：“始自中地，流于塞外。往年回鹘入朝，大驱名马市茶而归，亦足怪焉。”（《封氏闻见记》卷六）茶在唐中后期通过茶马贸易等途径传播到周边少数民族地区，并远传朝鲜半岛和日本列岛。日本延历二十四年（805），在中国学习的和尚最澄带茶叶回日本，并植茶于日吉神社旁。新罗兴德王三年（828），韩国入唐使大廉将茶种子带回韩国，种植于地理山。陆羽的《茶经》为后世包括中国在内的世界各地茶文化茶道艺的发展，提供了全面的蓝本。

第六，陆羽因为对茶业的贡献被人们奉为“茶圣”。陆羽在世被时人称为“茶仙”：“一生为墨客，几世作茶仙。”（耿沣《连句多暇赠陆三山人》）去世不久即被人奉为“茶圣”。李肇的《唐国史补》卷下记载当时人们已将陆羽作为“茶神”看待：“江南有驿吏以干事自任。典郡者初至，吏白曰：驿中已理，请一阅之……又一室署云‘茶库’，诸茗毕贮。复有一神，问曰：何？曰：陆鸿渐也。”陆羽被人们视为茶业的行业神，经营茶叶的人们制作、购买陆羽样子的陶像，用来供奉和祈祀，以求茶叶生意的顺利：“巩县陶者多为瓷偶人，号陆鸿渐，买数十茶器得一鸿渐，市人沽茗不利，辄灌注之。”（《唐

国史补》卷中)

陆羽的《茶经》影响了宋代茶文化与茶业的发展,使之在农耕社会达到鼎盛。对此,宋人即有明确的认知,欧阳修《唐陆文学传跋》:"后世言茶者必本陆鸿渐,盖为茶著书自其始也。"肯定了陆羽及其《茶经》对一种全新的茶文化形成的发端作用。

据不完全统计,自南宋咸淳九年(1273)的《百川学海》本起,至20世纪中叶,《茶经》有七十多个版本。多年以来,海外共有日、韩、德、意、英、法、俄、捷克等多种语言文字的《茶经》译本。从中我们既可见到中华茶文化的历史性繁荣,也可见到《茶经》的巨大影响。

三、唐代茶文化的发展

唐代茶文化的发展,几乎表现在了与茶有关的所有形式和方面。

其一是唐代茶书的创作开历史风气之先河。茶书的撰著肇始于陆羽的《茶经》,它奠定了中国古典茶学的基本构架,创建了一个较为完整的茶文化学体系,此后各种茶书相继而出。文献记载已知的唐五代茶书总共有十二种,其中全文传世的有四种:陆羽的《茶经》、张又新的《煎茶水记》、苏廙的《十六汤品》、王敷的《茶酒论》。文已佚但仍可从他书中约略辑出的有五种:陆羽的《顾渚山记》《水品》、裴汶的《茶述》、温庭筠的《采茶录》、毛文锡的《茶谱》。另有三种则仅存目而无文。陆羽的《茶经》是对茶文化的全面撰述,后出的唐五代茶书则各有侧重,如《煎茶水记》专记煮茶用水的高下等第,《十六汤品》记煮水因火候、器物、点注不同而效能不同,《茶酒论》记茶、酒功用与地位的异同,《茶述》《茶谱》记各地茶产,《采茶录》记唐人茶事。这些茶书,从不同的角度、层面对茶文化做出更为深入细致的探索与记录,为茶文化更广泛深入的发展,铺垫了道路。

其二是茶文学的兴盛。唐代是诗歌繁盛的时代,饮茶习俗的普及和流行,使茶与文学结缘,唐代众多著名诗人如李白、杜甫、皎然、钱起、白居易、元稹、刘禹锡、柳宗元、韦应物、孟郊、杜牧、李商隐、温庭筠、皮日休、陆龟蒙等,都写有茶诗。其中许多茶诗脍炙人口,成为此后文学与文化传统中的新典型意象。李白的《答族侄僧中孚赠玉泉仙人掌茶》是第一首以诗的形式、用朴实自然明快通达的语言赞颂一种名茶的茶诗,可以说它是中国名茶文化的先声。陆羽的挚友皎然在《饮茶歌诮崔石使君》诗中,生动描绘了一饮、再饮、三饮茶的感受:"一饮涤昏寐,情来朗爽满天地。再饮清我神,忽如飞雨洒轻尘。三饮便得道,何须苦心破烦恼。"饮茶将人带入一个美妙的境界，这里没有烦恼，没有纷扰，这是一个人间仙境，是一个自由的、洒脱的、无拘无束的无我之境。最引人注目之处，是皎然还在诗中第一次提出“茶道”一词：“孰知茶道全尔真，唯有丹丘得如此。”借唐代著名道教人物丹丘子诠释饮茶之道。在皎然看来，茶道本身就是一个美妙的过程，这个过程中的每一点体验，都是对茶的感悟，对自身的感悟，对自然和生命的感悟，这才是茶道所蕴含的真正意义。卢仝的《走笔谢孟谏议寄新茶》更是千古绝唱，为古今茶诗第一，其中最著名的诗句便是诗人将饮用一碗到七碗茶的不同感受，以及饮茶带来的美妙的审美体验，描绘得出神入化，成为千古流传的名篇。“一碗喉吻润，两碗破孤闷。三碗搜枯肠，唯有文字五千卷。四碗发轻汗，平生不平事，尽向毛孔散。五碗肌骨清，六碗通仙灵。七碗吃不得也，唯觉两腋习习清风生。”从一碗到七碗茶，从“喉吻润”“破孤闷”……一直到“唯觉两腋习习清风生”的飘飘欲仙，是一个渐进的过程，在这个过程中，饮茶者历经了一场从身体到灵魂的洗礼。“卢仝七碗”成为新的文学典故。卢仝因这首茶诗，被后世尊为“茶仙”，其“七碗茶歌”在日本广为传诵，并发展为“喉吻润、破孤闷、搜枯肠、发轻汗、肌骨清、通仙灵、清风生”的日本煎茶道的道义所在。

其三是茶书画艺术的兴起。现存最早的茶事书法是唐代书僧怀素的《苦笋帖》。这是一幅信札，其文曰：“苦笋及茗异常佳，乃可径来。怀素白。”而传为初唐阎立本所绘的《萧翼赚兰亭图》则是现存最早的茶画，这幅画不仅记载了古代僧人以茶待客的史实，而且再现了唐代煎饮茶所用的器具及方法。盛唐时周昉的《调琴啜茗图》，以工笔重彩描绘了唐代宫廷贵妇品茗听琴的悠闲生活。佚名的《宫乐图》，则描绘了唐代宫廷仕女聚会饮茶习乐的热闹场面。

其四是茶宴、茶会的流行，以及茶馆、茶肆的初现。唐代文人聚会与宫廷宴饮中，茶宴、茶会盛行。它们既是唐人茶文化活动的重要形式，也为茶文学艺术的创作提供了滋润的土壤。茶馆、茶肆在中唐时亦即产生，既为人们“投钱取饮”的场所，也成为人们驻足休息等活动的公共场所，是后世茶馆的雏形。

其五是茶具开始了专门化发展。《茶经》以及整个社会茶饮活动的流行，使得茶具从与酒食共器开始独立发展，出现专门化的趋势，越窑、邢窑南北辉映，成为中国陶瓷文化中的一个重要组成部分。

正是因为唐代茶文化在几乎所有方面都有了起步与很大的发展，所以被明人王象晋在《群芳谱·茶谱小序》中评价为茶文化的全面兴起时期：

"兴于唐,盛于宋,始为世重矣。"

第三节　宋代茶文化繁荣兴盛

宋代是中国茶业与茶文化史上一个极为重要的历史时期,在茶叶生产制造、上品茶观念、点茶技艺、茶艺器具、鉴赏标准等方面都有了很大且独特的发展,远比唐代精细,是中华茶文化史中风格极为鲜明的一个历史时期,在中华茶文化史中起着承上启下的作用,并且对日本茶道的形成有着深切的影响。

一、茶叶生产与贸易高度发展

宋代茶叶生产极大发展,为宋代茶文化的繁荣兴盛提供了物质基础。北宋真宗咸平初年,"天下产茶者将七十郡"(丁谓《北苑焙新茶》诗序),南宋虽然北部国境缩小,但南方茶产区仍在不断扩展,到高宗绍兴末年东南十路的茶叶产区有 60 州 242 县,产茶 1590 余万斤。[①] 在此基础上,宋代茶产量有很大提高,东南茶区最高买茶额加蜀川榷茶约 6000 万斤,加上折税茶、食茶、耗茶以及走私茶等,估计达到 10000 万斤以上。[②] 宋代名茶辈出,《中国茶叶大辞典》统计有 293 种,比唐代 148 种名茶增加了近一倍。

宋代茶叶贸易迅猛发展,形成了明晰稳定的产销市场,与宋代整体经济的四大区域性市场——北方市场、东南市场、蜀川市场和西北市场——相一致。宋代全国性区域茶叶市场大体也是可以分为东南各路产地市场、北方诸路销地市场、蜀川四路西南民族地区的产销地市场以及西北地区的销地市场。诸区域性市场形成了全面的茶叶市场体系。在东南茶产区,初级市场星罗棋布,各种茶市及市墟、草市、集镇、小市中的茶叶交易,使零星生产的茶叶汇集到茶商手中,转运到中转集散市场,如淮南十三山场,以及沿江榷货务等它们多位于茶产区交通便利的城市。而蜀川市场也是兼有产区和中转集散市场。北方市场和西北市场均为销地市场。

宋代贸易经营量巨大,使得茶商拥有大量资本,通过预买制进入茶叶生产领域,汴京的茶行组织开始出现,十余户大茶商联合就能干预茶叶定价,在政府需要入中、和籴的时期,大茶商们则通过虚估、加抬等手段,左右茶法

---

① 周靖民:《宋代的茶叶产区》,《中国茶叶》1983 年第 4 期。

② 孙洪升:《唐宋茶叶经济》,书目文献出版社 2001 年版,第 87 页。

变革,通过大资本及垄断等手段获取超额利润。

二、政治制度充分保障

北宋立国后,最初几代皇帝对茶都很重视,太祖对内库贮存茶叶作为军储物资十分看重,特别是太宗对贡茶还曾专门过问。开宝三年(970)二月庚寅,太祖"幸西茶库"巡视检查。茶库掌管接受南方诸路产茶州军所贡茶茗,以供赏赐、出卖及翰林司之用。宋初中央政府对军队的赏赐物中大抵有茶,因为茶乃是军中所需的重要物资之一。

太平兴国二年(977),宋太宗即位不久便派遣使臣到建州北苑,"规取像类",特置龙凤模造团茶,以别庶饮。太宗雍熙二年(985)改两浙西南路为福建路,《舆地纪胜》记此时即置福建路转运使司于建州,其转运使司与宋代路级机构一般设置于首州的原则不同,未设于首州福州,而是设于官焙茶园所在的建州,其原因就在于建州产贡茶。转运使司是宋代路一级的常设机构,职权是"掌经度一路财赋,而察其登耗有无,以足上供及郡县之费;岁行所部,检察储积,稽考帐籍,凡吏蠹民瘼,悉条以上达,及专举刺官吏之事"(《宋史·职官志》)。转运使司的首要职责是主管一路财政,负责足额上供及一路财政费用,而能否完成足额上供,是考核转运使的主要内容。因而福建路转运使司为了完成建州贡茶这一重要职责,即置司于建州。从此,督造贡茶并如额如期上供,成为福建路转运使的职责。地方行政制度给予贡茶以充分的保障,多任福建路转运使及建州北苑茶官的文人官员悉心尽力地制造推广,使得宋代茶文化繁荣兴盛,在贡茶生产及与之相关的方面甚至达到了后人再无法超越的巅峰,对后世影响至深。

太宗雍熙年间北伐谋取幽云十六州,为筹划粮草等军需,始行折中法、贴射法、交引法、三说法等,使茶与宋代的军事、政治、经济生活密切相关,茶法成为宋代重要的社会文化内容。太宗时,还用不同品名的贡茶赏赐不同级别的王公大臣,基于贡茶的赐受制度,亦成为宋代独特的茶文化现象。

三、极致的贡茶文化

首先,宋代茶叶生产高度品质化,茶艺极度精致化和审美化。以建安北苑官焙贡茶生产为代表的茶叶生产,标志了宋代贡茶达到了农耕社会手工生产制造所能达到的顶峰。

宋代茶叶品类主要是从其外形来进行区分,基本形态分为两大类,"曰片茶,曰散茶",即压制成块状的固形茶,和未经压制的散条形茶叶。北苑的贡茶是片茶，但它们与一般不做贡茶的片茶却是不一样的，一般的片茶在蒸造后，即入模压制成片，保持茶的叶形状态；而北苑的贡茶及其所属的建茶茶系在蒸造之后，还要多一道工序，即研茶："片茶蒸造，实棬模中串之，唯建、剑则既蒸而研，编竹为格，置焙室中，最为精洁，他处不能造。"(《宋史·食货志下》)

宋代建安北苑官焙贡茶"龙团凤饼"的生产，从采茶，拣择茶叶，洗濯茶叶，到蒸茶、榨茶、研茶、压饼、焙火，到藏茶，无一不极尽精细之能事，精益求精。采茶，要求在"阴不至于冻，晴不至于暄"的初春薄寒时节(《品茶要录·采造过时》)，采茶"须是侵晨，不可见日"(《北苑别录·采茶》)，带露而采，这样方能保证鲜叶的品质。鲜叶首先要经过一次拣择，将损害茶叶颜色和滋味的白合、盗叶、乌蒂、紫叶拣择剔出。所谓白合，是"一鹰爪之芽，有两小叶抱而生者"，盗叶乃"新条叶之初生而色白者"(《品茶要录·白合盗叶》)，乌蒂则是"茶之蒂头"(《北苑别录·拣茶》)，"既撷则有乌蒂"(《大观茶论·采择》)。白合、盗叶会使茶汤味道涩淡，乌蒂、紫叶则会损害茶汤的颜色。

鲜叶再三洗濯干净后，再进行蒸茶。蒸茶要求"正熟"，既不能过熟，也不能不熟，过熟与不熟都会影响茶的品质。因为建安茶叶味厚力大，所以蒸茶后要经过一个榨茶的工序，将其中部分茶汁压榨而出。之后是极费工时的研茶，研茶添水而研，一定要研至水干，水干茶才熟。加水一次研至水干为一水，一般都要研至十二至十六水，将茶叶研成极细的粉末。研细的茶末在特制的棬模中拍制成饼。宋代贡茶的棬模款式花样繁多，质地以银、铜、竹为主，模板上多雕刻龙凤图案，成为帝后专用品的符号象征。焙茶用炭火，焙火次数则要根据茶饼自身的大小、厚薄度来决定，一般要焙七火至十五火。宋代茶饼的贮藏方法，已经从北宋中前期在焙笼中以火温除湿，发展到北宋中后期以密封来避开暑湿之气，较之唐人在"育"中以煴煴之火来祛湿贮茶的方法大为进步。

宋代拣茶工序，最后发展成为对用以制茶饼的茶叶原料品质进行等级区分。最高等级的茶叶原料称斗品、亚斗，是茶芽细小如雀舌谷粒者，又一说是指白茶。白茶天然生成，因其之白与斗茶以白色为上巧合，加上白茶树绝少，故在徽宗及其后的时期被奉为最上品。其次为经过拣择的茶叶，号拣芽，再次为一般茶叶，称茶芽。随着贡茶制作工序的日益精细，拣芽之内又分三品，倒而叙之依次为：中芽、小芽、水芽。中芽是已长成一枪一旗的芽叶，小芽指细小得像鹰爪一样的芽叶，水芽则是剔取小芽中心的一片，"将已拣熟芽再剔去，只取其心一缕，用珍器贮清泉渍之，光明莹洁，若银线然”（熊蕃《宣和北苑贡茶录》）。水芽的出现，表明宋代北苑贡茶生产中，对茶叶原料细嫩度的追求达到登峰造极的程度。从此，茶叶原料的等级又决定了以其制成茶饼的等级。

不经过研茶工序制作的茶在宋代被称为“草茶”，“自建茶入贡，阳羡不复研膏，只谓之草茶而已”（葛立方《韵语阳秋》卷五）。除建州贡茶和南剑州名茶之外，宋代其他地区的饼茶生产则不经研茶，而是将蒸好的散形茶叶直接放入棬模压制成饼，可以说是现在常见的砖茶、普洱茶等固形茶压制生产法的始祖。

宋代贡茶生产特别讲求卫生，采茶时采茶者携带清水罐以放置刚采下的茶叶，制茶时“涤茶惟洁”，研茶工更是有特别要求，要戴巾帽把头发遮住，把手洗干净，并要穿干净的衣服。

宋代不压制成饼的散茶也有相当的生产规模，这为茶饮方式的变化提供了物质基础。而关于宋代散茶即一般叶茶的制造方法，可参见元代王祯在其《农书》卷一〇《百谷谱》中的具体记载：“采讫，以甑微蒸，生熟得所。蒸已，用筐箔薄摊，乘湿揉之，入焙，匀布火，烘令干，勿使焦。编竹为焙，裹箬覆之，以收火气。”具体分为四道工序：采茶、蒸茶、揉茶、焙茶。这同明清以来直至现代叶茶的蒸青茶的制造方法基本相同，可见宋代的制茶方法在茶叶历史的发展过程中，也起着承上启下的作用。

四、细致的点茶法

宋代主导的饮茶方式为末茶点饮法。将磨成的茶粉直接放在茶碗中，注入开水，以茶匙（北宋中后期改为茶筅）搅拌击拂，在茶汤表面击发出白色的茶沫，在深色釉的茶碗里制造出色差对比强烈的茶汤来，形成视觉效果极富冲击力和反差对比度很大的美感。点茶法与唐代末茶煮饮法相比，更简便，更富有美感与创造性。宋代著名书法家、大茶人蔡襄专门撰写《茶录》宣扬建安贡茶的点试之法，使得点茶法名扬缙绅。宋徽宗赵佶撰写茶书《大观茶论》，宣扬建安贡茶与其点试之法，其书序曰：“本朝之兴，岁修建溪之贡，龙团凤饼，名冠天下；壑源之品，亦自此而盛。延及于今，百废俱举，海内晏然，垂拱密勿，幸致无为。缙绅之士，韦布之流，沐浴膏泽，熏陶德化，咸以雅尚相推，从事茗饮。故近岁以来，采择之精，制作之工，品第之胜，烹点之妙，莫不咸造其极……可谓盛世之清尚矣。”[①]徽宗本人甚至多次亲手为手下大臣点茶赐饮，更加推动了点茶法的广泛流行。

宋代末茶点茶法的一般流程是：碎茶—碾茶—罗茶—汤瓶煮水—点茶。具体来讲，碎茶就是把茶饼敲碎（如果是散茶则不需要此步骤），碾茶则使用茶碾、茶磨、茶臼等将茶叶碾成粉末。当时建安北苑贡茶的茶饼是将蒸好的茶叶研成极细的粉末以后做成的饼，所以特别硬。因此需要用一个比较特殊的碎茶工具，把茶饼放在桶状茶臼的凹槽里头，将其敲碎，再拿出来用茶碾碾成粉。碾成粉以后再过罗筛细，然后放入茶罐、茶盒待用。

准备饮茶时，用汤瓶煮水，水煮开之后，先要把茶碗烤热。这道程序发展到现在是在泡茶之前要将茶壶、茶杯等茶具预热。预热茶碗有两个效果，一是有助于激发茶香，二是有助于在用茶筅击拂点茶的时候起茶沫，而且能够持续比较长的时间。

点茶用具和技法，也历经变化。北宋的点茶，最初是将茶粉放入茶碗，一次性注入开水，然后用茶匙或用茶筅击拂几十下，就点好了。茶道高手宋徽宗使宋代的点茶更加艺术化，他在《大观茶论》里面写了七汤点茶法：第一步是调膏，把适量茶粉放进茶碗，一般每碗茶的用量是“一钱匕”左右，先注入少量开水，把它调成膏状，然后分七次注汤，用茶筅击拂，看茶与水调和后的浓度适中方可。每一次注汤入盏的位置不一样，或从碗壁上注，或往茶汤中间注，多用力还是少用力，都有区别。而且每汤击拂时手握茶筅的力道也都不一样。用这种七汤点茶法点出来的茶沫又白又厚，并且能够持续较长时间。

由点好的茶汤来鉴定茶叶品质，宋人有着多项独特的标准。宋代越是好的茶，越能打出白白的、厚厚的茶沫，像浚霭，像凝雪，像乳雾。茶沫越白越好，越厚越好，持续的时间越长越好。宋代上品茶尚白，这在崇尚绿色的中国茶艺史中是独一无二的，蔡襄《茶录》记：“故建安人斗试，以青白胜黄白。”而至徽宗的《大观茶论》则认为“以纯白为上真，青白为次，灰白次之，黄白又次之”，色调青暗或昏赤的，都是制造时工艺不过关导致的。这表现出宋人对茶汤特殊的评价标准。

为了点好一碗茶，除了好茶以外，茶水和茶具都不可不讲求。宋代上品茶色尚白，因而点茶多用深色釉的茶碗，以黑白对比强烈为特点，形成独特

---

① 郑培凯、朱自振主编：《中国历代茶书汇编校注本》，香港，商务印书馆 2014 年版，第103—104 页。本书引用茶书如无特别说明，皆据《中国历代茶书汇编校注本》。

的审美风格。宋代最有特色的茶具是建盏，其深色釉能够映衬茶汤的白色以及观察斗茶的水痕。建窑等窑口的黑釉盏风行天下，为中国陶瓷文化引入一股特别之风。

此外用汤瓶煮水，然后拿来点茶，就要求汤瓶的瓶嘴特别好用。宋徽宗《大观茶论》说，因为点茶要往里面注七次水，所以瓶嘴的收水至关重要，即当要停止注水的时候瓶嘴可以马上不再滴水。

点茶用水的一般性原则是活火煎活水，徽宗《大观茶论》则将其概括为"水以清、轻、甘、洁为美"。唐朝就开始讲求水，《煎茶水记》中所记载天下的第二泉，即今江苏无锡惠山泉，到宋时成为贡泉。宋徽宗于政和二年(1112)夏四月在内苑宴请大臣，其间喝茶，"又以惠山泉、建溪异毫盏，烹新贡太平嘉瑞茶饮之"(《续资治通鉴长编拾补》)，用惠山泉、建窑兔毫盏烹点当年新贡的"太平嘉瑞"，皆为一时之选。

五、斗茶与分茶

宋代斗茶的核心在于竞赛茶叶品质的高下来论胜负，其基本方法是通过"斗色斗浮"来品鉴的。点茶其实是没有竞胜目的的斗茶，点茶从唐末五代初流行于建州地区的地方性斗茶习俗发展而来。

关于茶色之斗，就是看谁的茶汤颜色白，蔡襄《茶录》上篇《色》曰："既已末之，黄白者受水昏重，青白者受水详明，故建安人斗试，以青白胜黄白。"但徽宗《大观茶论・点》认为"以纯白为上真，青白为次，灰白次之，黄白又次之"，与蔡襄的标准不同。所谓斗浮，就是看谁的茶汤表面茶沫最后才退散。茶沫退散后在碗壁上留下水痕印迹，所以斗茶又称"水脚一线争谁先"(苏轼《和姜夔寄茶》)，看谁的茶沫最后散退，最后露出"水脚"，就赢了斗茶。蔡襄《茶录・点茶》："建安斗试，以水痕先者为负，耐久者为胜。"要求注汤击拂点发出来的茶汤表面的沫饽，能够较长久地贴在茶碗内壁上，就是所谓"烹新斗硬要咬盏"(梅尧臣《[次韵和永叔尝新茶杂言]次韵和再作》)。关于"咬盏"，徽宗《大观茶论・点》曾做较详细说明："乳雾汹涌，溢盏而起，周回凝而不动，谓之咬盏。"

分茶技艺在五代时期出现，北宋初年陶穀在其《清异录・茗荈门》之《生成盏》[1]中，记录了福全和尚高超的分茶技能，称其"能注汤幻茶，成一句

---

[1] 《生成盏》题不妥，乃取"生成盏里水丹青"首三字而成，全名意指在茶碗里面将茶汤指点成画，取"生成盏"破句破词破意，当用《水丹青》为妥。

诗,并点四瓯,共一绝句,泛乎汤表。小小物类,唾手办耳”。陶穀认为,这种技艺“馔茶而幻出物象于汤面者,茶匠通神之艺也”。这项神奇的技艺,当时或称之为“汤戏”,或称之为“茶百戏”,陶穀《清异录·茗荈门》中《茶百戏》专门记载:“茶至唐始盛,近世有下汤运匕,别施妙诀,使汤纹水脉成物象者,禽兽虫鱼花草之属,纤巧如画,但须臾即就散灭,此茶之变也,时人谓之‘茶百戏’。”

从宋人诗中可知,注汤幻茶、馔茶幻象这一技艺在宋代被称为“分茶”,基本上可以视作是在点茶的基础上更进一步的茶艺,是在注汤点茶过程中,用茶匙(徽宗后以用茶筅为主)击拂拨弄,使击发在茶汤表面的茶沫显现各种文字的形状,以及山水、草木、花鸟、虫鱼等各种图案。杨万里在《澹庵坐上观显上人分茶》中记叙还有一种分茶手法:“注汤作字。”用汤瓶倒出的水柱直接在茶沫上“写”字作画。点茶固难,分茶则更难。分茶茶艺有着相当的随意性,作为一项极难掌握的高超技艺,分茶茶艺得到了宋代文人士大夫们的推崇,并且也成为他们雅致闲适的生活方式中的一项闲情活动,如诗谓“晴窗细乳戏分茶”(陆游《临安春雨初霁》)。

六、坐客皆可人的茶会雅集

宋代是中国古典园林兴盛发展的时期,宋人很看重园林之趣,大大小小的文人茶雅集,多在园林之中举行。宋人的茶会茶宴,较之于唐人而言有了更多的山林和庭院之趣,使之与山水园林文化相结合,生发出更多的情趣与意境。

宋徽宗赵佶的《文会图》(见图 1 – 1)描绘了一群士人在园林中的大型聚会。聚会在庭院中举行,周围雕栏曲折,院内翠竹茂树,杨柳依依。画面中长方形大桌上整齐对称地布满了内盛丰盛果品的盘盏碗碟以及瓶壶筷勺,还有六瓶一样的插花匀布其间以为装饰。画面正中下方,是这次聚会的备饮部分,陈列了众多的宋代茶具,并展示了宋代点茶法的部分程式。柳枝垂荫下,石桌上安放着一把黑色的古琴和一只古雅的三足香炉,表明这次雅会还有焚香鼓琴之韵事。总体上来看,《文会图》描绘了一次有酒食有茶饮,但尤其突出茶内容的雅集。

“南宋四家”之一刘松年的《撵茶图》,描绘的则是宋代文人在林园之中一次典型的小型雅集,画面集品茗、观书、作画于一体,文事与茶事并重,但画题却舍文而以茶为题,表明作者敏锐地把握住了茶与文人生活内在共通的一个“雅”字,以茶标题文会,最终还是突出了茶。

图 1－1　宋・赵佶题《文会图》(现藏台北故宫博物院)

欧阳修与苏轼先后都有诗句述及文人茶会场合以及与茶会相宜的环境,欧阳修在《尝新茶呈圣俞》诗中有句曰:“泉甘器洁天色好,坐中拣择客亦嘉。”苏轼在《到官病倦未尝会客毛正仲惠茶乃以端午小集石塔戏作一诗为谢》中亦言:“禅窗丽午景,蜀井出冰雪。坐客皆可人,鼎器手自洁。”从两诗可以看到茶会相宜的条件是:泉甘器洁,静室丽景,坐中佳客,另外一个不言而喻的当然条件就是好茶。

爱茶的主人,相得的客人,好茶,好水,洁器,静室,佳景,良辰,是宋代茶会不可或缺的条件,也是明以来茶人雅士论说茶事宜否的标准。宋人所论列的要素与基本原则,直至当今仍是茶会茶事活动的要素与基本原则。

七、茶馆及茶事社会化服务

两宋都城汴梁、临安的茶馆皆盛极一时，甚至出现了针对不同社会身份等级人士的专门的茶馆、茶楼、茶肆，如行业会聚、寻觅人力的行会性质的茶馆，专门上演曲艺、说书的茶馆，乃至花茶馆、蹴球茶馆等。茶馆成为大城小镇地域性的公共空间、消息集散地，其社会功能日益显现，逐步形成独具特色的茶馆文化。汴梁、临安大街上面向市民的茶担、提茶瓶者终日行贩，全国各地特别是南方地区，山陵野地，多有茶亭分布，它们与佛教等宗教团体所办的施茶亭一起，成为一种新型的社会公益组织。

宋代社会生活丰富多彩，公私宴会不断。为了应付日益繁多的宴会，“官府各将人吏，差拨四司六局人员督责，各有所掌，无致苟简”。所谓四司乃帐设司、茶酒司、厨司、台盘司，六局乃果子局、蜜煎局、菜蔬局、油烛局、香药局、排办局。因为四司六局从事之人，“祗直惯熟，不致失节，省主者之劳”，所以一般官员“府第斋舍，亦于官司差借执役”，一般“富豪士庶吉筵凶席……则顾唤局分人员”，不论在家中还是在娱乐场所或什么地方办酒筵，“但指挥局分，立可办集，皆能如仪”。[①]

四司六局，责任有大小轻重，因而在各种筵会上，“不拘大小，或众官筵上喝犒，亦有次第，先茶酒，次厨司，三伎乐，四局分，五本主人从”，均有先后次第之分。茶酒司所掌的职责是：“如茶酒司，官府所用名‘宾客司’，专掌客过茶汤、斟酒、上食、喝揖而已。民庶家俱用茶酒司掌管筵席，合用金银器具及暖荡，请坐、谘席、开话、斟酒、上食、喝揖、喝坐席，迎送亲姻，吉筵庆寿，邀宾筵会，丧葬斋筵，修设僧道斋供，传语取复，上书请客，送聘礼合，成姻礼仪，先次迎请等事。”[②]尤其是为民庶办筵席时，茶酒司主事甚多，几乎包揽了所有事情的所有过程，所以其在四司六局中次第最先。

茶事服务的社会化程度，反映了宋代茶文化在社会生活中的深入程度。

八、茶书与茶艺文

车载山积的茶叶贸易，人头涌动的茶馆茶肆，烹点品第的雅尚相推，使茶文化在宋代攀上高峰。宋人传世诗文远超唐人，茶诗数量更多，著名诗人梅尧臣、范仲淹、欧阳修、苏轼、苏辙、黄庭坚、秦观、陆游、范成大、杨万里等

---

① 吴自牧：《梦粱录》，浙江人民出版社1980年版，第185页。

② 同上书，第184页。

都写有多首脍炙人口的茶诗名篇。陆游一生诗作约有万首,其中涉茶诗篇三百余首,不可谓不丰。宋诗长于说理,苏轼等人的茶诗,大多意境深远、理趣盎然。宋词擅于言情,苏轼、黄庭坚、秦观都有多首茶词名篇传世。宋人的茶文亦是名家名篇众多,如梅尧臣的《南有佳茗赋》、吴淑的《茶赋》、苏轼的《叶嘉传》、黄庭坚的《煎茶赋》等,各有侧重各擅胜场,其中苏轼之文,更是拟人化的写茶奇文。

宋代以文立国,文化艺术成就斐然,茶艺术也不例外。茶广泛地入书入画,宋代书法四大家苏轼、黄庭坚、米芾、蔡襄均有多幅茶事书法传世,不仅给人们留下许多珍贵的书法艺术,还保留了不少其他文献中所不能得见的茶文化资料。如蔡襄的《茶录》《北苑十咏》《思咏帖》,苏轼的《致道源帖》《一夜帖》《新岁展庆帖》,黄庭坚的茶宴诗、煎茶诗书法,米芾的《苕溪诗》手迹等。茶画作品相较于唐代而言,题材范围广泛,赵佶的《文会图》、刘松年的《撵茶图》《卢仝烹茶图》等描绘的是文人雅聚的茶饮场面,刘松年的《斗茶图》《茗园赌市图》等画作则让人们看到卖茶者之间的斗茶竞卖,宋墓壁画、棺壁刻画以及深受宋人茶文化影响的辽墓壁画中的茶画,则描绘了当时人们居家生活的茶饮生活,极富生活气息。

宋代茶书可考的约有三十种,全文传世的十一种,五种可辑佚,十四种全然不存。作者大多是身为官吏的文人士大夫,选题大多集中在北苑贡茶、茶法和茶艺方面。绝大多数茶书都各有心得,言之有物,不拘前贤,自成体例。蔡襄的《茶录》是茶书与书法完美结合、相得益彰的精品;徽宗赵佶的《大观茶论》则是帝王所著茶书,推动了宋代贡茶文化的发展,使其登峰造极;宋子安的《东溪试茶录》、熊蕃的《宣和北苑贡茶录》、赵汝砺的《北苑别录》全面保存宋代贡茶的发展史料,以及贡茶名目、纲次及数量等详尽的材料,使后人得以了解宋代的贡茶水平与文化。宋代茶书,为中华茶文化史保存了极具特色的末茶茶艺,在特别关注茶叶的同时,也关注茶与社会文化整体之间的关联。这些都影响到了此后的茶文化的发展。

宋代茶文化的另一个重要发展,是在这一时期,借助佛教以及民间文化贸易往来,推动茶文化往日本的传播。末茶点茶法传至日本,并为此后日本的茶道家们发扬光大,形成日本文化的独特现象:抹茶道。这是中日茶文化交流的重要历史成果。

作为秉持文以载道的士大夫群体,宋代文人更注重茶的感官享受与审美,而不太注重以之载道,至多只是用之以为感悟生命、修禅悟道、格物致知的凭借。正如苏轼在《书黄道辅〈品茶要录〉后》中所论:“达者寓物,以发其辩，则一物之变，可以尽南山之竹。学者观物之极，而游于物之表，则何求而不得？”所以宋代精微的茶艺，并没有走向“自技而进乎道”的日本式茶道，而是寓己于茶，“为世外淡泊之好，此以高韵辅精理”，这正是宋代茶文化注重茶却又不仅限于茶的成就之所在。

第四节　别具一格的明代茶文化

明代是中华茶文化发展发生重大变革的历史时期。历经了几十年的农民战争和统一战争的战火，明初全国土地荒芜，劳力流散，生产凋敝，物资匮乏。明太祖朱元璋于洪武二十四年(1391)九月诏令废除宋元以来的贡茶“龙凤团茶”：“上以重劳民力，罢造龙团，惟采茶芽以进。”其直接结果是宋元以来饼茶、散茶并行的局面发生了根本性的改变，散茶成为主流。制茶技术从以蒸青绿茶为主的单一局面开始发生改变，炒青、烘青、晒青等绿茶制法相继出现，黑茶、黄茶、红茶、烘青花茶或开始出现或得到进一步的发展，明末清初时流行的六大茶类几乎悉数出现，并日趋成熟。茶业全面发展，茶叶种植生产区域进一步扩大，包括台湾岛、云南在内的所有当今茶产省份、地区皆产茶。各地名茶众多，明人黄一正在《事物绀珠·茶类》中列有九十六种。明代的散茶饮用方式为日本煎茶道学习吸收，晚明开始中国兴起与欧洲的海上茶叶贸易。特别是红茶在明代晚期通过海外贸易传至欧洲，丰富了世界人民的物质文化生活，甚至影响到了始自英国的工业革命，为世界工业文明的发展做出了无形而重大的贡献。

绿茶炒制技术得到相当的发展。炒茶之时，根据锅的大小取适量鲜叶：“候锅极热始下茶。急炒，火不可缓。待熟方退火，彻入筛中，轻团那数遍，复下锅中，渐渐减火，焙干为度。中有玄微，难以言显。火候均停，色香全美。玄微未究，神味俱疲。”(张源《茶录·造茶》)对于炒茶用锅、用柴火亦自有讲究：“炒茶之器，最嫌新铁，铁腥一入，不复有香。尤忌脂腻，害甚于铁。须豫取一铛，专用炊饭，无得别作他用。炒茶之薪，仅可树枝，不用干叶。干则火力猛炽，叶则易焰易灭。铛必磨莹，旋摘旋炒。”(许次纾《茶疏·炒茶》)与制茶技术划时代变革相应的是饮茶风尚的根本性变化，宋代的末茶点饮法消失，用开水直接冲泡散条形叶茶的瀹泡法，开一代饮茶法风气之先，一直沿用至今。明人沈德符的《万历野获编》对此即有明确的认识和评价：“今人惟取初萌之精者，汲泉置鼎，一瀹便啜，遂开千古茗饮之宗。”明末文震亨在《长物志》中认为瀹茶法，“简便异常，天趣悉备，可谓尽茶之真味矣”。泡茶法在明朝中期以后成为中华饮茶法主流,一直延续至今。

一、简便异常、天趣悉备的泡茶法

嘉靖时,田艺蘅的《煮泉小品》与陈师的《禅寄笔谈·物考》分别记录了起源于杭州的散茶冲泡法:“生晒茶瀹之瓯中,则旗枪舒展,清翠鲜明,尤为可爱”,“杭俗烹茶,用细茗置茶瓯,以沸汤点之,名为撮泡”。虽然陈师说北方人嘲笑这种泡茶法,他也不满意于此,但这毕竟是杭州的习俗。

万历年间成书的张源的《茶录·泡法》记录了壶泡法,与此前杭俗的瓯泡法不同:“探汤纯熟,便取起先注少许壶中,祛荡冷气,倾出,然后投茶。茶多寡宜酌,不可过中失正。茶重,则味苦香沉;水胜,则色清气寡。两壶后,又用冷水荡涤,使壶凉洁,不则减茶香矣。确熟,则茶神不健,壶清,则水性常灵。稍俟茶水冲和,然后分酾布饮。”不同的季节,投茶注汤的次序各异,有下、中、上投之分:“投茶有序,毋失其宜。先茶后汤,曰下投;汤半下茶,复以汤满,曰中投;先汤后茶,曰上投。春秋中投,夏上投,冬下投。”(《茶录·投茶》)

关于泡茶水煮沸程度的老嫩,张源提出因宋明茶叶制作方法不同,“汤用老嫩”的程度也不同:“蔡君谟汤用嫩而不用老。盖因古人制茶,造则必碾,碾则必磨,磨则必罗,〔罗〕则茶为飘尘飞粉矣。于是和剂,印作龙凤团,则见汤而茶神便浮,此用嫩而不用老也。今时制茶,不假罗磨,全具元体,此汤须纯熟,元神始发也。故曰汤须五沸,茶奏三奇。”(《茶录·汤用老嫩》)

关于泡茶用壶大小,许次纾认为:“茶注宜小,不宜甚大。小则香气氤氲,大则易于散漫,大约及半升,是为适可。独自斟酌,愈小愈佳。容水半升者,量茶五分,其余以是增减。”(《茶疏·秤量》)这与明人认为饮茶不宜人太多相呼应,张源认为:“饮茶以客少为贵,客众则喧,喧则雅趣乏矣。独啜曰神,二客曰胜,三四曰趣,五六曰泛,七八曰施。”(《茶录·饮茶》)若饮客太多,泛然失去饮茶雅趣矣。

泡茶的饮用方法,张源提出“酾不宜早,饮不宜迟。早则茶神未发,迟则妙馥先消”(《茶录·泡法》),认为从壶中往杯中斟茶不宜过早,过早则茶的神元还未浸泡出来,喝茶则不宜慢,太慢则茶汤美好的香气就会先行消散。所论可谓得其真谛矣。

二、茶之性必发于水，无水不可与论茶也

明人对泡茶用水的认识堪称独步，他们在唐宋茶人对水的认识的基础上做了更为细致深入的品鉴，对水之于茶的效用给出了明晰的论断。许次纾说："精茗蕴香，借水而发，无水不可与论茶也。"(《茶疏・择水》)张大复则更进一步看到好水对于茶的增益作用："茶性必发于水。八分之茶，遇水十分，茶亦十分矣；八分之水，试茶十分，茶只八分耳。"(《梅花草堂笔谈》卷二《试茶》)至今仍为不易之论。

许次纾发现"有名山则有佳茶""有名山必有佳泉"，田艺蘅引陆羽语曰"烹茶于所产处无不佳，盖水土之宜也"，他认为这是因为"所谓离其处，水功其半者邪"(《煮泉小品・宜茶》)。赵观评田艺蘅论茶水之书《煮泉小品》"考据该洽，评品允当，实泉茗之信史也"(《煮泉小品・序》)。全书分为源泉、石流、清寒、甘香、宜茶、灵水、异泉、江水、井水、绪谈十目，兼谈水质和水味。要之以"清寒""甘香"为美，因为"泉不难于清而难于寒""甘易而香难""泉惟甘香，故亦能养人"。如同陆羽将茶性与人品相联系，田艺蘅亦将水品与人品相关联，蒋灼评曰："天下之泉一也，惟和士饮之则为甘，祥士饮之则为醴，清士饮之则为冷，厚士饮之则为温；饮之于伯夷则为廉，饮之于虞舜则为让，饮之于孔门诸贤则为君子。"(《煮泉小品・跋》)

唐宋以来的名泉惠山泉在明代仍为最有名之泉，人们为了饮茶用好水经常不惜"千里致水"，或者不远千里赠人惠山泉。晚明李日华甚至与友人组团运水，订立《运泉约》，登册交银，组织船只运送惠山泉，"月运一次，以致清新"(陆廷灿《续茶经》卷下之一)。

三、白瓷、青花和紫砂茶具

明代茶叶生产、饮用方式的巨大变化，给茶具亦带来根本性的变革，唐宋以来以碗盏为基本茶具的局面大变，出现了茶壶配茶盏、茶杯使用的壶杯体系茶具。

明人发现白色的茶杯盏最能够品试炒青绿茶的茶色，屠隆的《茶笺・择器》称："宣庙时有茶盏，料精式雅，质厚难冷，莹白如玉，可试茶色，最为要用。"张源《茶录・茶盏》："盏以雪白者为上，蓝白者不损茶色，次之。"因为明代的茶以"青翠为胜，涛以蓝白为佳，黄黑红昏，俱不入品"(《茶录・色》)，用雪白的茶盏来衬托青翠的茶叶最宜。薄如纸、白如玉、声如磬、明如镜的甜白瓷杯深为人们喜爱。宣德窑、定窑等白瓷之外，景德镇的青花茶

具也异军突起，并且在此基础上，于成化年间创造出斗彩，嘉靖万历年间创造出五彩、填彩等新瓷。从茶杯器形的角度来论，还出现了永乐青花名器"压手杯"，因执其于手中正好将拇指和食指稳稳压住而得名。

白瓷和青花之外，明代茶具的发展还造就了紫砂茶具的勃兴，使得壶杯体系的茶具专门化过程基本完成。周高起在《阳羡茗壶系》中称："近百年中，壶黜银、锡及闽、豫瓷，而尚宜兴陶。"因为宜兴茗壶，"以粗砂制之，正取砂无土气耳"，"能发真茶之色香味"。文震亨《长物志》亦称："茶壶以砂者为上，盖不夺香，又无熟汤气。"

宜兴位于江苏省境内，历史上曾生产青瓷，到了明代中晚期，传说曾有一位云游和尚到宜兴街头叫卖"富贵土"，引导当地人到山中发现了五色的陶土，从此附近的人们开始用其烧制陶器，紫砂具制作由此发展起来。文献记载，紫砂器（壶）则与金沙寺相关，传说一位金沙寺僧因经常看陶工制作陶缸瓮而从中获得灵感，自己"抟其细土，加以澄练，捏筑为胎，规而圆之，刳使中空，踵传口、柄、盖、的，附陶穴烧成，人遂传用"（《阳羡茗壶系》）。而有名有姓的紫砂壶开创者是供春（一名龚春），明正德、嘉靖年间（1506—1566）人，生卒不详，是当地进士吴颐山的学僮，曾在金沙寺陪吴读书，在寺中向老僧学习了紫砂器制法，仿自然形态制成紫砂壶，做工古朴精美，人称供春壶。吴梅鼎《阳羡瓷壶赋·序》："余从祖拳石公读书南山，携一童子名供春，见土人以泥为缶，即澄其泥以为壶，极古秀可爱，世所称供春壶是也。""传世者栗色，暗暗然如古金铁，敦庞周正，允称神明垂则矣。"供春壶得到文人们的喜爱，周文甫特别珍爱自己的一把供春壶，"摩挲宝爱，不啻掌珠，用之既久，外类紫玉，内如碧云"（《续茶经》卷下之二）。中国国家博物馆现存储南强捐赠供春树瘿壶一把（壶盖为后人配制），从中可见早期紫砂壶的朴拙。

万历年间到明末是紫砂器发展的高峰，前后出现"四名家""壶家三大"等，并形成一定的流派。"四名家"为董翰、赵梁、元畅、时朋。董翰以文巧著称，其余三人则以古拙见长，各具匠心。"壶家三大"指时大彬和他的两位高足李仲芳、徐友泉。"千奇万状信手出"的时大彬被誉为"千载一时"，他是时朋的儿子，"不务妍媚，而朴雅坚栗，妙不可思"（《阳羡茗壶系》）。时大彬初仿供春制作大壶，后从陈继儒、冯可宾等人的观点改制小壶，"茶壶，窑器为上"，"又以小为贵。每一客壶一把，任其自斟自饮，方为得趣"，"壶小香味不涣散，味不耽搁"（冯可宾《岕茶笺》）。时大彬的小壶广为流传，文人几乎"案有一具"，直至"宫中艳说大彬壶"。此外，李养心、惠孟臣、邵思亭亦擅长制作小壶，欧正春、邵氏兄弟、蒋时英等人多有名作。“小石冷泉留早味，紫泥新品泛春华”（梅尧臣《依韵和杜相公谢蔡君谟寄茶》），在与茶饮相得益彰、相映生辉的同时，紫砂茶具最终形成了一门独立的艺术，传至今日，仍然是中国茶具文化的精品。

四、文人雅趣

有明一代，士人以文雅相尚，若书法、绘画、瀹茗、焚香、操琴、赏石等事，无不玩习。文人多喜茶，善茗事，特别是江南一带，文人常自种茶制茶，自汲泉鉴水，构茶寮以自坐、待客品茗，从自己的亲身体悟中，得出对于茶之宜忌的精辟论述。

多位文人在茶书中提出，在山居或城中住所设置专门的饮茶处所“茶寮”，如许次纾《茶疏·茶所》中说：“小斋之外，别置茶寮。高燥明爽，勿令闭塞。壁边列置两炉，炉以小雪洞覆之，止开一面，用省灰尘腾散。寮前置一几，以顿茶注、茶盂，为临时供具，别置一几，以顿他器。傍列一架，巾帨悬之，见用之时，即置房中。”屠隆《茶笺·茶寮》：“构一斗室，相傍书斋。内设茶具，教一童子专主茶役，以供长日清谈。寒宵兀坐，幽人首务，不可少废者。”

关于饮茶宜忌，冯可宾的《岕茶笺》提出品茶十三宜、七禁忌，许次纾《茶疏》所论则最为全面。《茶疏·饮时》中列举了各种宜于饮茶的时机和心境：“心手闲适，披咏疲倦，意绪棼乱，听歌拍曲，歌罢曲终，杜门避事，鼓琴看画，夜深共语，明窗净几，洞房阿阁，宾主款狎，佳客小姬，访友初归，风日晴和，轻阴微雨，小桥画舫，茂林修竹，课花责鸟，荷亭避暑，小院焚香，酒阑人散，儿辈斋馆，清幽寺观，名泉怪石。”《茶疏·宜辍》指明应该停止饮茶之时：“作事，观剧，发书柬，大雨雪，长筵大席，翻阅卷帙，人事忙迫，及与上宜饮时相反事。”《茶疏·不宜用》列举饮茶时不宜使用的器具、人事和果品：“恶水、敝器、铜匙、铜铫、木桶、柴薪、麸炭、粗童、恶婢、不洁巾帨、各色果实香药。”《茶疏·不宜近》列举饮茶时不宜处的环境为：“阴室、厨房、市喧、小儿啼、野性人、童奴相哄、酷热斋舍。”而“清风明月，纸帐楮衾，竹床石枕，名花琪树”则是饮茶“良友”。

屠隆《茶笺·人品》总结：“茶之为饮，最宜精行修德之人，兼以白石清泉，烹煮如法，不时废而或兴，能熟习而深味，神融心醉，觉与醍醐、甘露抗衡，斯善赏鉴者矣。”

五、明代茶事艺文

明代的茶事诗词虽不及唐宋之盛，但也有许多著名诗人如谢应芳、陈继儒、徐渭、文徵明、于若瀛、黄宗羲、陆容、高启、徐祯卿、唐寅、袁宏道等都写过茶诗，其中不乏佳作。如文徵明的《煎茶诗赠履约》："嫩汤自候鱼生眼，新茗还夸翠展旂。谷雨江南佳节近，惠山泉下小船归。山人纱帽笼头处，禅榻风花绕鬓飞。酒客不通尘梦醒，卧看春日下松扉。"方应选的《赠醉茶居士》："山中日日试新泉，君合前身老玉川。石枕月侵蕉叶梦，竹炉风软落花烟。点来直是窥三昧，醒后翻能赋百篇。却笑当年醉乡子，一生虚掷杖头钱。"全面描绘了明代文人清雅的茶生活。

明代茶文学的主要成就更多地体现在散文、小说方面的发展，如张岱的《闵老子茶》《兰雪茶》等。晚明小品文，写茶事颇多，公安、竟陵派代表作家，都有茶文传世。文震亨的《长物志》卷一二《香茗》，李渔的《闲情偶寄》，袁枚的《随园食单》中都有写茶或茶具的名篇。明代几部著名的长篇小说中都有大量的茶事描写，《水浒传》《西游记》《拍案惊奇》诸书中有很多关于茶事的描写，《金瓶梅》中写茶事则有四百处之多，让人们看到明代市民社会茶事生活的丰富与频繁，特别是《金瓶梅》中的各色果品点茶让人眼花缭乱。但是明代文人屠隆《茶笺・择果》反对果品点茶："茶有真香，有佳味，有正色。烹点之际，不宜以珍果香草夺之。夺其香者，松子、柑、橙、木香、梅花、茉莉、蔷薇、木樨之类是也；夺其味者，番桃、杨梅之类是也。凡饮佳茶，去果方觉清绝，杂之则无辨矣。若必曰所宜，核桃、榛子、杏仁、榄仁、菱米、栗子、鸡豆、银杏、新笋、莲肉之类，精制或可用也。"其中所列的很多果品花草都能与《金瓶梅》描写的各种果品点茶对应印证，可见《金瓶梅》中的茶是市民社会真实生活的文学再现。

明代茶书画艺术有了长足的发展，明四家都精于茶道，各有多幅茶画传世，文徵明的《惠山茶会图》(见图 1－2)、唐寅的《事茗图》，都是茶画中的精品。

"吴门四家"之一的文徵明，所作《惠山茶会图》描绘了正德十三年(1518)清明时节，同时也是新茶时节的一次文人茶会。其时，文徵明同好友蔡羽、汤珍、王守、王宠、潘和甫、朱朗诸人，游惠山，在惠山以茶兴会，品茶赋诗，文徵明作《惠山茶会图》以记其盛。当年"茶圣"陆羽游惠山写《惠山寺记》，就曾盛赞惠山泉水，其后更是在为李季卿品第天下诸水时将惠山泉水列为天下第二。自宋以来，文人游惠山多有品泉赏茶诗文之作，明代文人

图 1－2　明·文徵明《惠山茶会图》(现藏故宫博物院)

则多在惠山以茶为名举行诗文书画雅集。以此作图者亦多,文徵明以外,尚有王绂的《惠山竹炉煮茶图》、钱穀的《惠山煮泉图》等。文徵明诗、书、画三绝,其茶画多是自书题诗与题词,但《惠山茶会图》上却没有任何题记,只在左下角钤印两方:“文徵明印”“悟言室印”。而在这幅长卷的引首处,则附有与会文人蔡羽所书《惠山茶会序》,后纸附蔡羽、汤珍、王宠诸人的记游诗,使这幅茶会图在样式上也有了“茶会”的形式,可谓文人艺坛的一桩雅事。

文徵明的《品茶图》绘记其在林中茶舍与友人相对品茶。画面山青树绿、天高云淡、清净爽朗,茶舍背山面水,轩敞明净,周侧劲松相围,轩前小桥流水,其境幽幽。轩堂内两位文士隔几对坐,品茶清谈,茶几上置茶壶、茶杯、书函。侧室中一童子正拨火煮水,身后茶几上置茶罐、茶杯等茶具。另一幅画《茶具十咏图》中的山石、树木、草堂无不与《品茶图》相同。文徵明一定是非常喜爱自己的山路茶舍,因而将其一再绘入画卷。观此二图中茶舍的环境,非常符合明代文人的理想:“构一斗室,相傍书斋,内设茶具,教一童子专主茶役,以供长日清谈,寒宵兀坐,幽人首务,不可少废者。”(屠隆《茶笺·茶寮》)如《品茶图》所绘,山斋茶舍是明代江南文人日常生活的重要场所之一,是明代文人融身于自然,寻求心灵的超脱与宁静、品味精致生活,“清心神而出尘表”(朱权《茶谱》)的重要象征性建筑。另外值得一提的是,文徵明、唐寅等文人书画家在书画中注重茶舍的行为,早于陆树声的《茶寮记》、屠隆的《茶笺》等茶书中对于茶寮的记叙。无论是名泉胜迹茶会雅集,还是山斋精筑茶舍小聚、独处,茶都是明代文人诗画生活的重要标签之一。

此外丁云鹏的《玉川烹茶图》、陈洪绶的《高逸品茗图》、王问的《煮茶图》等,亦是茶事名画。文徵明、唐寅、文彭等人的茶书法作品有许多流传至今,而徐渭的《煎茶七类》更不仅是茶书法珍品,其本身亦是一部茶书,可谓二妙相得。

从数量上来看，明人茶书创作是中国古代茶书创作的高峰时期，现在可知约有茶书五十四种，占中国古代茶书总数一半左右。代表性茶书有朱权的《茶谱》、田艺蘅的《煮泉小品》、陆树声的《茶寮记》、陈师的《茶考》、张源的《茶录》、屠隆的《茶笺》、张谦德的《茶经》、许次纾的《茶疏》、熊明遇的《罗岕茶记》、罗廪的《茶解》、冯时可的《茶录》、闻龙的《茶笺》、屠本畯的《茗笈》、徐渭的《煎茶七类》、徐𤊹的《茗谭》、黄龙德的《茶说》、冯可宾的《岕茶笺》、喻政的《茶书全集》等。

明代茶书亦有其不足，即虽然有精彩的原创性茶书，但转抄者多，汇编者更多，甚至有直接易名者，故而一书二名或者同书而不同作者的情况并不鲜见，传抄之中讹误不少，内容选择也有很大的随意性。不过瑕不掩瑜，尽管明代茶书存在这些问题，它们仍然为后世保存了当时茶叶生产制作的众多资料。许多文士茶人自己动手采摘制造茶叶，研究采制与泡饮方法，记录所试茶饮的滋味、色泽和香气等。张源的《茶录》对于"茶道"的论述可谓精练而经典："造时精，藏时燥，泡时洁；精、燥、洁，茶道尽矣。"而明代文人雅士的品茗雅趣，亦多借这些茶书得以传载。

第五节　清代茶文化的发展与转折

清初在完成国家统一后，茶的方面直承晚明茶叶与茶文化的发展，多有可观。茶叶产区进一步扩大，名茶名品不断涌现；茶叶生产技术进步，六大茶类制茶工艺悉数成熟，茶叶生产出现科学化和技术化的新趋势；大一统的局面下，茶马贸易终止；茶叶经济发生重大转型，从以内贸为主，到以内贸和国际贸易并重，并且很长时间内国际贸易主导了国内茶叶的生产与区域贸易和流通。清前期几代帝王对茶及茶具多有关注，形成清代独特的宫廷茶文化。

一、清代的名茶

在名茶方面，清代承接明代，奠定了现当代中国名茶的基本局面。清初刘源长的《茶史 · 茶之近品》曰："今则吴中之虎丘、天池、伏龙，新安之松萝，阳羡之罗岕，杭州之龙井，武夷之云雾，皆足珍赏；而虎丘、松萝，真者尤异他产。至于采造，昔以蒸碾为工，今以炒制为工，而色之鲜白，味之隽永，与古媲美。”[①]据统计，清代名茶有四十余种，主要为：西湖龙井、武夷岩茶、洞庭碧螺春、黄山毛峰、新安松罗、云南普洱、闽红工夫茶、祁门红茶、石亭豆绿、敬亭绿雪、涌溪火青、六安瓜片、太平猴魁、信阳毛尖、紫阳毛尖、舒城兰花、老竹大方、泉岗辉白、庐山云雾、君山银针、安溪铁观音、苍梧六堡、屯溪绿茶、桂平西山茶、南山白茶、恩施玉露、天尖、政和白毫银针、凤凰水仙、闽北水仙、鹿苑、蒙顶、青城山茶、峨眉白芽、务川高树、贵定云雾、湄潭眉尖、严州苞茶、莫干黄芽、富阳岩顶、九曲红梅、温州黄汤等。[②] 其中龙井、碧螺春等茶成为贡茶新贵，与康熙、乾隆皇帝有关，为茶故事传说和茶事诗文新添许多词翰。

二、千叟宴茶事、重华宫茶宴

康熙、雍正、乾隆三朝，诸位皇帝对于茶与茶具等都很关注，乾隆皇帝又特别嗜茶。[③] 贡茶日盛，宫廷茶具镶金嵌玉粉釉斗彩，极尽精美与豪华之能事。宫廷宴饮时，茶为其中重要组成部分。宫廷内务府专门设有御茶房，由一名管理事务大臣主管。

日常之外，清廷常举行大型茶事活动。康熙五十二年(1713)三月，康熙六十寿辰大庆，在畅春园赐宴，宴请六十五岁以上退休老臣、官员、庶士达六千八百余人。宴会首开茶宴，宴会结束之后，康熙给一部分与宴者颁赐御茶及茶具。康熙六十一年、乾隆五十年(1785)、嘉庆元年(1796)，还分别举行过“千叟宴”，最后一次参加者有三千多人。宴会以茶宴始，宴会结束后皇帝给部分与宴者颁赐御茶及茶具。[④]

自乾隆八年始，每岁元旦后三日，好饮茶、好作诗的乾隆皇帝召集内廷大学士、翰林等人在重华宫赐茶宴联句，出席者一般十八或二十八人，由乾隆皇帝亲自主持。行茶宴时，由乾隆命题定韵，参加者赋诗联句，诗品优胜者，获赐御茶及珍物。这一活动持续了半个世纪之久。此后嘉庆皇帝将重华宫茶宴联句作为家法，于每年正月初二至初十间举行。道光年间仍时有举行，咸丰以后终止。重华宫茶宴联句，是清代独有的宫廷茶文化现象。

---

① 《茶史》卷一，清雍正墨韵堂刻本。

② 陈宗懋主编：《中国茶经》，上海文化出版社 1992 年版，第 127—128 页。

③ 陈宗懋、杨亚军主编：《中国茶叶词典》，上海文化出版社 2013 年版，第 558 页。

④ 万秀锋、刘宝建、王慧、付超：《清代贡茶研究》，故宫出版社 2014 年版，第 99 页。

三、茶馆与茶俗

清代茶文化出现的另一个趋势是,茶饮的世俗化与简单化、功能化,这表现在除了闽广等地区的工夫茶外,精致的品饮茶方法已不多见。茶饮与各地方的社会文化生活习俗结合,形成了各地地方特色鲜明的茶俗。如广州的早茶、扬州的茶社、成都的龙门阵等等。茶馆日益功能化,一是成为地域性的公共空间,二是形成近代剧院体制出现之前的演剧场所茶园、书茶馆、曲茶馆等,为近代公共文化的发展做出了相当的贡献。

四、清代茶艺文

清代茶诗文名篇不多,施润章、汪士慎、郑燮、陈章、乾隆皇帝、曹雪芹、丘逢甲、连横等人偶有佳作。茶诗体裁除古风、律诗之外,竹枝词、宫词等也多为运用。

清代中国古典小说名著《红楼梦》《儒林外史》《儿女英雄传》《醒世姻缘传》《聊斋志异》等小说中都有茶事描写。特别是《红楼梦》对茶事的描写最为细腻生动而文化内涵丰富。一百二十回《红楼梦》有一百一十二回、二百七十余处写到茶事。小说描绘的荣宁二府贵族的日常生活中,煎茶、烹茶、茶祭、赠茶、待客、品茶这类茶事活动比比皆是,全面展示了中国传统的茶俗,例如"以茶祭祀""客来敬茶""以茶论婚嫁""吃年茶",还有"宴前茶""上果茶""茶点心""茶泡饭"等,可以说都是当时社会茶俗文化的文学再现。特别是第四十一回《贾宝玉品茶栊翠庵　刘姥姥醉卧怡红院》,写妙玉用成窑五彩小盖盅放在"一个海棠花式雕漆填金云龙献寿的小茶盘"上,给贾母饮"旧年蠲的雨水"所泡老君眉,众人则用"一色的官窑脱胎填白盖碗"。随后又用五年前的"梅花上的雪"水泡茶,用古茶具给宝钗、黛玉,整雕竹根大茶盏给宝玉品饮。从茶、器与人相配的角度,妙玉泡茶可谓尽得个中三昧。

清代茶书画艺术呈现宫廷与民间两端各自发展的局面。宫廷画家董诰在乾隆庚子(1780)仲春,奉乾隆皇帝之命,复绘遭毁的明代王绂的《竹炉煮茶图》为《复竹炉煮茶图》,画正中有"乾隆御览之宝"印,可谓茶文化的一件韵事。姚文瀚仿宋刘松年的《茗园赌市图》所绘《卖浆图》,以及丁观鹏的《太平春市图》中,多有茶事场景。《清院画十二月令图》所画清宫生活图中,亦有多幅涉及宫廷茶事生活的场景,还有征为内廷供奉的金廷标的《品泉图》所绘文士山林饮图卷,等等。而在民间,以"扬州八怪"汪士慎、金农、郑燮、高凤翰等为代表的书画家们绘有多幅茶画，写有多幅与茶相关的书法名作。而从茶书法的角度来看，清代的茶事对联书法独领风骚，如汪士慎的“茶香入座午阴静，花气侵帘春昼长”，金农的“采英于山，著经于羽；荈烈蔎芳，涤清神宇”，郑燮的“墨兰数枝宣德纸，苦茗一杯成化窑”“从来名士能品水，自古高僧爱斗茶”，等等。篆刻也多有名作，如黄易的朱文印“茶熟香温且自看”，赵之谦的白文印“茶梦轩”等。

清代茶歌演化出专门的“采茶调”，成为南方一种传统的民歌形式。在采茶歌、茶灯歌舞的基础上，南方诸产茶地发展出独立的戏剧类别——采茶戏，流行于江西、湖北、湖南、安徽、福建、广东、广西等省区。

五、清代茶书

清人撰有茶书已知二十六种，其中既有仿照陆羽《茶经》的体例极尽资料搜罗的陆廷灿的《续茶经》，篇幅鸿巨，几近三十万字；也有关注地域茶事的陈鉴的《虎丘茶经注补》、冒襄的《岕茶汇钞》等；还有关注阳羡紫砂名壶的吴骞的《阳羡名陶录》《阳羡名陶续录》；专注于茶史的刘源长的《茶史》、余怀的《茶史补》、佚名的《茶史》等。而程雨亭的《整饬皖茶文牍》是其在皖南茶厘总局道台任上的各种文告，郑世璜《印锡种茶制茶考察报告》则是对华茶竞争对手印度、锡兰茶业的考察记录，胡秉枢的《茶务佥载》、高葆真的《种茶良法》则是清代两部特殊的茶书，前者为中文茶书被译成日文在日本出版，后者为外国人写译的茶书在中国出版，反映了中外茶学与文化的交流，以及茶文化发展的一个新方向。

六、19世纪末期茶业与文化由盛而衰

清代是中国茶叶对外贸易由鼎盛到衰败的时期。在鼎盛时期，华茶对外贸易几乎占世界茶叶贸易的90%以上。巨额的贸易顺差，促使贸易入差国如英国等，开始以鸦片对中国展开走私等形式的贸易。中英爆发了鸦片战争，中国因为在这场茶与罂粟（鸦片）两种植物的竞争中失败，而陷入半殖民地状态。鸦片贸易不仅毒害了中国的经济，也毒害了中国人的身体和精神，以至于使其有“东亚病夫”之称。而在以鸦片贸易平抑因茶叶贸易而带来的差额的同时，英国人一直在亚洲其他国家寻求适宜种植、生产茶叶的地方开展茶叶种植和加工生产，最终东印度公司在印度、斯里兰卡等地成功地实施了他们的计划。随着世界其他国家和地区茶叶进入茶叶贸易体系，并在英国人的关税保护之下进入英国等欧美市场，中国茶叶在世界贸易中

的份额日渐降低,加上洋行、茶庄茶栈等居中盘剥,国内关卡林立,厘金关税等恶税繁重,中国茶农的生产生活、茶商的经营都陷入难以为继的悲惨境地。茶文化亦因之停顿,发展艰难。

第六节　现当代茶文化的复兴

20 世纪 20 年代起,以吴觉农、方翰周、王泽农、陈椽、庄晚芳、张天福等为代表的新一代茶人,在茶叶生产、经贸、文化、教育等各方面,为中华茶业与茶文化的复兴,付出了筚路蓝缕的努力。现代文学大家如鲁迅、周作人、梁实秋、林语堂等人都撰有茶文,延续了茶文化的发展。

自 20 世纪 70 年代起,长期寂寂无闻的中华茶文化开始复兴,首先在台湾地区,继之是大陆。茶艺、茶道、茶文化团体和组织纷纷成立,如台湾中华茶艺联合促进会、台湾中华国际无我茶会推广协会、台湾中华茶文化学会、中国国际茶文化研究会、中华茶人联谊会、香港茶艺中心、澳门中华茶道会等。它们为普及中华茶艺,弘扬中华茶道,做出积极贡献。

在茶文学方面,郭沫若、赵朴初、启功等均有茶诗、茶词的佳作传世。茶事散文极其繁荣,苏雪林、秦牧、邵燕祥、汪曾祺、邓友梅、李国文、贾平凹均有优秀茶文,还出现了多部茶散文集,如林清玄的《莲花香片》、王旭烽的《瑞草之国》等。王旭烽的茶事小说"茶人三部曲"前两部更是荣获中国最重要的文学奖项之一——"茅盾文学奖"。

茶事书画艺术空前繁荣,吴昌硕、齐白石、丰子恺、唐云、刘旦宅、范曾、林晓丹等都有众多的茶主题绘画。赵朴初、启功等人的茶事书法,更是文化与艺术在茶这一点上结缘的佳作。《请茶歌》《采茶舞曲》《挑担茶叶上北京》等茶歌、茶舞广为流传,是许多文艺演出的保留节目。

与影视等现代传播形式相结合的新型茶艺术不断涌现,如茶文化系列专题片和以茶为主题的电影、电视剧。话剧《茶馆》几十年来长演不衰。谭盾创作的歌剧《茶——心灵的明镜》,有国际化背景、国际团队制作、国际团队参演,已经在全世界许多国家演出,是当今世界中华茶文化的新的经典剧作。《茶叶之路》《茶,一片树叶的故事》,则是中央电视台倾力打造的专题茶文化纪录片,是影视媒介传播茶文化的重要作品。

茶艺编创与表演,以及茶席设计、茶具设计、茶包装设计等,都成为新兴的茶文化艺术领域。全国和地方性的茶艺比赛经常举办,一些中华茶艺还走出了国门,不仅传播到东亚、东南亚,还远传欧美。

20 世纪 80 年代以来,茶文化产业也成为新生的产业,现代茶艺馆如雨后春笋般地涌现,据中国茶叶流通协会及中国国际茶文化研究会统计估算,2018 年国内有大大小小的各种茶馆、茶楼、茶坊、茶社九万多家,茶馆业成为当代茶文化产业的生力军。鉴于现代茶馆业的迅猛发展,国家劳动和社会保障部于 1998 年将茶艺师列入《中华人民共和国职业分类大典》,2001 年又颁布《国家职业技能标准——茶艺师》,茶艺师成为新兴职业。

茶文化研究,成为当代茶文化的一个重要组成方面,研究人员遍及业内与业外。近三十年来,研究者们发表了大量的研究论著,据研究者初步统计,有各类茶文化书籍四百多种,各类茶文化研究论文约三千篇。研究领域主要集中在茶文化综合研究、茶史研究、茶艺和茶道研究、陆羽及其《茶经》研究和茶文化文献资料编纂五个方面。此外,在茶与儒道佛、茶文学艺术、茶俗、茶具、茶馆等研究方面,都不断有新成果涌现。

茶文化进入高等教育,也是这一时期茶文化的重要方面。1984 年,庄晚芳先生发表论文《中国茶文化的传播》,首倡"中国茶文化"。此后,茶文化概念和体系得到逐步完善。21 世纪初以来,不仅在茶学本科培养方案中设有"茶文化"方向,而且在茶学硕士、博士研究生培养中也设有"茶文化"方向,事实上已将"茶文化"作为茶学的一个分支学科、子学科。"茶文化"的学科地位初步确立。

20 世纪 90 年代以来,全国各地举办大大小小形形色色的茶文化节,成为社会经济文化生活中的一个新生事物,为提倡茶饮,发展茶文化,促进地区茶经济,做了很多有益的工作。

2004 年,中国国际茶文化研究会刘枫会长在全国政协十届二次会议提交"茶为国饮"提案,倡导茶为国饮。2007 年,骆少君委员再次在全国政协会议提交了相同的提案,并提议将茶文化列入中小学必修课程内容。以茶为国饮,既是对中华几千年茶文化文明历史的尊重与继承,也是对大众健康、茶业发展、三农问题等问题的文化解答。

2018 年 9 月,联合国粮食及农业组织商品事务委员会第 72 届会议上,中国代表团提出的关于设立"国际饮茶日"的提案得到各成员国的支持,会议决定将提案提交联合国粮食及农业组织大会审议。2019 年 11 月 27 日,联合国大会宣布将每年 5 月 21 日设为"国际茶日",以赞美茶叶的经济、社会和文化价值,促进全球农业的可持续发展。中华茶文化的影响力已经扩展到全球范围。

可以说,现当代中华茶文化全面复兴,业已取得较大的成就,在产业发展、社会关注度提升、人力物力资源投入加大的良好态势下,中华茶文化必将会有更高的发展。

拓展训练

一、思考论述

1. 中华茶文化史主要有哪些发展阶段,各具什么特点?

2. 论述"唐煮、宋点、明泡"的主要程式和注意事项。

3. 讨论文学艺术与茶文化的互动发展。

二、学术选题

1. 从宋、明两代立国初年的发展,探讨国家政策和社会发展状况对于茶文化历史发展的影响。

2. 历代茶书与其所处时代茶业与文化发展的研究。

三、实践训练

1. 观看并亲身体验宋代流传至今的点茶法。

2. 举办或参与一次茶会雅集。

四、拓展阅读

1. [美]威廉·乌克斯:《茶叶全书》,中国茶叶研究社社员集体译,上海中国茶叶研究社 1949 年版。

2. 吴觉农主编:《茶经述评》,中国农业出版社 2005 年版。

3. [美]梅维恒、[美]郝也麟:《茶的真实历史》,高文海译,徐文堪校译,生活·读书·新知三联书店 2018 年版。

4. 朱自振、沈冬梅、増勤编著:《中国古代茶书集成》,上海文化出版社 2010 年版。

第二章 文化思想

中华茶文化思想，是指通过与茶有关的行为或文字所表达出来的思想、情感、观念、境界等。中华茶文化博大精深，与中华文化的文学、艺术、哲学、宗教、饮食等各种形式都有关联，其内涵还融合了儒、道、佛、民间礼俗观念、民间秘密宗教等流派的思想。所以，中华茶文化思想博大精深又独具思想形式，既包含了儒道佛传统的主要思想，又不是简单地将各派思想相加，而是将各派思想的精华融合成一种文化思想形式。

第一节 精行俭德

“精行俭德”是茶圣陆羽在《茶经》中提出的对茶人品格的要求，是中华茶文化思想中具有首要意义的思想，《茶经》也因此成为中华茶文化最重要的典籍。

陆羽的《茶经》言简意赅、高度凝练，提出了“精行俭德”这一重要茶文化思想：“茶之为用，味至寒，为饮，最宜精行俭德之人。若热渴、凝闷、脑疼、目涩、四支烦、百节不舒，聊四五啜，与醍醐甘露抗衡也。”①

一、关于“精行俭德”内涵的不同理解

陆羽《茶经》对“精行俭德”这一重要的茶文化思想的内涵没有做解释或说明，所以，当代的学者们对其有不同的解释。

一是认为“精行俭德之人”即注意品行、具有节俭美德的人，如吴觉农的《茶经述评》对“精行俭德之人”的释义为注意操行和俭德的人。陈彬藩

① 关于这段原文，学界有不同断句法。本书采用陈文华《长江流域茶文化》（湖北人民出版社2002年版）中的断句。

的《中国茶文化经典》中对《茶经》“精行俭德之人”的解释为品行端正有节俭美德的人。

二是认为“精行”指精细、精美地行事,对茶艺讲究,即精于茶事,与饮茶者的品行没有联系。“俭”是指能够有效地约束、节制自己,而不是指俭朴。

三是认为“精行”是指精于茶事,而“俭德”中的“俭”与“茶性俭”中的“俭”同义,即少、薄的意思,“行俭德之人”指的是素饮精茶汤有得的人。[1]

四是认为“精行俭德”应为精通修炼道行,善于修养德行,节制而不放纵,从而使人具备俭朴等高尚美好品德的过程。[2]

对于“精行俭德”代表了儒道佛中哪一家的茶文化思想,学者们各有不同观点:

有的学者认为陆羽提出的“精行俭德”反映了儒家的茶道思想,认为陆羽的《茶经》开宗明义指出“茶之为用,味至寒,为饮,最宜精行俭德之人”,分明是以茶示俭,以茶示廉,从而倡导一种茶人之德,也就是一种儒家的理想人格。魏晋南北朝时期社会普遍存在奢靡风气,唐代对这种风气仍有所延续,因而陆羽大力提倡廉俭之风。此外,陆羽提出的“精行俭德”,还有中庸之道的深刻内涵,中庸和谐是其中的应有之义,通过饮茶,营造一个强化人与人之间和睦相处的和谐空间,这是儒家茶文化的理想。[3]

有的学者认为陆羽提出的“精行俭德”反映了道家的茶道思想。“俭”来自道家,道家文化偏重人的内在生命主体的永恒愉悦,重精神而不重物质,以俭养生。早在魏晋,道家已饮茶成俗。在道家眼里,饮茶是养生延年的手段,粗食、蔬食、节食符合道家的宗旨:崇尚俭少,严洁自控。“精”也来自道家,《茶经》中用“精”字八处,是最少、最完美、最珍贵的意思。[4]

有的学者认为陆羽提出的“精行俭德”反映了禅宗的茶道思想。“精行俭德”所指称的乃是禅宗提倡的俭朴,而非儒学意义上的君子之德。只有那些崇尚简朴、轻薄名利的文人,才能真正享用茶之味。从陆羽的经历也可看出他是竭力反对儒家的繁文缛节以及佛教的清规戒律,试图寻找一种超越,所以当生命个体热渴、凝闷之时,茶就不仅仅是物质上的享受,而是消解燥热、趋向和谐的自在世界。茶之味可以“荡昏寐”,陆羽在此侧重的是精

---

① 参见陈耀铭《精、俭之辨——〈茶经〉试解》,《农业考古》2003 年第 4 期。

② 参见陈刚俊《“精行俭德”考释》,《农业考古》2018 年第 5 期。

③ 参见赖功欧《茶哲睿智——中国茶文化与儒释道》,光明日报出版社 1999 年版。

④ 参见寇丹《据于道,依于佛,莫于儒——关于〈茶经〉的文化内涵》,《农业考古》1999 年第 4 期。

神上的升华。①

二、"精行俭德"释义

陆羽在《茶经》中所说的"精行俭德"的具体含义,因上下文没有更多的解释或事例说明,就只有靠后人去体会了。本书认为,陆羽所说"精行俭德"是指茶人应当具备的品德、品格。根据陆羽个人的学识、修养、情趣和个性特征来理解,这四个字不仅仅涵括儒家思想,包含了孔子、孟子等所提出的理想人格,而且融合了佛道思想。陆羽少年时代就爱读儒家经典,受儒家思想浸染;又从小在寺庙中长大,受佛家思想影响;而个人志趣又显示出对道家思想的爱好。所以,对于茶人应当具有的品格,他用了很精妙的"精行俭德"四个字来表达,既合儒,亦合佛道的要求。儒家的"君子"人格,合乎"精行";佛家的不偷盗、不邪淫、不杀生等佛徒行为规范,合乎"精行";道家的顺其自然、上善若水的思想,也合乎"精行"。而"俭德"同样是合乎三家的要求,无论"俭德"是指节俭的美德,还是指善于节制、控制,或指低调、不张扬,都合乎儒道佛三家的要求。所以,本书认为"精行俭德"应当是指人的品德、品行高洁而不低俗、有节俭的品德和品行,还有内敛与善于节制乃至低调的处世特性与行事风格,如老子所说"上善若水,水善利万物而不争"。只有具有这些品德与品行、情趣的人,才能真正体会出茶的美,茶叶、茶树、茶园的美,采茶、制茶、品茶的美。陆羽的一生,其行为、品德、志趣等,便是"精行俭德"的最好阐释。

陆羽的一生有两大特点:一是特立独行,二是审美人生。

特立独行,用来描述、形容和称赞一个人的行为、思维、志向、处世方式的独特,不随流俗,超越世俗,志行高洁,人格精神独立。从一开始,这个词就是一个褒义词。这个词最初是唐代韩愈在《伯夷传》中赞美商末周初的伯夷:"士之特立独行,适于义而已,不顾人之是非,皆豪杰之士,信道笃而自知明者也。……若伯夷者,穷天地亘万世而不顾者也。昭乎日月不足为明,崒乎泰山不足为高,巍乎天地不足为容也。"韩愈称赞伯夷特立独行,是合于义的豪杰之士,与日月同光,如泰山般高耸而巍峨!韩愈之后,人们更多地用"特立独行"一词来形容人的志行与品格的高洁。陆羽特立独行的人格魅力突出地表现在:一是志趣的超俗、高洁,二是行为的洒脱、不拘流俗。

---

① 参见陆建伟《陆羽思想中的禅性意向》,《湖州师专学报》1996年第2期。

陆羽本是一个弃儿，被遗弃在复州竟陵(今湖北天门)西湖的大堤上，被当地的智积禅师拾得而收养，在寺院长大，其貌丑又口吃。这样一个弃儿，按常理寺院肯定是他一生的避风港湾，他不可能有更多的想法，加之智积禅师一心想把他调教成一个佛门弟子，他本应成为佛门弟子。然而，却正是这样一个没有受过多少儒家文化熏陶的儿童，竟然在九岁时就表现出不同寻常的志趣，当智积禅师拿出佛书，要他好好习佛时，他竟然出乎预料地答道："终鲜兄弟，无复后嗣，染衣削发，号为释氏，使儒者闻之，得称为孝乎？羽将授孔圣之文可乎？"(《陆文学自传》)他这样一个在寺院长大的儿童，竟然认为学佛、成为佛门弟子是不孝，而要去学习与践行儒家的理论，童年的陆羽表现出了异乎常理的个性和志趣，敢想、敢干。智积禅师罚他去做"贱务"，扫地、清洁厕所、清除墙上污泥、放牛，他小小年纪，在没有条件学文化的状态下，竟然"无纸学书，以竹画牛背为字，他日问字于学者，得张衡《南都赋》，不识其字，但于牧所仿青衿小儿，危坐展卷，口动而已"(同上)。儿童时代表现出来的不同寻常的志趣，为陆羽后来不同凡俗的作为埋下了伏笔。

经历了逃离寺院，经历了做戏子谋生，经历了在火门山邹夫子那里学习文化，经历了与竟陵司马崔国辅的交往，陆羽的志向和情趣最终落到了茶上。当时饮茶在南方已成为普遍习尚，并正向北方传播，爱好品茶、以茶娱情者已不少，最初收养他的智积禅师就是一个爱茶者，是他启蒙了陆羽对茶的爱好，是他培养与熏陶了陆羽对茶的兴趣，教会了陆羽煮茶、品茶。后来陆羽到了湖州之后结交的诗僧皎然给了他许多帮助。在陆羽所处的时代，对茶痴迷、对茶全身心投入研究的，只有他一人，他的志向与情趣可谓超越世俗或者说不同流俗。他本也可入朝为官，朝廷曾召他为太子文学、太常寺太祝，若按世俗的观点，这应当是一条很好的生存之路，但他对茶的情怀，超越了世俗的追求，他说出了"不羡黄金罍，不羡白玉杯，不羡朝入省，不羡暮入台；千羡万羡西江水，曾向竟陵城下来"(《因话录》引陆羽歌)的个人追求。

陆羽抛下了世俗的追求，"往往独行野中，诵佛经，吟古诗，杖击林木，手弄流水，夷犹徘徊，自曙达暮，至日黑兴尽，号泣而归"；他与李季卿表演茶艺时"衣野服"，及"与人宴处，意有所适，不言而去。……及与人为信，虽冰雪千里，虎狼当道，不愆也"(《陆文学自传》)，洒脱而不拘流俗。他"上元初结庐于苕溪之滨"的生活特立独行、舒放自在。

陆羽的志向、情趣、个性、行为处处表现出他特立独行的人格魅力。陆羽的人格魅力不仅表现在他特立独行的志趣与行为及他的《茶经》,还表现在他的审美人生。陆羽在采茶、品茶、研究茶、与文人高士论茶、赏茶中度过了他的一生,这是一种审美人生,所以陆羽有着永恒的人格魅力。陆羽的《茶经》显示了他的审美趋向与追求。[①] 关于他在生活中是如何审美的,他没有留下更多的文字,但我们可以从他的朋友们写的诗中看到他在茶事活动中表现出的审美的魅力。

皇甫冉,唐代中后期的著名诗人、文人士大夫,写有《送陆鸿渐栖霞寺采茶》:"采茶非采菉,远远上层崖。布叶春风暖,盈筐白日斜。旧知山寺路,时宿野人家。借问王孙草,何时泛碗花。"这首诗展现陆羽采茶的样子,在远离尘世的山野间,春风和暖,陆羽走上一座座的山崖,当太阳高照时背着满筐的茶叶,沿着旧时通向山寺的路,有时还住宿在山野人家。这是一种孤独的美、远离尘世的美,与山林、茶叶为伴的美,没有一点尘世的气息,这种生活普通人可能会认为乏味枯燥,但在爱茶人看来,这是一种超世俗的美、高洁的美。

皇甫曾,皇甫冉之弟,唐代中后期诗人、文人士大夫,写有《送陆鸿渐山人采茶》:"千峰待逋客,香茗复丛生。采摘知深处,烟霞羡独行。幽期山寺远,野饭石泉清。寂寂燃灯夜,相思一磬声。"重重叠叠的山峰、一丛丛静静生长的香茗等待着逃尘离俗的客人;陆羽在大山中踽踽独行,走向茶树生长的大山深处,山中的雾气和清晨的朝霞都羡慕独行的陆羽;寺院在幽远的山中,陆羽饥饿时在山野泉水边石头上草草吃上一点;静寂的夜晚,陆羽想念山外的朋友时,只有听听敲击石头的回声。这是一种孤寂的、和大自然融为一体的美。也许在许多人看来这也太孤独了,苦行僧似的,没有尘世的欢乐与忧愁,除了孤寂、空寂之外,只有那不会言语的树木了,哪有美?但对一个爱茶人、一个爱大自然的人来说,这种境界是一种非常美的境界,个人融入大自然的树木花草之中,还有那期待中的茶树、茶叶。一个真正爱茶的人肯定喜爱这种生活。

皎然,陆羽的好友,著名的诗僧。陆羽那种独往独来的采茶生活,在皎然的笔下是很美的。皎然在《访陆处士羽》一诗中写道:"太湖东西路,吴主古山前。所思不可见,归鸿自翩翩;何山赏春茗?何处弄春泉?莫是沧浪子?悠悠一钓船。"弄春泉、赏春茗、翩翩归鸿、悠悠钓船,多美的境界!

采茶是一种审美生活,独自品茶或是和朋友品茶,还有品茶赋诗,更是

---

① 参见林瑞萱《陆羽〈茶经〉的茶道美学》,《农业考古》2005 年第 2 期。

一种审美生活。当陆羽在至德元年(756)来到苕溪之后,隐居苕溪,除了著述《茶经》之外,很多时候是和湖州的茶人们在一起品茶、悠游、赋诗,这是一种具有很高文化品位的审美生活,彰显着他的人格魅力。

最令茶人陶醉与向往的境界莫过于皎然所写的《九日与陆处士羽饮茶》:"九日山僧院,东篱菊也黄。俗人多泛酒,谁解助茶香?"秋天山中的僧院,篱笆外黄色的菊花开着,两位品茶大师品着茶,茶香飘散寺院里,世间的俗人们多以酒为乐,他们岂能了解这秋天中菊花为伴、茶香飘散的品茶境界是多美妙?这种品茶审美生活岂能令茶人不向往?再如皎然所写的《春夜集陆处士居玩月》:"欲赏芳菲不待晨,忘情人访有情人。西林可是无清景,只为忘情不记春。"这情景与这情趣,谁能说不美?此外,皎然所写的《寒食日同陆处士行报德寺宿解公房》《赋得夜雨滴空阶,送陆羽归龙山》等诗,都是写两位高人相处品茶的非常美的生活。陆羽与皎然都是茶学大师,他们在一起品尝到的茶之美也许后人早已体会不到了。多位茶人兼文人在一起品茶,将是另外一种更欢乐的美,在湖州时,陆羽常和湖州的茶人兼文人品茶联句,如《连句多暇赠陆三山人》:"一生为墨客,几世作茶仙。(耿沣)喜是攀阑者,惭非负鼎贤。(陆羽)禁门闻曙漏,顾渚入晨烟。(耿沣)拜井孤城里,携笼万壑前。(陆羽)闲喧悲异趣,语默取同年。(耿沣)历落惊相偶,衰羸猥见怜。(陆羽)诗书闻讲诵,文雅接兰荃。(耿沣)未敢重芳席,焉能弄彩笺。(陆羽)黑池流研水,径石涩苔钱。(耿沣)何事亲香案,无端狎钓船。(陆羽)野中求逸礼,江上访遗编。(耿沣)莫发搜歌意,予心或不然。(陆羽)"这是文人们在一起品茶审美的快乐。

通观陆羽的一生,其行为、品德、志趣,用"精行俭德"来概括,最恰当不过了;陆羽的一生,彰显着"精行俭德"的人格魅力。

陆羽提出的"精行俭德"的茶人品格要求,奠定了中华茶文化的核心要义,对其后的中华茶文化的发展影响巨大,其后一千多年的中华茶文化的发展都是围绕着"精行俭德"这一核心要义而展开的。

第二节　致清导和

"精行俭德"是唐代陆羽提出的对茶人品格和道德的要求及目标追求,是中华茶文化思想中最重要的思想。北宋的末代皇帝宋徽宗赵佶则提出了中华茶文化的第二项重要思想,即品茶、饮茶的境界追求,这就是"致清导和"。

一、"致清导和"的提出

"致清导和"源自宋徽宗的《大观茶论》,原文是:"谷粟之于饥,丝枲之于寒,虽庸人孺子皆知,常须而日用,不以岁时之舒迫而可以兴废也。至若茶之为物,擅瓯闽之秀气,钟山川之灵禀,祛襟涤滞,致清导和,则非庸人孺子可得而知矣!"意思是:谷粟对于充饥的作用,丝麻对于御寒的作用,即使是一般人和小孩子都是知道的,因为这是经常所需要的日用品,其作用不会因为岁月的更替而改变。至于茶这种饮品,独具东南秀气,容纳了山川的灵性,可以去除累积在胸中的困惑和不愉快,达到致清导和,这不是一般人和小孩子可以感受和了解的。

从上述这段话可知,"致清导和"指的是人们通过品茶、饮茶或玩赏茶与茶艺之后的一种身体和心灵的感受及可达到的境界。这种感受是清爽、轻松、柔和、和谐、愉快的,可达到的境界是心灵的放松和对俗世的超越,可放下尘世的不快而进入非常愉悦的审美境界。

关于饮茶或品茶可得到的感受和可达到的境界,在宋徽宗之前的茶学家和茶人就已有所述说和描述,如陆羽在《茶经》中说茶"与醍醐、甘露抗衡也";唐代文人顾况在《茶赋》中说茶可"发当暑之清吟,涤通宵之昏寐";唐代文人吕温在《三月三日茶宴序》中说"乃命酌香沫(按,即茶),浮素杯,殷凝琥珀之色。不令人醉,微觉清思,虽五云仙浆,无复加也"。唐代著名茶人斐汶在《茶述》中说:"茶,起于东晋,盛于今朝。其性精清,其味浩洁,其用涤烦,其功致和。参百品而不混,越众饮而独高。"唐代的诗人们描述饮茶后的"清"与"和"的感受时则更具夸张和浪漫,最著名的莫过于皎然和卢仝的茶诗,在诗人的笔下饮茶或品茶的感受和可达到的境界是既清且和。

北宋时期,饮茶的习尚已遍及各阶层,文人艺术家们大多都沉湎于品茶和玩赏点茶艺术,这就是宋徽宗在《大观茶论》中所说的:"天下之士,厉志清白,竞为闲暇修索之玩,莫不碎玉锵金,啜英咀华,较筐笥之精,争鉴裁之妙,虽否士于此时,不以蓄茶为羞,可谓盛世之清尚也。"正因为宋徽宗不仅是皇帝,更是一个艺术家,他沉湎于茶,精通茶艺,体验饮茶的快乐,拥有了对茶独到的体会,所以总结出茶可以"致清导和"的美妙感受。

二、"致清导和"成为中国茶人的饮茶境界追求

宋徽宗主要从艺术的角度总结出饮茶或品茶的身心感受是"致清导

和”,他提出“致清导和”的观念之后,“致清导和”发展成为中国茶人对饮茶境界的追求,突出表现在宋元明清至今的中国茶人刻意追求“清”与“和”的饮茶境界。

一是通过诗歌表达对这种“清”与“和”境界的沉醉和所达到的快乐。元代朝廷的重要人物耶律楚材精通汉文化,他虽然是契丹人,但痴迷于“清”与“和”的饮茶境界,他在《夜坐弹离骚》中写道:“一曲离骚一碗茶,个中真味更何加。香销烛烬穹庐冷,星斗阑干山月斜。”这是一种很清幽的境界。再如元人李谦亨在《土铫茶烟》中描述:“荧荧石火新,湛湛山泉冽。汲水煮春芽,清烟半明灭。香浮石鼎花,淡锁松窗月。随风自悠扬,缥缈林梢雪。”这是一种出尘脱俗如仙境般清美的饮茶境界。再看明代著名文人文徵明《茶具十咏·煮茶》的叙述:“花落春院幽,风轻禅榻静。活火煮新泉,凉蟾堕圆影。破睡策功多。因人寄情永。仙游恍在兹,悠然入灵境。”这种空灵又幽雅的品茶境界,是中国文人自唐宋以来普遍追求的境界,反映了中国文人在茶中得到的“致清导和”的感受与心灵境界的满足。

二是通过构建茶艺或茶道境界来表达自己对“清”与“和”境界的心灵追求。

最具代表性的是元明时期的爱茶文人,他们都喜爱在茶著中表达这种境界的追求。如元末明初以独特个性著称的文人杨维桢两篇独具特色的短文《清苦先生传》和《鬻茶梦》,通过赞美茶叶(清苦先生)和记录茶梦表达了他的人生情怀、品格追求、个性趋向。在《清苦先生传》中杨维桢将茶叶拟人化,描述了一个情趣高雅、超越世俗,聪颖而又有风致,如陆羽、卢仝辈的人,在僧室道院,花竹繁茂,水清石奇,徜徉徘徊,神清气爽。在松风深处,构一小屋,摆设些鼎彝之类的高雅玩物,煮煮茶、品品茶,哪怕是吃芋、栗,弹弹琴、下下棋,影初横,月到窗,清和美妙。虽然清苦,但可“高其风味,乐其真率”。实际上,杨维桢是在表达他深藏在心中的品格和人格追求,他追求陆羽、卢仝那样的品格,直接、简练又精准地表达出“芬馥而爽朗,磊落而疏豁,不媚于世,不阿于俗”这样一种清雅、清高、超尘拔俗的心灵与精神境界。他在《鬻茶梦》中描述了所向往的一种非常美的茶境,没有俗世的任何纷扰,在无形的“道”的境界中,享受茶的美妙。茶就是“道”,“道”就是茶,茶烟袅袅,星光熠熠,清歌徐徐,心忘了形,形和神与“道”合一,白云渺渺,烟月飘飘,梅花相伴,品尝凌霄芽茶,美妙无比。

再如明代茶人屠隆在《茶笺》中对饮茶环境(茶寮)的构想:“构一斗室,相傍书斋,内设茶具,教一童子,专主茶役,以供长日清谈,寒宵兀坐。”即在一种非常清幽乃至孤深的环境中品茶。在《香笺》中，屠隆还描述了一种超凡脱俗、如梦如诗般的焚香品茗的境界："坐雨闭窗，午睡初足，就案学书，啜茗味淡。一炉初热，香霭馥馥撩人，更宜醉筵醒客。皓月清宵，冰弦戛指，长啸空楼，苍山极目，未残炉爇，香雾隐隐绕帘。"屠隆试图在这样一种品茶环境中，净化心灵、抛却人世间的恩恩怨怨，性灵和宇宙融为一体，在"天人合一"中生命得到永恒。

杨维桢和屠隆仅仅是众多茶人与文人中的代表，这种在茶中对"清"与"和"的追求直到现当代，仍然让人痴迷，如鲁迅先生，他在《喝茶》一文中说道："有好茶喝，会喝好茶，是一种'清福'。"周作人在《喝茶》一文中也说到对喝茶的向往："喝茶当于瓦屋纸窗下，清泉绿茶，用素雅的陶瓷茶具，同二三人共饮，得半日之闲，可抵十年的尘梦。"林语堂在《茶和交友》一文中说："一个人在这种神清气爽、心气平静、知己满前的境地中，方真能领略到茶的滋味。因为茶须静品，而酒则须热闹。茶之为物，性能引导我们进入一个默想人生的世界。"

实际上，不仅仅是中国文人喜好追求品茶中"致清导和"的感受和心灵境界，普通国民也喜欢这种清与和的感受和境界。当代中华茶文化之所以能够勃兴，正是因为在激烈的生活与社会竞争中，人们的心灵更需要这种"致清导和"茶境的滋润。

三、"致清导和"切合中国国民性格

中国是一个以农业为主的社会，农业耕作的特点是"脸朝黄土背朝天"、勤勤恳恳、吃苦耐劳、"一分耕耘一分收获"，孕育出中国人如大地般温柔敦厚的性格；农村社会生活的特点是日出而作、日落而息，鸡犬之声相闻，人们在山水田园间和睦相处，培育出的国民性格同样是如山与水般的沉着与柔和。农业社会的大环境与社会生活特点塑造出了喜欢"清"与"和"的中国国民性格，而产生于中国农耕社会的传统文化又强化了这种国民性格。

孔子是儒家文化的开创者和代表人物。以孔子为代表的儒家是一些有强烈社会责任感的智者，孔子从夏商西周的社会历史得到启示，提出了"仁""礼"的思想体系，进而又提出了"和""中庸"的思想："礼之用，和为贵。先王之道，斯为美，小大由之。有所不行，知和而和，不以礼节之，亦不可行也。""君子和而不同，小人同而不和。""和为贵"，成为千百年来中国人所称道、所推崇的一句格言，成为最鲜明的中国国民性格。

以老子、庄子为代表的道家也提倡"和"，老子在《道德经》中说："道生一,一生二,二生三,三生万物。万物负阴而抱阳,冲气以为和。”与儒家不同的是,老子所论述的“和”不是从社会角度,而是着力于寻求个体生命的“和”。庄子没有明确地去阐述“和”,但他对人生采取审美的观照态度,无非是努力地在纷乱的世界中着力寻求保持和谐的心理状态。

佛家没有明确论述要“和”或“和谐”,但理论和修行方式最终都是欲达到个体心理状态的和谐;无论是念经也罢,参禅也罢,超脱尘世、看透生死的思维亦罢,都是欲寻求一种安宁、平静、和谐的心理状态。

儒道佛三家从不同的角度强化了中国人讲求和谐的性格,而与和谐相伴生的是清与静,只有在清静的环境与心理状态中才能得到和谐。中国人将清与和的追求贯之于从采茶、制茶到煮茶、煎茶或泡茶、饮茶或品茶的行为中,茶的相关活动能让人感受到“清”与“和”,“致清导和”从而成为重要的中华茶文化思想。

第三节　韵高致静

中华茶文化的第三项重要思想同样是由北宋末代皇帝宋徽宗赵佶提出的,同样出自他的《大观茶论》,这就是“韵高致静”。“致清导和”倡导的是中国茶人饮茶境界与心灵境界的追求,“韵高致静”倡导的是中国茶人品茶格调的追求。

一、“韵高致静”的提出

宋徽宗在《大观茶论》中指出:“至若茶之为物”,“祛襟涤滞,致清导和,则非庸人孺子可得而知矣;冲淡简洁,韵高致静,则非遑遽之时而好尚矣”。即是说:在平和淡定的心态下和简单雅洁的环境中品茶,可以达到韵味高深而心境宁静的境界,这种感受和境界绝非在匆忙之间和惶恐不安的状况下能体会得到的。所以,“韵高致静”指的是品茶可将人们带入到一种超尘脱俗的感受、状态、境界与格调中。

关于饮茶可达到的美好境界和超尘脱俗的格调,以及茶爱好者品茶应当追求的境界和格调,在宋徽宗之前尚无人从理论上论述。仅仅是如上所述,茶人茶家们谈到了或用诗歌表达了品茶达到的“清”与“和”的感受。宋徽宗也仅仅是从理论上总结出品茶可以带给人们“致清导和”“韵高致静”这样一种美妙的感受,即可以将人们带入一种升华了的心灵境界,但他并没有要求人们在品茶时一定要去追求如此感受和境界。宋徽宗从理论上指出品茶的这种功效之后,使人们在玩赏茶、品茶、饮茶时有了一种自觉的追求,即一种目标上的指向。

二、“韵高致静”成为中国茶人品茶格调的追求

无论是青翠的茶园、鲜绿的茶叶还是碧绿或红艳的茶汤,都是非常美的。中国最早的茶散文《荈赋》及最早涉及茶的诗《娇女诗》《登成都楼诗》等,都是在赞美茶或饮茶的美。所以,茶成为饮品之初,就是一种“韵高”之物,因为美,所以给人品位高和格调高的感受。汉晋之后的唐宋,大量茶诗和茶文的涌现,都是人们沉醉在这种韵高、静美境界中的体现。如皎然与陆羽在寺院中品茶:“九日山僧院,东篱菊也黄。俗人多泛酒,谁解助茶香。”(皎然《九日与陆处士羽饮茶》)再如唐代诗人钱起所写《与赵莒茶讌》:“竹下忘言对紫茶,全胜羽客醉流霞。尘心洗尽兴难尽,一树蝉声片影斜。”用“韵高致静”来描述品茶的境界与格调,是最为恰当了。

在宋徽宗之前,人们只是自然地在茶中沉醉于“致清导和”与“韵高致静”的境界与格调。而在宋徽宗简洁明了地提出了茶艺与茶道的“致清导和”与“韵高致静”的境界与格调的理念之后,“致清导和”与“韵高致静”成了茶人茶家们或茶的爱好者们的自觉追求和目标趋向。最具代表性的是明代的那些爱茶的文人,他们为了达到“致清导和”“韵高致静”的境界与格调,刻意在充满田园风味的庭院中品茶,如陈玄胤,“庭中种扁豆、豆花盛开,坐起其中,烹茗焚香,孤吟不辍。即以豆花名其斋”;在书斋中品茶,如于鉴之,“琴书分列,香茗郁然,文采风流动,浮动于砚席笔墨之间”,又如李流芳,“琴书萧闲,香茗郁烈,客过之者,恍如身在图画中”;在鉴赏艺术或玩赏器物时品茶,如王惟俭,“客至,焚香瀹茗,商略经史,赏玩古物,竟日献酬,无一凡俗语”(以上引语见《列朝诗集》诗人小传);在大自然中品茶,如沈周在虎丘第三泉松下煮茶,“石鼎沸风怜碧绉,磁瓯盛月看金铺。细吟满啜长松下,若使无诗味亦枯”(《是夕命童子敲僧房汲第三泉煮茶坐松下清啜》),又如陈继儒诗“石枕月侵蕉叶梦,竹炉风软落花烟”(《赠醉茶居士》);在幽静的夜晚独自静坐品茶,如罗廪《茶解》所说,“山堂夜坐,手烹香茗,至水火相战,俨听松涛,倾泻入瓯,云光缥缈,一段幽趣,故难与俗人言”。明代文人特别喜爱在“寒宵兀坐”中独自品茶,如高启的《烹茶》:“活水新泉自试烹,竹窗清夜作松声。”文徵明《煮茶》:“花落春院幽,风轻禅榻静。活火煮新泉,凉蟾堕圆影。破睡策功多,因人寄情永。仙游恍在兹,悠然入灵境。”

明代茶诗歌的韵味和境界如唐诗一般空灵,这种空灵或幽雅的品茶境界和格调,正是明代茶人普遍追求的“韵高致静”,清代的文人延续了这种追求,但清代也有些文人诗作由于故意仿宋诗而少意境。

为追求“致清导和”和“韵高致静”的品茶境界与格调,明代文人对品茶情境有许多独特创造,这是明代文人对中华茶文化的杰出贡献。明代以前饼茶与散茶共存,饮茶方式主要是煎茶,茶人对于品茶环境和品茶格调没有刻意地创设,而明代饮茶方式主要是散茶冲泡,更宜于创设品茶环境。明代文人不仅在品茶活动中结合了山水览胜,而且在理论上反复论说如何在居家生活中创造幽雅的或充满山水意味的泡茶环境,如《续茶经》引《徐文长秘集·致品》所说:“茶宜精舍,宜云林……宜永昼清淡,宜寒宵兀坐……宜清流白石,宜绿藓苍苔,宜素手汲泉,宜红妆扫雪,宜船头吹火,宜竹里飘烟。”朱权的《茶谱》、陆树声的《茶寮记》、许次纾的《茶疏》、罗廪的《茶解》、冯可宾的《岕茶笺》、屠隆的《茶笺》、文震亨的《长物志》、张源的《茶录》、徐渭的《煎茶七类》及徐𤊹的《茗谭》等茶书中,对如何创造品茶环境都有精辟的论述。文徵明、唐寅、仇英等人还以画的形式表现了文人的品茶情境。

明代文人与茶人创设的瀹泡法,从赏水、备具、洁具到置茶、冲泡,再到品饮,整个过程充满着幽雅而“韵高致静”的书卷味,使中国茶艺充满东方魅力。

第四节　茶禅一味

中华茶文化的第四项重要思想是“茶禅一味”。这一思想源于中国,后随禅宗东传日本,在日本得到发扬光大,形成了日本茶道,成为日本茶道的核心要义。20 世纪 90 年代中华茶文化和中华茶艺创意兴起新的热潮,“茶禅一味”思想重新引起中华茶人和茶文化研究者的重视,并成为中华文化研究的一项重要内容。

一、“茶禅一味”的由来

1.“茶禅一味”形成的前提是禅宗在中国的形成与发展

坐禅、参禅或禅定,就是静虑,就是排除杂念,就是所谓“思惟修”,进入淡泊宁静的状态。茶与禅,二者有异曲同工之妙,饮茶可助参禅,参禅可更好地体悟茶境和感悟茶的美好。先有禅宗,后才有“茶禅一味”。

佛教在东汉末年传入中国。魏晋南北朝三百多年间,由于政治不稳,社会动荡，战乱不断，生灵涂炭，原印度佛学中小乘佛教所宣扬的“业感缘起”“因果报应”等思想既得到贫苦下层百姓的信奉，也得到厌乱的王公贵族的笃信，王公贵族利用了下层百姓对佛教的信仰，大行凿窟建寺、剃度僧尼、诵经礼法。借助统治者的保护，佛教在中国发展很快。北魏末佛寺有3万所，僧尼达200万；北齐时，寺院达4万所，僧尼达300万。而南朝时的宋、齐、梁、陈，各有佛寺1913、2428、2015、1232所，僧徒分别有36000、82700、32500、32000人。[1] 可见魏晋南北朝时期佛教在中国传播之广。这一时期所传佛教庞杂繁芜，虽然大多依附于中国本土传统而存在，但修行方式上更多地保留了印度佛教苦行禁欲的特点，生存方式上仰仗统治者的恩赐和信徒的行善，此时还谈不上与中国本土文化融合。

据南宋悟明编撰的《联灯会要》记载，禅宗起源于释迦佛灵山法会上拈花示众，众人皆疑惑，不解其中味，唯有迦叶尊者破颜微笑，佛即开口说："吾有正法眼藏，涅槃妙心，实相无相，微妙法门，不立文字，教外别传，附嘱摩诃迦叶。"（载普济《五灯会元》）这是说不立文字、以心传心、心心相印、用心去悟，这便是禅宗的由来。迦叶在佛陀的十大弟子中以“头陀第一”著称，并由此成为禅宗开山祖（初祖），衣钵代代相传，传至第二十八代传人达摩，由于印度本土佛教日渐衰落，找不到合适的传人，达摩便托衣钵，航海往东，来到嵩山少林寺，面壁九年，静待法缘，最终有一位饱读诗书且心怀慈善的名为神光的人前来参谒。达摩默然端坐，不言语，不理睬，神光立雪断臂、舍身求法，诚心感动达摩，达摩知其为法器，收其为徒，取名慧可，是为东土禅宗二祖，其行业地域主要在北方。达摩的传法偈为："吾本来兹土，传法渡迷情；一花开五叶，结果自然成。"后慧可传僧璨，僧璨传道信，五传至弘忍。

弘忍住持湖北东山禅寺，选传人时规定如果有徒弟作出明佛性的偈子，就把衣钵传给他。他的高徒神秀（上座僧）作了一首偈子，得到大家赞同："身是菩提树，心如明镜台，时时勤拂拭，莫使惹尘埃。"字面意思是：众生的身体就是一棵觉悟的智慧树，众生的心灵就像一座明亮的台镜，要时时不断地将它掸拂擦拭，不让它被尘垢污染障蔽了光明的本性。但寺院中身为舂夫的慧能听到这首偈子后认为这只是首普通的偈子，他认为佛性空无，哪还有菩提树，哪还有明镜台呢？什么也没有，哪还用时时勤拂拭呢？于是他作了首偈子让僧人写在神秀的偈子旁边："菩提本无树，明镜亦非台，本来无

---

① 参见范文澜《唐代佛教史》，人民出版社1979年版，第89、77、83、90页。

一物,何处惹尘埃。”字面意思是:菩提原本就不是树,明亮的镜子也并不是镜子。本来就是虚无没有的东西,哪里会染上什么尘埃?心中有尘,尘本是心,何畏心中尘?从这个意义上说,慧能的参悟自然高出神秀许多。神秀仍然停留在内,而慧能却早已走出了自我,来到了更广阔的天地。于是,弘忍将衣钵传给了慧能,是为禅宗六祖。

慧能承弘忍“顿悟”的法旨衣钵,逃回岭南开山立派,弘传顿悟法门,形成了中国的“南禅”;神秀在北方传承西来的渐悟法门,形成了中国的“北禅”。“南禅”的开创,宣告了禅宗的确立,也即宣告了佛教中国化的初步完成。这正印证了晋代高士谢灵运对佛教汉化趋向的把握:“夷人易于受教”,开其“累学”(苦行渐悟之法),而“华人易于见理”,宜开“顿了”之法(《辨宗论》)。

禅宗认为人的本心与佛性无殊异,都是清净淡泊的,只要顿悟,人人都可成佛,所以,禅宗追求的是内心体验,追求“清净本心”的境界。而茶的“致清导和”“韵高致静”的境界正与禅的“清净本心”之境相通,在袅袅茶烟中,品茶者可得到“净心自悟”,这是“茶禅一味”思想形成的基础。

2.“茶禅一味”形成于文人高士在茶中体验的禅意

禅宗由慧能于中唐时确立,但兴起在中晚唐时期,禅僧以参禅游学为修行方式,以自在适意、追求清净为生活情趣,正与“安史之乱”后中国文人士大夫的生活情趣相切合,禅僧与文人士大夫密切交游,以茶为媒介,共同感受茶境与禅境的美好,这是“茶禅一味”思想形成的特定时代背景。

唐朝是一个盛况空前的时代、一个文化灿烂的时代。李泽厚在《美的历程》一书中,以初唐时代刘希夷的《代悲白头翁》、张若虚的《春江花月夜》、王勃的《送杜少府之任蜀州》、李颀的《送魏万之京》为例,认为尽管初唐之音夹杂着悲伤、怅惘,但仍然快慰轻扬、光昌流利,有着“少年不识愁滋味”的美学风格,有着对宇宙无垠、人生有限的觉醒式的淡淡哀伤,但依然是一语百媚、轻快甜蜜。他又以盛唐时代陈子昂的《登幽州台歌》、高适的《别董大》、王翰的《凉州词》、王昌龄的《从军行》、王之涣的《凉州词》、岑参的《白雪歌送武判官归京》、孟浩然的《春晓》诗为例,认为优美、明朗、健康,就是盛唐之音。如陈子昂,尽管满腹牢骚、一腔愤慨地喊道“前不见古人,后不见来者”,“但它所表达的却是开创者的高蹈胸怀,一种积极进取、得风气先的伟大孤独感。它豪壮而并不悲痛”。再看那孟浩然,“尽管伤春惜花,但所展现的,仍然是一幅愉快美丽的春晨图画,它清新活泼而并不低沉哀婉。这就是盛唐之音”。盛唐之音的最强音是李白,因为李白的诗“不只是一般的青春、边塞、江山、美景，而是笑傲王侯，蔑视世俗，不满现实，指斥人生，饮酒赋诗，纵情欢乐。……似乎毫无规范可循，一切都是冲口而出，随意创造，却都是这样的美妙奇异，层出不穷和不可思议”。[①]

中唐时代的文人士大夫再也没有了盛唐时代的豪情壮志和对边塞军功的向往，战乱让人们感到了悲凉。在战乱结束后的大约三十年里，人们所感到的是物质的贫乏、生活的艰难；在社会经济日渐恢复之后，权力斗争依然黑暗，文人士大夫更多地沉湎于享受日常生活，变得更世俗、更现实了，所谓“气骨顿衰”（《诗薮》），他们所生活和奔走的前途，不过是官场、利禄、宦海浮沉、上下倾轧。而恰到中唐时代，饮茶习尚在全国逐渐流行，唐代杨晔在《膳夫经手录》中说：“至开元、天宝之间，稍稍有茶，至德、大历遂多，建中以后盛矣。”杨晔所说的几个时段，开元、天宝（713—756）乃盛唐时代，至德、大历（756—779）已是唐中后期，饮茶风习逐渐兴起；而到建中年间（780—783）已是唐代后期了。

正是在中晚唐时代，饮茶习尚已全面普及。“王公朝士无不饮茶”，此时又正是文人们的精神取向、生活情趣、审美兴趣发生了明显改变的时期，文人们已变得沉湎于享受世俗生活了，茶成为文人们享受生活的手段，文人们在茶中娱情，在茶中寄托情感，在茶中审美，在茶中寻找心灵的快慰，在茶中融注儒释道的思想。茶与禅两者互为寄托，互为印鉴。如陆龟蒙在煮茶的闲情中看到了一派禅意盎然：“闲来松间坐，看煮松上雪。时于浪花里，并下蓝英末。倾余精爽健，忽似氛埃灭。不合别观书，但宜窥玉札。”（《煮茶》）皎然将禅趣与茶趣结合，禅中有茶，茶中有禅：“积疑一念破，澄息万缘静。世事花上尘，惠心空中境……识妙聆细泉，悟深涤清茗。”（《白云上人精舍寻杼山禅师兼示崔子向何山道上人》）刘禹锡客居西山寺，与禅僧采茶、制茶、煮茶、饮茶，快乐无比，认为只有禅僧高士才能体会这种快乐：“山僧后檐茶数丛，春来映竹抽新茸。宛然为客振衣起，自傍芳丛摘鹰觜。斯须炒成满室香，便酌砌下金沙水。骤雨松声入鼎来，白云满碗花徘徊。悠扬喷鼻宿醒散，清峭彻骨烦襟开……欲知花乳清泠味，须是眠云跂石人。”（《西山兰若试茶歌》）“眠云跂石人”指的便是禅僧高士。唐代的颜真卿、陆羽、钱起、孟郊、白居易、皮日休、诗僧齐己等许多文人高士有此般“洗尘心”“涤心原”“脱世缘”的感受，他们感受到了茶是步入禅境的最好依托物，禅境是品茶的最理想境界，“茶禅一味”正是文人高士在茶中体悟的禅境。正如元

① 李泽厚：《美的历程》，广西师范大学出版社 2001 年版，第 169—181、199—205 页。

稹的"宝塔诗"所说:"茶。香叶,嫩芽。慕诗客,爱僧家。"(《一字至七字诗·茶》)

3."茶禅一味"的提出

"茶禅一味"四字真诀源于何处何人,至今是中国文化史中的一桩公案。大致有以下几种说法:

(1)源于赵州从谂禅师"吃茶去"禅林法语。

慧能承弘忍衣钵回到韶州(今广东韶关)弘传顿悟禅法,培养出门下五大弟子:青原行思、荷泽神会、南阳慧忠、永嘉玄觉、南岳怀让。其中南岳怀让一系发展出沩仰宗、临济宗,青原行思一系发展出曹洞宗、云门宗、法眼宗,正应了达摩传法偈语:"一花开五叶。"

临济宗属南禅北传,慧能六世法孙义玄从沩仰宗洪州门下黄檗希运禅师学法三十三年,然后往镇州(今河北正定)滹沱河畔建临济寺,广为弘扬希运禅师所倡启般若为本、以空摄有、空有相融的禅宗新法。此法因义玄在临济院举一家宗风而大张天下,后世遂称之为"临济宗",而镇州临济寺也因之成为临济宗祖庭。

图2-1 赵州从谂禅师"吃茶去"禅门公案(赵昊鲁绘)

河北赵州观音院是临济宗的寺院，唐大中十一年(857)，原为池阳南泉普愿禅师弟子、八十高龄的从谂禅师行脚至赵州，受信众敦请驻锡观音院，弘法传禅达四十年，僧俗共仰，为禅林模范，人称“赵州古佛”。赵州和尚有一桩禅宗史上著名的传法公案，这便是“吃茶去”禅宗公案。南唐中主保大十年(952)成书的《祖堂集》卷一〇《赵州和尚》，以及北宋端拱元年(988)成书的《宋高僧传》卷一一《唐赵州东院从谂传》、北宋景德元年(1004)成书的《景德传灯录》卷一〇《赵州东院从谂禅师》对这桩公案均有详细记载：

> (一僧问赵州从谂禅师华法大义)师问僧："还曾到这里摩?"
> 云："曾到这里。"
> 师云："吃茶去。"
> 师云："还曾到这里摩?"
> 对云："不曾到这里。"
> 师云："吃茶去。"
> 又问僧："还曾到这里摩?"
> 对云："和尚问作什摩?"
> 师云："吃茶去。"

赵州和尚这种答非所问，似乎并无多么深刻的禅机，但充分说明茶与禅的密切关系，“吃茶去”就是“参禅去”。这桩赵州和尚“吃茶去”禅门公案广为流传，被后人断为“茶禅一味”的渊源。

(2)出自夹山和尚善会之“夹山境地”。

湖南澧州石门县地处湘鄂边界，东望洞庭湖，南接桃源，西邻张家界，北连长江三峡，有“武陵门户”与“潇湘北极”之称。境内峰峦逶迤，从武陵山到夹山、壶瓶山连绵相接，山山皆种好茶。夹山西北麓的八坪峪所产牛抵茶自宋代即为贡品。

相传，唐咸通十一年(870)高僧善会云游至此，目之所见，正合其与师临别时所赠偈语："猿抱子归青嶂后，鸟衔花落碧岩前。"于是便停留下来开山建庙，善会成为夹山禅林鼻祖，世称“夹山和尚”。

夹山善会，俗姓廖，汉州岘亭(今湖北襄阳)人。九岁于潭州(今湖南长沙)龙牙山剃度，二十岁受具足戒，前往江陵钻研经论。初住润州(今江苏镇江)京口鹤林寺，后逢道吾从襄州关南来，与之相互问答，所得颇多，依道吾之劝，赴浙中参谒船子德诚禅师，嗣其法。此后，便云游至夹山开启禅林，在中国禅宗史上留下了不少公案佳话，其中最著名的是“夹山境地”，被认为是“茶禅一味”的由来。《祖堂集》卷七载：

> 又问：“你名什摩？”对曰：“佛日。”师曰：“日在什摩处？”对曰：“日在夹山顶上。”师曰：“与摩则超一句不得也。”师令大众钁地次，佛日倾茶以师，师伸手接茶次，佛日问：“酽茶三两碗，意在钁头边。速道，速道。”师曰：“瓶有盂中意，篮中几个盂？”对曰：“瓶有倾茶意，篮中无一盂。”……又问：“如何是夹山境地？”师答曰：“猿抱子归青嶂后，鸟衔花落碧岩前。”

这则对话似乎是在讨论夹山自然风景，实则是在探讨品茶悟禅的意境。另《日本禅师录》亦有相似的记载：“夹山和尚（善会）喝完一碗茶后，又自斟一碗递给侍僧，侍僧正欲接碗，和尚陡问：‘这一碗是什么？’侍僧一时语塞。”善会明知茶一碗，却故意发问，意在茶中有禅且茶禅一味也。日本当代禅学家秋月龙珉《禅海珍言》考证认为，此便是“茶禅一味”的发轫之作。

夹山寺在日本佛教徒心中被认为是佛教圣地，20世纪七八十年代日本佛教界曾多次组团到夹山寺朝圣，三拜九叩，十分虔诚。1992年春，日本茶道主流派里千家茶道学会会长多田侑史率团三十多人，到夹山礼祖，欣然写下“猿抱子归青嶂后，鸟衔花落碧岩前”的偈语。

（3）出自宋代高僧圆悟克勤手书“茶禅一味”。

宋代高僧圆悟克勤，俗姓骆，字无着，彭州（今四川彭州）人。幼时出家，法名克勤。起先在成都依圆明法师学习经论，其后至五祖山，参谒法演禅师，蒙其印证，与佛鉴慧勤、佛眼清远二禅师齐名，世有“演门二勤一远”之称。

宋徽宗政和元年（1111），圆悟克勤禅师自四川游荆湘，受寓居荆南且以道学自居的名士张商英之请，讲经说法于石门夹山寺，将雪窦重显禅师的《颂古百则》，加以发挥解说，其弟子将其结集成《垂示》《著语》《评唱》，合成《碧岩录》十卷，后世称赞此书为“禅门第一书”。《碧岩录》原本被圆悟克勤禅师弟子大慧宗杲视为秘传不授之书，并且以火焚毁，后世重刊，这才保留下来。《碧岩录》的产生，标志着中国的禅宗发展到了一个新的阶段，即由讲公案、机锋的《灯录》阶段，发展为注释公案、机锋的阶段。此前禅宗的禅师们与喜佛的文人士子将禅神秘化为可参而不可言的玄学，并坚守着“以心传心，不立文字”的禁忌。《碧岩录》外，克勤禅师还有《击节录》《佛果禅师心要》，其言行也被收入《佛果禅师语录》（共二十卷）中。

唐宋时期有较多留学僧，流传的一种说法认为圆悟大师曾手书“茶禅一味”条幅赠送给学成归国的日本留学僧人，流传日本，成为日本茶道之源，且被奉为日本茶道之魂。“茶禅一味”是否出自圆悟克勤大师手书成了千古之谜。留日学者滕军在其所著《日本茶道文化概论》中说，圆悟克勤大师手书“茶禅一味”墨迹，至今保存在日本奈良大德寺，早已成为日本茶道的稀世珍宝。但是，有的学者提出疑问，认为查阅《大藏经》等相关资料，特别是《碧岩录》《佛果禅师语录》，并翻遍《中日高僧书法选》，均不见“茶禅一味”四字。[1] 经日本友人实地调查，大德寺不在奈良，也未见有圆悟克勤“茶禅一味”书法。宋时磊详细梳理了克勤手书“茶禅一味”错误信息的源头及其发展脉络：《法音》1985 年第 3 期一篇辛夷的文章《茶禅一味话友谊——一休与成都昭觉寺》提到圆悟克勤手书“茶禅一味”四字给珠光法师，题词收藏在日本奈良大德寺。1985 年，林子青撰文予以批驳，并澄清事实。但错误的文章内容，被收录到《佛学典故汇释》，又被一些学者误信并进一步放大，进而固化为国内学界广受推崇的“成说”。[2]

(4) 出自日本茶道创立者村田珠光。

中国茶叶和饮茶习尚在唐代就已传至日本，但当时未普遍展开。至宋代，日本僧人荣西从中国传入禅宗和饮茶习尚后，才逐渐形成日本独有的茶道。

金大定年间(1160—1189)，日本高僧荣西两次来到中国学禅。第一次是南宋乾道四年(1168)，荣西到浙江天台山学禅，历时五个月，回国后传播禅宗与饮茶习尚。第二次是南宋淳熙十四年(1187)，荣西到天台山万年寺跟随虚庵怀敞研习临济宗禅法，共两年零五个月，1191 年回到日本，先后著有《出家大纲》《兴禅护国论》《吃茶养生记》，成为日本临济宗和日本茶道开山祖师。

日本临济宗传至室町时代(1336—1573)，出了一位著名的奇僧一休宗纯，他既是一位诗人、书法家、画家，也是一位锐意革新的禅僧。村田珠光入京都大德寺学禅，师从一休宗纯。然而，珠光参禅打坐常打瞌睡，且鼾声大作，一休怎样训斥他都没有用，就建议他“吃茶去”，于是珠光就在禅室里点上香，插上花，放置茶具煮茶，每当瞌睡袭来，就急饮一碗茶，振作精神，继

---

① 陈香白、陈再粦：《“茶禅一味”考释》，《广东茶业》2004 年第 8 期。

② 宋时磊：《圆悟克勤手书了“茶禅一味”吗——兼谈珠光挂具墨迹的传承谱系》，《农业考古》2019 年第 5 期。

续打坐参禅。此后几年，村田珠光一心精进于禅和茶，随着禅修悟境越来越高，对于茶的理解和领悟也越来越深，终于领悟到“佛法本在茶汤中”（珠光语）。

据1957年日本淡交社版《日本茶道古典全集》卷一二《珠光问答》记载日本室町时代（1336—1573）中期，室町幕府第八代征夷大将军足利义政与村田珠光的一段对话，反映了“茶禅一味”产生于村田珠光：

> 将军义政公召光，问“茶事可得闻耶？”
>
> 光曰：“一味清净，法喜禅悦，赵州是知己，陆羽岂得到其佳境耶？（中略）其入此室者，外离人我之相，内蓄柔和之德；至交接相见之间，谨兮！敬兮！清兮！寂兮！卒及天下泰平也。”
>
> 源公忻然，恨逢之晚云。

村田珠光所阐述的就是“茶禅一味”，茶中有“法喜禅悦”，茶禅都是“一味清净”。赵州和尚的“吃茶去”深得“茶禅一味”真谛。忘却自我，心怀柔和，谨、敬、清、寂，茶禅境界相同。

在日本茶道界和宗教界还流传着一则“打破茶碗开悟”的故事，虽然可能是后人为了美化珠光形象而编撰的，但反映了日本茶人和宗教人士将“茶禅一味”归之于村田珠光的心愿。

二、“茶禅一味”的意蕴

“茶禅一味”蕴含了禅的理论和茶的文化内涵，并且将禅理与茶的文化融合在一起，将中华茶文化提高到了一个新的美学层面。

“茶禅一味”的意蕴主要有如下几点：

1. 茶性与佛性相通相同

茶与禅之所以能“一味”，首先在于茶性与佛性相通与相同。

茶性是苦的，茶入口时苦，但咽下后回甘，如陆羽在《茶经》中所说：“其味苦而不甘，槚也；甘而不苦，荈也；啜苦咽甘，茶也。”茶之味道之美正在于“啜苦咽甘”，如乾隆皇帝所说：“茶之美，以苦也！”（《味甘书屋口号》诗自注）

佛教的基本教义是“苦、集、灭、道”四谛。谛就是真理，四谛就是佛教关于人生现象的四种真理。“苦谛”就是佛教对人生价值的判断，佛教认为现实世界是一个痛苦的汇集，人生在世，处处皆苦，佛祖释迦牟尼在佛经中说人有八苦：生苦、病苦、老苦、死苦、恩爱别离苦、怨憎会苦、求不得苦、忧悲苦。“集谛”是分析造成各种痛苦的原因，佛教认为就是人的贪、嗔、痴“三毒”造成人的所有痛苦，只有断绝这些原因，才能彻底从痛苦与烦恼中解脱，达到涅槃境界。“灭谛”就是佛教的最高理想涅槃。涅槃是梵文的音译，意译为圆寂、寂灭、灭度。“道谛”，就是脱去痛苦的途径和方法，合理的成佛途径有八个，称为“八正道”或“八圣道”，共有戒、定、慧三方面的内容。戒即戒律之学，定即禅定，慧即智慧之学。

茶性是容易感知的。我们可以通过自身的感觉器官感知其苦涩和回甘味。我们还可以通过心灵去感知茶的文化内涵，在悠悠白云下或青山绿水中，静看袅袅茶烟，细闻幽幽茶香，极目远眺，恍惚遐思，茶之“致清导和”和“韵高致静”可以让人的心灵得到放松。禅宗认为佛法并不存在于遥远的彼岸，而是存在于现实生活中，所谓“了取平常心是道，饥来吃饭困来眠”（《佛果禅师语录》卷六），“行住坐卧，应机接物，尽是道”（《景德传灯录》卷二八），“佛法事在日用处，在你行住坐卧处，吃茶吃饭处，言语相向处”（《景德传灯录》卷三〇），即佛理蕴含在世俗生活中，只要一念净心，便可明心见性。正因为茶性和佛性都是对现实的感悟，所以，二者才能相通与相同。

2. 饮茶可助参禅

禅，是排除杂念与集中精力，是顿悟与明心见性。南朝梁释慧皎在《高僧传·习禅》中说：“禅也者，妙万物而为言，故能无法不缘，无境不察。然缘法察境，唯寂乃明。其犹渊池息浪，则彻见鱼石；心水既澄，则凝照无隐。”

饮茶，可帮助修炼者达到这样一种“缘法察境”“彻见鱼石”“凝照无隐”的禅境。因达到这种禅境的途径是“静寂”，如“渊池息鱼”“彻见鱼石”。而饮茶正可引导品茶者身心适悦、心境调和。禅门赞茶有三德：驱睡魔，消食轻身，清心寡欲。通过品茶，心内产生冲和之气，可以消除妄念，所谓“茶可清心”。

最早对饮茶可助参禅的描述是唐代文人封演的《封氏闻见记·饮茶》：“开元中，泰山灵岩寺有降魔禅师，大兴禅教，学禅务于不寐，又不夕食，皆许其饮茶，人自怀挟，到处煮饮，从此转相仿效，遂成风俗。”因为品茶可以让人静心、清志、明理，让品茶者心灵和行动更加和谐和安宁，让人在喧嚣浮世中的心灵得到休憩，在袅袅茶香中进入宁静淡泊的境界。

3. “茶禅一味”是一种修行

禅宗认为现实生活是合理的，人们的日常活动是人的自然本性的表露，深含着禅意，所以，人们必须在日常生活中去发现自己的清净本性，所谓

"明心见性",即摒弃世俗一切杂念,去顿悟因杂念迷失的本性。如禅宗六祖慧能在《坛经》中说:"一切万法,不离自性。""何期自性,本自清净。"六祖慧能告诫人们,人的本性是与生俱来的清净之心,要时时保持清净的本心,才能摒弃一切烦恼和痛苦而成为拥有最高智慧的人。

以茶参禅,即在品茶中达到纯一专注,达到"致清导和""韵高致静",从而摒弃杂念,心无旁骛,实现顿悟。赵州和尚的"吃茶去",夹山和尚的"猿抱子归青嶂后,鸟衔花落碧岩前",日本珠光和尚回答一休大禅师的"柳绿花红",都是禅门以茶开悟、以禅修心的典范。

4."茶禅一味"是一种审美体验

禅宗美学是一种活生生的生命美学,它始终在感悟美好,始终在寻求体验任运自适、去妄存真、圆悟圆觉、圆满具足的生命美好境界。

品茶如参禅,始终在寻求感受一种古朴、典雅、淡泊的审美情趣,一种恬淡、清静、和美、韵高的境界。这正是自古至今文人高士沉醉于茶的重要原因。如周作人在《喝茶》中所说:"喝茶当于瓦屋纸窗下,清泉绿茶,用素雅的陶瓷茶具,同二三人共饮,得半日之闲,可抵十年的尘梦!"这是对茶禅境界的深刻体验!正如赵朴初先生《吃茶》五绝对禅悦之境的经典体验:"七碗受至味,一壶得真趣。空持百千偈,不如吃茶去!"

当今世界,由于生存竞争激烈,人心焦虑,需要有让人心情放松、情绪安定的有益的生活方式。品茶,可以让人舒放性灵,寻得生命的美好体验,在"致清导和""韵高致静"中放下忧伤,放下彷徨,走出喧哗,休憩灵魂,静心自悟,让袅袅茶烟和幽幽茶香将品茶者带入精神境界的精妙,这是"茶禅一味"在当代的特别意义。

第五节　诚敬以礼

"诚敬以礼",即以茶为礼物表达诚心和敬意。中国自汉代以来就有以茶待客的习尚,后又发展了以茶敬客、以茶留客、以茶赠客寄客等习尚,成为中华民族"礼仪之邦"的重要标志之一。

一、中国是"礼仪之邦"

中国是世界四大文明古国之一,素有"礼仪之邦"的美誉。在中国自古以来的社会生活中,礼无处不在,渗透于中国人生活的方方面面。所以,美国学者邓尔麟对钱穆进行访谈时,钱穆说:"中国的核心思想就是'礼'。"柳诒徵《国史要义》说:“礼者,吾国数千年全史之核心也。”冯天瑜《中华元典精神》说:“一部中国文化史,即是一部礼的发生、发展史。”

礼起源于上古人们对自然的敬畏、对祖先神灵的敬畏,人们敬天、敬地、敬神、敬鬼等需要仪式、规范,于是产生了礼。在殷商及以前,礼仪主要用于祭祀。到西周初期,周公制礼作乐,“以礼为国”,礼成了人与人之间的关系及国家运转的规范和原则,礼具有了强大的政治功能和社会功能,社会和人依礼而得于安定。所以,成书于西汉的《礼记·曲礼》开篇说:“毋不敬,俨若思,安定辞,安民哉。”即礼的设置是为了表达人对天地万物及人与人之间的尊敬,有了这种尊敬,才有了社会和人的安定。所以《礼记·曲礼》中又说:“有礼则安,无礼则危。故曰:礼者,不可不学也。”

从西周至今的三千多年的历史中,在不同的时代背景下,礼的内容和形式各有所变化,但是,以儒家思想为礼的核心要义没有变,中国作为“礼仪之邦”的特色没有变。

作为“礼仪之邦”,礼的内涵包括:礼是一种制度,包括政治、经济、军事和文化制度等在内的典章制度和礼乐制度,因而,礼是“国之基”“政之本”“君之大柄”,即礼有法的作用,从而衍生出礼制、礼法等概念。[①] 礼是一种道德规范,从周公制礼作乐开始,历代政治家和思想家们,为了维护社会的等级秩序,不断地赋予礼伦理内容,因而衍生出礼秩、礼乐、礼序等概念。礼是人们在社会交往中的礼节和仪式,虽然各区域的人们交往的礼节和仪式各有不同,所谓“十里不同风,百里不同俗,千里不同情”,但表达尊重和敬意的核心理念是不会变的,因而有礼貌、礼数、礼节、礼让等概念。礼是中国物质文化与精神文化的综合,即中国传统文化的核心。

礼作为中华民族非常重要的文化遗产,在中国历史上发挥过巨大的作用,礼促使中国社会的有序化,礼不断调节着社会的和谐与稳定,如《礼记·乐记》中说,礼使“四海之内合敬同爱矣”!

二、以茶为礼的由来

中国作为“礼仪之邦”的显著特点是热情好客、礼貌待人。而茶是雅洁之物,以茶为礼招待客人或赠送给客人是表达诚意和敬意的非常好的方式。中国国民饮茶的历史悠久,以茶为礼的历史同样悠久,西汉王褒的“烹茶尽具”是以茶为待客礼物的最早记载。三国时代吴帝孙皓因大臣韦曜酒量

---

① 参见林颖《中国“礼仪之邦”文化初探》,《南方论刊》2008 年第 12 期。

小,在宴会上密赐茶荈以代酒(《三国志·吴书·韦曜传》)。南北朝时期,以茶为礼的记载就更多了。到唐代随着饮茶习尚的全国性铺开,以茶为礼、客来敬茶成为中华民族一种普遍的习俗。

1. 魏晋南北朝时期以茶为礼的记载

《绀珠集》记载:东晋哀帝的岳父——司徒长史王濛,特别爱饮茶,凡有来宾必以茶汤敬客,但茶汤苦涩,宾客常以此为苦,所以,欲见王濛者总是说"今日有水厄",即是说今日又要遭茶水之灾了。

《晋书·桓温传》记载东晋权臣桓温任扬州牧时,为表示自己节俭的爱好,"每讌惟下七奠柈茶果而已",每次举办宴会时,只设茶饮和水果、糕点。

《晋书》卷七七《陆纳附传》记载:东晋名臣陆纳任吴兴(今浙江湖州)太守时,卫将军谢安常常去拜访他。其侄儿陆俶认为只设茶果太寒酸,于是自作主张,暗中准备宴席,却不敢对陆纳说。宴席之上,客人在座,陆纳强忍怒气,当谢安离开后,陆纳大发雷霆,痛心疾首地训斥陆俶:"汝不能光益父叔,乃复秽我素业邪!"并杖责陆俶四十大板。这则故事既表示陆纳家风的清廉与严格,也从另一方面说明茶叶是清廉之物。

《南齐书》载南齐世祖武皇帝萧赜遗诏:"我灵上,慎勿以牲为祭,唯设饼、茶饮、干饭、酒脯而已。"大意是:我死后,灵座上切勿杀戮牛、羊牲畜等作祭品,只需摆点水果、糕点、茶饮、干饭、酒水、肉干就可以了。

刘孝绰《谢晋安王饷米酒等启》载,身为秘书监的刘孝绰感谢晋安王(即后来的简文帝萧纲)恩赐给他"米、酒、瓜、笋、菹、脯、酢、茗"八种食品。此文首次将茶与米、酒、醋(酢)等连在一起,应当是俗语"柴米油盐酱醋茶"的最早雏形。

以上五则故事都反映了魏晋南北朝时期在江南地域,茶叶、茶饮已较多地成为官宦人物待客、送客的礼物及表示清廉的物品。可想而知,在民间茶叶和茶饮可能已较普遍地成为待客、送客的礼物。茶叶与茶饮既清雅又价格低廉和易得,用于待客、送客既有品位,又表达了诚意和敬意。

2. 唐朝以茶为礼的普遍习尚

唐朝随着饮茶习尚由南向北地全国铺开,以茶为礼待客、赠客成为当时各阶层都非常盛行和普遍推崇的礼俗。

唐代文人们的诗词中有很多以茶为礼物待客的叙述,如唐陆士修在《五言月夜啜茶联句》中说:"泛花邀坐客,代饮引情言。"刘禹锡在《秋日过鸿举法师寺院便送归江陵》中写道:"客至茶烟起,禽归讲席收。"白居易在

《曲生访宿》中写道："村家何所有，茶果迎来客。"杜荀鹤在《山居寄同志》中所说："垂钓石台依竹垒，待宾茶灶就岩泥。"唐代文人发现了以茶待客的品位高雅，情调闲适而悠长。

正因为茶的境界让人沉醉，茶的韵味让人清新，唐代在以茶为礼待客、客来敬茶的基础上，还兴起了一种新的社会风尚，这就是"茶会"，众人相会饮茶（或加果物），而不是饮酒，显示共同的清雅趣味。在《全唐诗》中，有武元衡的《资圣寺贲法师晚春茶会》、刘长卿的《惠福寺与陈留诸官茶会》、钱起的《过长孙宅与朗上人茶会》、周贺的《赠朱庆馀校书》"树停池岛鹤，茶会石桥僧"等诗篇和诗句。茶会在唐代还称"茶宴""茶集"，实际上含义相同。如李嘉祐的《秋晚招隐寺东峰茶宴内弟阎伯均归江州》、钱起的《与赵莒茶谯》、王昌龄的《洛阳尉刘晏与府掾诸公茶集天宫寺岸道上人房》等。

不但文人间爱好集体品茶的茶宴，唐代宫廷也爱好茶宴，唐德宗时，著名女诗人鲍君徽写有描述宫廷茶宴的《东亭茶宴》诗："闲朝向晓出帘栊，茗宴东亭四望通。远眺城池山色里，俯聆弦管水声中。幽篁引沼新抽翠，芳槿低檐欲吐红。坐久此中无限兴，更怜团扇起清风。"这是宫女们在郊外亭中举行茶宴的欢乐情形，诗中的"茗宴"就是"茶宴"。现存台北故宫博物院的唐代茶画《宫乐图》（见图2－2）记录了当时宫廷茶宴情形：图中共绘十二

图2－2　唐·佚名《宫乐图》（现藏台北故宫博物院）

人,两侍女站立左旁,其他十人围坐在长方桌旁边姿态各异,饮茶、舀茶、取茶点、摇扇、弄笙、吹箫、调琴、弹琵琶、吹笛、放茶碗、端茶碗等等。站立左旁后侧的侍女在吹排箫。长桌中间放着茶汤盆、长柄勺、漆盒、小碟、茶碗等。这是妃嫔们的一次聚会,从图中可以看出除了供应茶汤、茶点之外没有其他食物,更没有酒水菜肴,但有乐器演奏,而且演奏者面前也有茶碗。①

唐代宫廷还有豪华茶宴——清明宴。每年清明节这一天,唐宫廷以新到的顾渚贡茶宴请群臣。因为唐朝廷在浙江湖州的顾渚山设置了贡茶院,专门制作贡茶以供皇宫饮用,并规定在清明节之前一定要送到长安。当贡茶运到京城之后,整个皇宫都兴奋起来了:"凤辇寻春半醉回,仙娥进水御帘开。牡丹花笑金钿动,传奏吴兴紫笋来。"(张文规《湖州贡焙新茶》)可见唐代中后期饮茶活动的普及。

除文人茶宴、宫廷茶宴,唐代的寺院也兴茶宴,特别是禅宗寺院。六祖慧能的再传弟子马祖道一在江西奉新百丈山创洪州禅,马祖道一的弟子百丈怀海在百丈禅寺制定了清规,规定禅僧们必须农禅结合。百丈怀海制定的清规,被称为"古清规""百丈清绳",到南宋以后被称为"百丈清规"。②清规中规定了禅僧们的饮茶生活,如在寺院中设茶堂、茶头、茶宴、茶会、茶鼓等。由此茶宴、茶会在禅林中传开。至唐五代时朝廷礼待名僧也是以茶宴相待。

唐代不但客来敬茶成为普遍习尚,还兴起了以茶为礼品、两地间寄赠茶叶以表示挂念和友谊的雅好,《全唐诗》中关于答谢馈赠茶叶的诗篇多达三十余首,一些著名文人都写过此类诗篇,如李白的《答族侄僧中孚赠玉泉仙人掌茶》、柳宗元的《巽上人以竹间自采新茶见赠酬之以诗》、白居易的《萧员外寄新蜀茶》等,最著名的是卢仝的《走笔谢孟谏议寄新茶》(亦称《七碗茶诗》),以其夸张的手法、浪漫的情感,表达了品尝朋友寄来的新茶的美好感受,幽默诙谐,成为千古绝唱。

唐朝及五代的皇帝还常以茶叶为礼物赐给臣下,以示恩宠,受到恩赐者为表感激之情,往往会上书表谢意,如大历十年(775)汴州刺史田神玉得到赐茶后为表感激之情,苦于自身文才不足,只好请人写《谢茶表》。武元衡为御史中丞时得到皇上赐茶,为使《谢茶表》更有文采,特请著名诗人刘禹锡写了两篇《谢茶表》,还感觉不够,又请柳宗元写了一篇。著名诗人杜牧

---

① 参见陈文华《我国古代的茶会茶宴》,《农业考古》2006年第5期。

② 参见沈冬梅、李涓《唐五代茶宴述论》,《形象史学研究》2011年刊。

在《又谢赐茶酒状》中说:“杀身粉骨,难酬圣主之恩。”可见君主赐茶令大臣们多么感动。

3. 宋朝以茶为礼的普遍习尚

宋朝茶叶的种植和生产规模进一步扩大,饮茶更成为社会各阶层的日常饮食爱好,而以茶为礼、客来敬茶成为更普遍的习尚。北宋时朱彧写有一本记载轶闻趣事的书——《萍洲可谈》,其中说:“今世俗,客至则啜茶……此俗遍天下。”北宋著名文人黄庭坚在《阮郎归·煎茶》中写道:“烹茶留客驻金鞍,月斜窗外山。”表达了以茶述真情的美好。南宋江西南城人杜耒写有一首《寒夜》,因收入《千家诗》而广为流传,其中写道:“寒夜客来茶当酒,竹炉汤沸火初红。”这些文句都说明了宋朝时客来敬茶、以茶待客成了日常礼节。

宋代保持着唐代以来那些以茶为礼的习尚,除了上述的客来敬茶的习俗之外,朋友间寄赠茶叶,宫廷中的茶宴、寺院中的茶宴、皇上对臣下的赐茶都延续下来。如蔡京的《太清楼特宴记》《保和殿曲宴记》《延福宫曲宴记》记载了北宋宫廷茶宴的盛况,礼节繁多、气氛庄重。著名的寺院中的茶宴“径山茶宴”,传入日本,成为日本茶道之源。

4. 元明清时期各阶层以茶为礼

承唐宋时期的饮茶习俗,元明清时期以茶为礼和客来敬茶的习尚更为深入各阶层。市民习俗最能反映普通民众的价值追求。茶在民众心中是洁净、高雅、最能表达诚意和敬意的礼物,不仅仅是客来敬茶,民间男女订婚还以茶为礼。女方接受男方聘礼,叫作“下茶”,或叫“受茶”;结婚时为“定茶”;圆房时为“合茶”:婚姻的礼仪被称为“三茶之礼”,表明茶在普通民众心中是神圣之物。元张雨《湖州竹枝词》“临湖门外吴侬家,郎若闲时来吃茶”即描写了这种习俗,农家少女告知对方她家的住址,并要他托人来行聘礼(即“吃茶”)。[①]

不仅仅是市民,皇室和高级官员阶层,同样以茶为高雅的礼物,皇上对大臣们的“赐茶”,是皇上以茶为礼物表达对下属的敬意和尊重。在明代,经筵与讲筵(也称日讲)之后,即皇帝听儒臣讲解儒家经义、与儒臣研讨经史之后,皇帝要赐予讲官酒饭。明代礼制规定的食品中有“每桌细茶食四碟”,即在饮酒吃饭前先饮茶,茶是皇帝招待讲官的必备礼物。在明代皇宫的各种宴席中,如正旦节(正月初一)、郊祀庆成、圣节(皇帝的生日)、元宵

---

① 参见戴素贤《“客来敬茶”与“茶宴”》,《广东茶业》1996年第5期。

节、端午节及招待外宾的宴席等，茶食是明朝礼制规定必不可少的内容，人们边吃茶食边饮茶，饮茶成为明代宫廷的饮食习惯，又是皇宫待客的必要礼数。同样，在清代皇宫的各种筵宴中有向皇帝进茶的环节，又有皇帝赐茶环节，礼节颇繁，以太和殿筵宴为例：

王公大臣朝服排班侍立，礼部堂官奏请皇帝御殿，午门钟鼓齐鸣，太和殿前中和韶乐奏元平之章，皇帝升座，乐止。鸣静鞭三下，群臣分别进入席位（均用矮桌，席地而坐，地上铺有棕毯、毡毯等），就席位上行一叩礼就座。筵宴开始，先向皇帝进茶，群臣皆跪（以下皆就席位行礼），丹陛清乐奏升平之章，皇帝饮茶，群臣一叩头，然后赐群臣茶，群臣一叩头，饮毕一叩头坐，乐止；进酒，丹陛清乐奏玉殿云开之章；进馔，中和清乐奏万象清宁之章。然后由侍卫等进喜起、庆隆舞。舞毕，仪式结束，皇帝起驾回宫，与宴人员恭送毕，亦退席，席上未尽食品可以带回府中。[①]

而“千叟宴”是清代宫廷中最壮观的宴会，动用大量的人力物力举行，在康乾时期共举行过四次。宴会的过程、仪式复杂，其中有复杂的奉觞上寿、赐茶、赐酒等一系列仪式。

总之，赐茶、饮茶是清代复杂的宫廷礼仪中的重要环节。茶不仅是食品，茶还充当了表达诚意、敬意的媒介。

明清时期寺院以茶待客，《水浒传》《醒世恒言》《红楼梦》等小说中有细致的描写，而文人间以茶待客的茶会，则在明清文人的一些茶画中有形象的描绘。

5. 当代中国传承以茶为礼的习尚

从汉代以来的以茶为礼的待客之道，传承至今两千多年，在传承中不断丰富和发展，以茶待客、以茶会友、以茶赠客、以茶宴客，成为中华民族的优良传统，是中华民族作为“礼仪之邦”的标志之一。

以茶为礼，是中华民族俭朴的表现，如陆羽所说“精行俭德”。由茶宴、茶会、茶话等演化而成现当代的茶话会，就是用茶与茶点招待宾客的社交性聚会，简朴无华、情趣高雅，又符合勤俭治国、勤俭持家的传统精神。

自新中国成立以来，国家机关常在新春或新年到来之时举办茶话会，各界人士齐聚一堂，回顾成绩，表彰先进，送旧迎新，展望未来，茶话会既纯洁了社会风气，又节约了开支，以茶为礼、客来敬茶，仍然是中国人最美好的礼节。

---

① 《皇朝文献通考》卷一三三《玉礼考九》。

三、以茶为礼的民族特色

以茶为礼是中国许多民族重要的礼节，以下列举几例：

1. 藏族以茶为诚敬之礼

藏族人民热情好客，在青藏高原上或甘南草原上，你只要随便走进一家毡帐，一句“扎西德勒”行礼便可坐下来，主人必会备好酥油茶相待。主人会使客人的茶碗常满，客人喝一次主人加一次，茶味也常温，让人深切地感受到藏族同胞的热情好客与坦诚。迎新娶亲，藏族人家用奶茶敬客，也是表达吉祥如意。他们还用茶来敬佛，每逢重大节日，他们总要在神龛前供上几块优质茶砖，表达虔诚。

2. 蒙古族以茶为诚敬之礼

蒙古族人民生活中最为普遍的茶文化形态是奶茶文化。奶茶的制作需先熬茶，后加入奶一起再熬。这种茶是蒙古族日常饮用的一种茶，既可使人疲劳顿消，又可帮助消化，还可补充人体因长期吃不到蔬菜、水果而缺乏的维生素。蒙古族人家招待客人，除奶茶外，还要备一大盘炒米、糕点、黄油、红糖、奶皮子、奶豆腐等食品，以示诚意。奶茶文化蕴含了蒙古族同胞待人的真诚。

在蒙古族文化中，熬茶具有礼佛的意思，这是在明代形成并一直传承的一种民族文化。熬茶和向僧侣献茶成为蒙古族表达虔诚的一种方式。

“天苍苍，野茫茫，风吹草低见牛羊”，这样一种自然环境，形成了蒙古族人民粗犷、豪放的民族性格，反映在他们的茶文化中，则是大碗大碗地喝奶茶，边喝奶茶边放声高歌，甚至快乐起舞，那是多么豪爽的快乐。

3. 白族以茶表敬意和礼意

白族是我国的少数民族之一，以云南省白族人口最多，主要聚居在云南省大理白族自治州，他们有着悠久的饮茶历史和独特的饮茶习俗。

白族的饮茶和用茶习俗，处处体现出敬意和礼意。当一家人围坐火塘喝茶时，晚辈要先用双手奉茶给家里的长者，以表达对长者的敬意。小孩出生后做“满月酒”，前来祝贺的亲朋好友要送主人家大米、鸡蛋、糖、茶、酒，茶是其中的吉祥之物，祝福小孩以后生活幸福美满。男女订婚时要下聘礼，即男方到女方家里提亲要送双数份的红糖、茶叶、香烟、美酒，俗称“四色水礼”，虽然各个白族聚居地订婚礼数不尽相同，但茶叶始终是各地白族男方下聘礼必不可少的礼物，表达着双方对美好生活的期待。白族祭祀神灵时，茶叶是必不可少的贡品，表达对神灵的崇敬。家里来客人时，以茶待客是必需的待客之道,他们煨“烤茶”或用“三道茶”待客,表达对客人的敬意和礼意。

总之,茶叶在白族同胞的信念中是吉祥之物,是表达敬意和礼意的美好之物。

拓展训练

一、思考论述

1. 礼在中国文化中的核心地位表现在哪些方面?

2. 儒道佛思想对中华茶文化有哪些影响?

3. 唐代陆羽提出的“精行俭德”茶文化思想对当代中国文化建设有什么意义?

4. 茶在佛教中国化过程中起了哪些作用?

5. 唐代陆羽的《茶经》在中华茶文化史上有怎样的地位?

6. 以茶为礼的当代价值有哪些?

二、学术选题

1. 本章分析了“茶禅一味”之说的四个起源,并给出了各自的依据。但当前社会还广泛存在“禅茶一味”的说法,甚至有不少以此为题的论文。请查阅相关文献,分析“茶禅一味”和“禅茶一味”的关系。

2. 本章使用了“茶文化思想”的说法,未使用其他书籍中所广泛采纳的“茶道”之说。从概念发展来看,“中国茶道”“中华茶道”的提出是比较晚近的事情。一般认为“茶道”起源于中国,最终在日本发展成熟,而在中国茶文化更多地呈现出生活化气息。请分析为什么中日茶文化发展会呈现这种异质性。

三、实践训练

你的家乡是否存在以茶为礼的习俗?这种习俗有怎样的特点?请试调查并做分析。

四、拓展阅读

1. [美]伊沛霞:《宋徽宗》,韩华译,广西师范大学出版社 2018 年版。

2. 陈文华:《长江流域茶文化》,湖北教育出版社 2004 年版。

3. 李泽厚:《中国古代思想史论》,生活 · 读书 · 新知三联书店 2008 年版。

4. 沈冬梅:《茶与宋代社会生活》,中国社会科学出版社 2007 年版。

5. 施由明:《明清中国茶文化》,中国社会科学出版社 2015 年版。
6. 宋时磊:《唐代茶史研究》,中国社会科学出版社 2017 年版。
7. 滕军:《日本茶道文化概论》,东方出版社 1992 年版。
8. 王玲:《中国茶文化》,九州出版社 2009 年版。
9. 吴觉农主编:《茶经述评(第 2 版)》,中国农业出版社 2005 年版。

第三章　茶事艺文

茶事艺文是茶文化的重要组成部分，是反映与表现茶叶栽种培养、加工制造、购销买卖、冲泡品饮等各项茶事活动的文学表达形式。其体裁包括咏茶诗词、曲赋、楹联、散文、小说、传奇故事、戏剧、影视以及绘画、书法、篆刻、信札等。茶事艺文可以调动受众的视觉、听觉，乃至整个感官，去感受茶文化的艺术美；又通过这种审美感觉，把茶文化所蕴含的深层次的东西潜移默化地融入人们的思想和情操之中。茶文化也正是通过茶事艺文的承载，才能够源远流长，经久不息。

第一节　茶与诗词赋

中国是诗的国度，茶的故乡。在漫长的人类发展史中，茶与人民的生活有着密切的关系，茶入诗、发人心声以为文字，这便是茶诗。随着诗的形式的演化，又出现了赋、词、曲等新的文学样式。无论是何种形式，它们都带有一定的韵律，表达了作者的思想感情，正如《尚书·虞书·舜典》所言："诗言志，歌永言，声依永，律和声。"

一、唐以前的茶诗

茶与诗的结合始自两晋。茶叶成为歌咏的内容，最早见于西晋孙楚的《出歌》："姜桂茶荈出巴蜀，椒橘木兰出高山。"西晋时期的茶诗，有左思的《娇女诗》。左思，字太冲，齐国临淄（今山东淄博）人，是西晋著名的文学家。陆羽的《茶经》节录了《娇女诗》其中十二句："吾家有娇女，皎皎颇白皙。小字为纨素，口齿自清历。有姊字惠芳，眉目粲如画。驰骛翔园林，果下皆生摘。贪华风雨中，倏忽数百适。心为茶荈剧，吹嘘对鼎䥶。"诗中与茶有关的是"心为茶荈剧，吹嘘对鼎䥶"两句，左思用极为凝练、生动、形象的笔法,将两个小姐妹用嘴吹炉,急等茶吃的情景,活灵活现地表现了出来。

两晋之际杜育所作《荈赋》是中国历史上第一首以茶为主题的诗歌:"灵山惟岳,奇产所钟……厥生荈草,弥谷被岗。承丰壤之滋润,受甘露之霄降。月惟初秋,农功少休。结偶同旅,是采是求。水则岷方之注,挹彼清流。器泽陶简,出自东隅。酌之以匏,取式公刘。惟兹初成,沫沉华浮。焕如积雪,晔若春敷……调神和内,倦解慵除。"[①]这首诗描绘了与茶有关的多方面内容:"灵山惟岳""丰壤"是茶的生长环境;"月惟初秋"是采摘时节;"结偶同旅"是采摘场景;"岷方""清流"是对水的选择;"东隅"之"陶简"和"酌之以匏"是对茶具的选择;"沫沉华浮。焕如积雪"是烹茶初成时的茶汤状态;"调神和内,倦解慵除"是对饮茶功效的记载。文中提到秋天采茶,其原因正如郭璞注《尔雅》"槚苦荼"所言:"今呼早采者为荼,晚取者为茗,一名荈。"这是与当时的农业生产水准相一致的。《荈赋》完整地记载了茶叶从种植到品饮的全过程,从茶的种植、生长环境讲到采摘时节,又从劳动场景讲到烹茶、选水以及茶具的选择和饮茶的效用等,既是文学作品,也是中华茶文化史上的珍贵史料。另外,张载的《登成都白菟楼》诗云:"芳茶冠六清,溢味播九区。"这一方面道出了饮茶习俗传播的广泛性,另一方面说明茶给人的精神带来愉悦。

二、唐代茶诗

唐代茶文化有了大的发展,茶人特别是茶诗人大幅增加,这说明饮茶风俗在士大夫阶层得到了普及。[②] 李斌城、韩金科以《全唐诗》和《全唐诗外编》为基础文本对唐代诗歌进行分析,制作了《唐代茶诗一览表》,统计发现唐代有诗歌留存的茶人有 136 人。从所作诗歌数量分析,排名居前十位的唐代茶人有 11 人:白居易 55 首,贯休 38 首,齐已 28 首,皮日休 26 首,陆龟蒙 21 首,皎然 16 首,郑谷 12 首,薛能 10 首,姚合 10 首,张籍和黄滔各 9 首。[③] 这些诗人以茶为题作诗,丰富了茶的文化内涵。具体而言,唐代茶诗有以下特点:

---

① 韩格平、沈薇薇、韩璐、袁敏校注:《全魏晋赋校注》,吉林文史出版社 2008 年版,第 461 页。

② 唐代茶诗的研究可参见林珍莹《唐代茶诗研究》,台湾中正大学 2003 年博士学位论文;颜鹂慧《唐代茶文化与茶诗》,台湾辅仁大学 1994 年博士学位论文。

③ 李斌城、韩金科:《中华茶史 · 唐代卷》,陕西师范大学出版总社有限公司 2013 年版,第 284—298 页。

(1)唐代茶诗数量众多。进入唐代后,茶诗骤然涌现,数量之多、品质之高为前代所不能比肩。据笔者统计,《全唐诗》中共有109首诗歌的标题中含有“茶”或“茗”,这些诗歌是名正言顺的茶诗。根据诗歌的内容检索,有394首诗歌含有“茶”字,153首诗歌含有“茗”字,两者合计共有547首。这些诗歌虽然没有以茶为题,但诗歌中的内容却较为全面地反映了唐代茶文化的发展状况。《全唐诗》共收录48900余首诗歌,茶诗所占的比例并不算高。但与唐代之前各类文献或含混或只字片语提及茶的情况相比,唐代茶诗的数量已经蔚为大观。唐代茶诗呈现出数量逐渐增多的趋势,据李斌城《唐人与茶》的考察,唐代前期(唐高祖至唐玄宗开元末)无人写茶诗,唐代中期(唐玄宗开元末至唐宪宗元和末)共58人创作158首茶诗,唐代后期(唐穆宗至唐灭亡)共55人创作233首茶诗。①

(2)从品质方面看,唐代不少茶诗是唐代的诗歌名篇,如李白的《答族侄僧中孚赠玉泉仙人掌茶》、顾况的《茶赋》、皎然的《饮茶歌诮崔石使君》、刘禹锡的《西山兰若试茶歌》、白居易的《夜闻贾常州崔湖州茶山境会想羡欢宴因寄此诗》、元稹的《一字至七字诗·茶》、卢仝的《走笔谢孟谏议寄新茶》等等。茶之于诗人,是激发灵感妙思的神来之物。顾况的《茶赋》以对比的方式,用华丽铺陈的辞藻写出了诗人们对茶的情有独钟:“稽天地之不平兮,兰何为兮早秀,菊何为兮迟荣。皇天既孕此灵物兮,厚地复糅之而萌。惜下国之偏多,嗟上林之不生。至如罗玳筵,展瑶席,凝藻思,开灵液,赐名臣,留上客,谷莺啭,宫女嚬,泛浓华,漱芳津,出恒品,先众珍,君门九重,圣寿万春,此茶上达于天子也。滋饭蔬之精素,攻肉食之膻腻。发当暑之清吟,涤通宵之昏寐。杏树桃花之深洞,竹林草堂之古寺。乘槎海上来,飞锡云中至,此茶下被于幽人也。《雅》曰:‘不知我者,谓我何求?’可怜翠涧阴,中有碧泉流。舒铁如金之鼎,越泥似玉之瓯。轻烟细沫霭然浮,爽气淡烟风雨秋。梦里还钱,怀中赠橘,虽神秘而焉求。”

(3)唐代茶诗的体裁种类齐全,不拘一格。盛唐的茶诗以五言律诗居多,而中晚唐茶诗的体裁广泛,古诗、绝句、律诗兼备,句式方面,则五言、七言、杂言并存:五、七言律诗如钱起《过长孙宅与朗上人茶会》、鲍君徽《东亭茶宴》;五、七言绝句如白居易《山泉煎茶有怀》、刘禹锡《尝茶》;皎然《饮茶歌诮崔石使君》《饮茶歌送郑容》五、七言并行;卢仝《走笔谢孟谏议寄新茶》杂有三、五、六、七、九言,乃杂言古诗的代表;元稹《一字至七字诗·茶》,以

① 李斌城:《唐人与茶》,《农业考古》1995年第2期。

“茶”字开头，此后每两句增加一字，成为一行，并以七字句结尾，总共七行，从而构成了一首形式奇特的宝塔诗。[①] 除此之外，唐代茶诗还有联句的形式，这类诗歌非一人之作，由多人连缀成诗、合而成篇，极具特色，比较著名的有陆羽、颜真卿等六人的《五言月夜啜茶联句》。唐代茶诗体裁的演进与种类的丰富是唐代诗歌发展的一个例证：茶诗丰富着唐诗的体裁种类，同时又体现着唐诗的历史发展轨迹。

(4)茶诗表现内容丰富多样，境界开阔，诗风多清丽闲逸。唐代茶诗所表现的内容是极其丰富与广阔的，几乎涵盖了唐代茶文化的所有方面。茶文化学者丁文将唐代茶诗所表现的题材分为14类：名茶诗、贡茶诗、采茶诗、造茶诗、煎茶诗、饮茶诗、茶山诗、茶具诗、名泉诗、茶功诗、茶礼诗、茶政诗、茶市诗、茶人诗等。[②] 丁文对茶诗的分类尽管标准不一，但足可以说明唐代茶诗表现内容的丰富性与多样性。同一首诗所表现的内容也是多样化的，涉及采、煎、品等多个方面。在众多的茶诗中，皮日休的《茶中杂咏》、陆龟蒙的《奉和袭美茶具十咏》最具格调。这两组诗歌是两人评茶鉴水、诗歌唱和的产物，共有茶坞、茶人、茶笋、茶籯、茶舍、茶灶、茶焙、茶鼎、茶瓯、煮茶十题，诗歌对唐代茶文化的发展状况进行了形象生动的展示。这一唱和组诗，既有茶事之具体细节，又有较为宏大的社会视角，还兼具较高的审美价值。可以说，皮陆二人的组诗将唐代茶诗的文化内涵和艺术水准都推到了一个新的高度。同时，煎茶品茗是诗人们生活意趣的寄托，茶诗中多表现清新雅致的情趣，诗歌多清丽闲逸之风，“唐茶诗的基本格调是平和清纯、质朴淡雅，鲜有豪放、诡谲、悲壮之作”。[③]

唐代脍炙人口的茶诗众多，兹列举几首对后世产生深刻影响的篇章。

饮茶最早在僧众中间盛行，很多和尚就是茶僧。精于茶事，与陆羽同时代的茶诗作者以皎然最为突出。释皎然，俗姓谢，字清昼，中国山水诗创始人谢灵运的十世孙。他是浙江吴兴(今湖州)人，比陆羽大一二十岁，两人结为缁素忘年之交。他写有24首茶诗，与陆羽交往的茶事诗颇多。[④] 皎然

---

① 林家骊、杨健：《唐五代茶诗的发展演变及其文化风貌》，《浙江树人大学学报》2011年第4期。

② 丁文：《大唐茶文化》，东方出版社1997年版，第200页。

③ 同上书，第199页。

④ 萧丽华：《试论皎然饮茶诗在茶禅发展史上的地位》一文对皎然的24首茶诗做了系统的分析，见孙昌武、陈洪主编《宗教思想史论集》，南开大学出版社2008年版，第147—161页。另，李斌城、韩金科统计皎然有16首茶诗。

在茶文化史上影响最大的诗是《饮茶歌诮崔石使君》：

越人遗我剡溪茗，采得金牙爨金鼎。
素瓷雪色缥沫香，何似诸仙琼蕊浆。
一饮涤昏寐，情来朗爽满天地。
再饮清我神，忽如飞雨洒轻尘。
三饮便得道，何须苦心破烦恼。
此物清高世莫知，世人饮酒多自欺。
愁看毕卓瓮间夜，笑向陶潜篱下时。
崔侯啜之意不已，狂歌一曲惊人耳。
孰知茶道全尔真，唯有丹丘得如此。

这首饮茶诗，既是禅宗对茶作为清高之物的一种理解，也是对品茗育德的一种感悟。禅宗历来主张“平常心是道”的茶道之理，是对抛却贪、嗔、痴的一种诠释，三碗得道，通过对“涤昏寐”“清我神”“破烦恼”的描述，揭示了禅宗茶道的修行宗旨，表达了对道家“天人合一”思想的赞美。最重要的是，该诗最早提出“茶道”概念，在茶文化史上具有重大意义。

中唐时期，能与皎然的茶诗相媲美的是卢仝的《走笔谢孟谏议寄新茶》。卢仝，唐代诗人，初唐四杰之一卢照邻的嫡孙，自号玉川子，是韩孟诗派主要人物之一。《走笔谢孟谏议寄新茶》云：

日高丈五睡正浓，军将打门惊周公。
口云谏议送书信，白绢斜封三道印。
开缄宛见谏议面，手阅月团三百片。
闻道新年入山里，蛰虫惊动春风起。
天子须尝阳羡茶，百草不敢先开花。
仁风暗结珠琲瓃，先春抽出黄金芽。
摘鲜焙芳旋封裹，至精至好且不奢。
至尊之余合王公，何事便到山人家？
柴门反关无俗客，纱帽笼头自煎吃。
碧云引风吹不断，白花浮光凝碗面。
一碗喉吻润，两碗破孤闷。
三碗搜枯肠，唯有文字五千卷。
四碗发轻汗，平生不平事，尽向毛孔散。
五碗肌骨清，六碗通仙灵。

七碗吃不得也，唯觉两腋习习清风生。
蓬莱山，在何处？玉川子，乘此清风欲归去。
山上群仙司下土，地位清高隔风雨。
安得知百万亿苍生命，堕在巅崖受辛苦！
便为谏议问苍生，到头还得苏息否？

诗人描述饮茶从“一碗”到“七碗”的功能，形容品茶的清新灵动，其诙谐幽默之趣跃然于眼，而饮过“七碗”后，卢仝大声疾呼“蓬莱山，在何处？玉川子，乘此清风欲归去”。这也是诗人对宇宙生命的总体感悟，是其人生情感的彻底净化。一切百虑千愁，万种情绪，都在茶里得到化解。故也有人称此诗为“七碗茶歌”。

与白居易并称“元白”的诗人元稹，字微之，河南府东都洛阳（今河南洛阳）人，写有茶诗《一字至七字诗·茶》：

茶
香叶，嫩芽。
慕诗客，爱僧家。
碾雕白玉，罗织红纱。
铫煎黄蕊色，碗转曲尘花。
夜后邀陪明月，晨前命对朝霞。
洗尽古今人不倦，将知醉后岂堪夸。

一字至七字诗，俗称“宝塔诗”。此诗先后表达有三层意思：一是从茶的本性说到人们对茶的喜爱；二是从茶的煎煮说到了人们的饮茶的习俗；三是就茶的功用说到了茶能提神醒酒。整首诗表达了人们对茶的喜爱之情。

三、宋辽金元茶诗

唐代是中华茶文化的兴起期，而宋代是中华茶文化的繁荣期。唐代茶诗多见于中唐以后，以晚唐为盛。宋代饮茶风习得到进一步普及并深化，茶已经成为各阶层的日常饮料。作为一种新的文化意象和审美意识及情趣，茶得到宋代诗人的青睐，宋代茶诗远比唐代更为繁多。[①] 据不完全统计，宋代茶诗作者260余人，现存茶诗逾1200篇，诗体有古诗、律诗、绝句、宫词、

① 宋代审美意识的新趣味可参见［日］青木正儿《文房趣味》，见《琴棋书画》，东京，平凡社1990年版，第32页。

竹枝词、联句、偈颂、回文诗，内容涉及名茶、茶圣陆羽、煎茶、饮茶、名泉、茶具、采茶、造茶、茶园、茶功及其他诸多方面。① 北宋时期，茶诗数量较多的诗人有王禹偁（28 首）、林逋（23 首）、范仲淹（4 首）、蔡襄（25 首）、郭祥正（40 首）、苏轼（79 首）、苏辙（46 首）、黄庭坚（129 首）等；南宋时期，茶诗数量较多的诗人有曾几（51 首）、洪适（32 首）、陆游（382 首）、范成大（37 首）、杨万里（70 首）、周必大（31 首）等。②

在两宋诗人中，陆游在同题材的茶诗创作中独树一帜，占据重要地位。他的《剑南诗稿》存诗 9300 多首，而其中涉及茶事的诗作有 382 首，茶诗数量可为历代诗人之冠。陆游追宗述祖的情怀浓厚，自诩为陆羽第九代子孙，在诗歌中经常使用陆羽的别号“桑苎”，还视陆龟蒙为自己的先祖。陆游茶诗较有特色的为《午坐戏咏》《山茶一树自冬至清明后着花不已》等，其特征及内容主要有：享受饮茶的乐趣，描写田园的风景，创造风雅的世界，吟味老境，述说隐逸姿态。③ 在陆游的笔下，茶是其生活的一部分，也是文人的一种嗜好，是将隐逸精神穿插进田园风景中不可或缺的题材。

北宋在茶事创作方面成就突出的是苏轼。苏轼，字子瞻，号东坡居士，北宋著名文学家、书法家、画家，与唐代的韩愈、柳宗元和宋代的欧阳修、苏洵、苏辙、王安石、曾巩合称“唐宋八大家”。苏轼精通茶道，具有广博的茶叶历史文化知识。他的茶事诗不仅数量多，佳作名篇亦不少。如《咏茶》：

> 武夷溪边粟粒芽，前丁后蔡相笼加。
> 争新买宠各出意，今年斗品充官茶。
> 吾君所乏岂此物，致养口体何陋耶？
> 洛阳相君忠孝家，可怜亦进姚黄花。

苏轼一生写过茶诗 70 余首，其《次韵曹辅寄壑源试焙新茶》中有“戏作小诗君一笑，从来佳茗似佳人”之语，成为后人评品佳茗的习惯用语，至今仍为众人津津乐道。而用回文写茶诗，也算苏轼的一绝。《记梦回文二首（并叙）》是苏轼最具代表性的茶诗。从头到尾或者从尾到头朗读都十分通

---

① 陈宗懋、杨亚军主编：《中国茶叶词典》，上海文化出版社 2013 年版，第 575 页。

② 赵方任辑注：《唐宋茶诗辑注》，中国致公出版社 2002 年版。由于统计标准及文献来源不同，不同辑录者统计的宋代茶诗数量有所出入，如钱时霖等统计，宋代陆游茶诗数量最多，有 397 首，继而为韩淲 132 首、黄庭坚 127 首等，见钱时霖、姚国坤、高菊儿编《历代茶诗集成 · 宋金卷》上册，上海文化出版社 2016 年版，第 6 页。

③ ［日］中村孝子：《论陆游的茶诗》，邓乔彬编《第五届宋代文学国际研讨会论文集》，暨南大学出版社 2009 年版，第 219—228 页。

畅的诗，谓之“回文诗”。该诗的缘起是元丰四年(1081)冬，苏轼在梦中煮茶饮茶、听歌作诗，即在梦中获得写诗的灵感。从叙中可知苏东坡是不折不扣的茶迷，竟连做梦也在饮茶，怪不得他自称“爱茶人”，此事成为后人的趣谈。

记梦回文二首

酡颜玉碗捧纤纤，乱点余花唾碧衫。
歌咽水云凝静院，梦惊松雪落空岩。

空花落尽酒倾缸，日上山融雪涨江。
红焙浅瓯新火活，龙团小碾斗晴窗。

苏轼的茶诗有鲜明的艺术特色，曾有论者总结为四个方面：内容方面，题材广泛，体裁多样，形式灵活，对古、近各体均能驾驭自如；艺术手法方面，善用比喻，擅长用典，工于托物言志；艺术风格方面，沉郁厚重与清旷简淡并呈；语言方面，平淡、清新、自然。[①]

两宋茶诗中，能够与唐代卢仝的《走笔谢孟谏议寄新茶》相媲美的诗歌，是范仲淹的《和章岷从事斗茶歌》(简称为《斗茶歌》)。范仲淹，字希文，是北宋时期的著名政治家、文学家。他的茶诗数量并不多，但此诗生动形象地描写当时福建武夷山一带的茶叶生长环境、采摘制作等方面的情况，道出了建茶的历史底蕴；继而描写斗茶的精彩场面，斗香、斗味、斗色，美妙绝伦，以及斗茶者胜负明晰后各自的心态；最后，用各种典故赞扬茶的功效，认为饮茶胜过任何药酒，让饮者有羽化登仙、飘然欲飞之感。全诗首尾呼应，朗朗上口，全诗如下：

年年春自东南来，建溪先暖冰微开。
溪边奇茗冠天下，武夷仙人从古栽。
新雷昨夜发何处，家家嬉笑穿云去。
露芽错落一番荣，缀玉含珠散嘉树。
终朝采掇未盈襜，唯求精粹不敢贪。
研膏焙乳有雅制，方中圭兮圆中蟾。
北苑将期献天子，林下雄豪先斗美。
鼎磨云外首山铜，瓶携江上中泠水。
黄金碾畔绿尘飞，碧玉瓯中翠涛起。

---

① 梁珍明：《浅论苏轼茶诗艺术特色》，《语文知识》2014 年第 5 期。

斗茶味兮轻醍醐，斗茶香兮薄兰芷。
其间品第胡能欺，十目视而十手指。
胜若登仙不可攀，输同降将无穷耻。
吁嗟天产石上英，论功不愧阶前蓂。
众人之浊我可清，千日之醉我可醒。
屈原试与招魂魄，刘伶却得闻雷霆。
卢仝敢不歌，陆羽须作经。
森然万象中，焉知无茶星。
商山丈人休茹芝，首阳先生休采薇。
长安酒价减百万，成都药市无光辉。
不如仙山一啜好，泠然便欲乘风飞。
君莫羡花间女郎只斗草，赢得珠玑满斗归。

宋代茶诗最大的特点是，将唐代的茶人、茶事、茶物等典故化、意象化，成为重要的书写母题。这些诗歌中文化沉淀的典故和意象，又被后代的诗人一再反复书写，而且宋代人创造的新的典故和意象，也被后代诗人反复吟咏，共同构成了茶文化的层累效应，进而实现了茶文化的创新和传承。在宋诗中经常出现的唐代茶意象和典故，主要有陆羽（桑苎）、《茶经》、茶圣、顾渚、卢仝（玉川子）、七碗、乳花、蟹眼等。[①]

辽代的饮茶风气十分兴盛，其茶文化在史书中多有记载，例如"行茶"作为重要的仪式，在《辽史》中的记载要比《宋史》中的更多。另外，辽墓壁画中，有生动丰富的饮茶场景。相比之下，辽代的茶诗数量却十分有限，近人陈衍所编《辽诗纪事》中无茶诗。清代周春辑《辽诗话》仅存两首，其一为胡峤的《飞龙涧饮茶》："沾牙旧姓余甘氏，破睡当封不夜侯。"其二为魏道明的《游佛岩寺》："霜圃撷蔬充早供，石泉煮茗荐余甘。残年便拟依僧住，过眼空花久已谙。"[②]从艺术和内容方面观之，两首茶诗无奇特之处，但颇具巧合性的是两名茶诗人都使用了"余甘"这一茶意象。金朝建立后，改变了中

---

① 更为详细的分析，可参考沈冬梅、黄纯艳、孙洪升《中华茶史·宋辽金元卷》，陕西师范大学出版总社有限公司 2016 年版，第 305—310 页。

② 周春辑：《辽诗话》，清嘉庆藏修书屋刻本。在《历代茶诗集成·宋金卷》中，编者将魏道明的茶诗归为近代诗歌，但根据《辽诗话》《全辽诗话》等书记载，魏道明著有《鼎新诗话》，作者题为辽易县魏道明，故将其诗作视为辽代茶诗。见钱时霖、姚国坤、高菊儿编《历代茶诗集成·宋金卷》下册，上海文化出版社 2016 年版，第 1227 页；蒋祖怡、张涤云整理《全辽诗话》，岳麓书社 1992 年版，第 80 页。

国北部的政治版图,1125 年灭辽朝,1127 年灭北宋,但 1234 年终在南宋与蒙古的南北合攻下覆亡。金朝虽然为女真人所创立,但延聘了不少汉人做幕僚,其疆域一度占据了秦岭淮河以北华北平原的广大地区。北宋时期,北方饮茶风气已经较为兴盛,加之士大夫阶层的推动,金朝饮茶风气十分浓厚,据《金史·食货志》记载:"上下竞啜,农民尤甚,市井茶肆相属。"故金朝也有不少茶诗存世,钱时霖等人统计金代茶诗作者 54 人,茶诗 117 首(其中全诗 97 首、摘句 20 首)。[①] 马钰、丘处机、李俊民等都写有茶诗,其中较有代表性的是元好问。元好问,字裕之,号遗山,太原秀容(今山西忻州)人。金兴定五年(1221)进士。官至行尚书省左司员外郎,入翰林知制诰。金亡不仕。著有《遗山集》,其茶诗有 12 首、摘句 2 首。元好问较出名的茶诗是《茗饮》:"宿酲未破厌觥船,紫笋分封入晓煎。槐火石泉寒食后,鬓丝禅榻落花前。一瓯春露香能永,万里清风意已便。解后华胥犹可到,蓬莱未拟问群仙。"

词作为诗的别体,兴起于隋唐,在宋代大放异彩,成为其代表性的文学样式。宋词句式长短不一,表达更为自由,且带有民间俚俗性质,被称为"一代之胜",与唐诗双峰对峙,蔚为大观。宋代茶诗的进一步发展,便是以茶入词,这就是茶词的诞生。现存茶词始见于张先,其后有苏轼、黄庭坚、舒亶、秦观、毛滂、周紫芝、赵鼎、张孝祥、吴文英、张炎等 80 多位词人都曾作有茶词,共计 514 首。[②] 宋代茶诗创作成果丰硕的诗人,词作偏少,钱时霖等辑录宋代茶诗人 917 人,茶诗 5297 首,创作群体人数和茶诗数量都远超唐代,宋代茶词创作情况则跟茶诗繁盛景象迥然有别,沈勤松搜罗录得宋人茶词 514 首,但茶文化学者余悦认为《全宋词》《全宋词补辑》中仅有百余首,而李精耕、袁春梅的《宋代茶词探胜》只能精选出 63 首代表性的茶词注释、赏析。[③] 如苏轼虽是宋代重要的茶诗诗人,有 70 余首茶诗,但茶词数量寥寥可数,仅有《西江月·茶词》《临江仙·茶》《行香子·茶词》《阮郎归》等数首。

宋代茶词从内容观之,是燕饮风俗的产物;就词体性质而言,茶词是配合歌妓歌唱的应歌之词。也就是说,在宋代以茶礼客的风气比较盛行的情况下,在宴会之际,词人用茶词劝酒与解酒、留客与送客,歌妓歌以侑茶,这些茶词承担着社交、娱乐、抒情等方面的功能。茶词以其独特的风俗内涵作

---

① 钱时霖、姚国坤、高菊儿编:《历代茶诗集成·宋金卷》上册,前言第 2 页。

② 沈勤松:《两宋饮茶风俗与茶词》,《浙江大学学报(人文社会科学版)》2001 年第 1 期。

③ 李精耕、袁春梅:《宋代茶词探胜》,江西人民出版社 2015 年版。

用于两宋人的宴饮生活中，并与当时数量众多的酒词、寿词、节序词等共同构成了一个重要的词学现象。[①] 宋代茶词无法与茶诗等量齐观，故一些二三阵营的词坛作者写的茶词往往也为人们所传颂，如葛长庚的《水调歌头·咏茶》、施岳的《步月·茉莉》等。

四、元明清及现代茶诗

元朝结束了南北长期分立的政治格局，建立了版图庞大的统一政权。但元政权是由南下的少数民族建立的，元朝统治并未采取完全的汉化政策，反而压制汉族的文化和社会生活空间，如为打压儒士、限制文人，长期废除科举。这导致不少传统士大夫缺乏融入统治阶层的通道，进而多不愿与元朝合作，采取隐逸山林、消极应对的态度。这也给该时期的茶诗带来新的风貌，主要表现为元代茶诗有鲜明的隐逸情怀。诗人们选择"田居""山居""闲居"，身份上多以处士、居士、隐士自居，其诗歌多表现田园风光、农家生活，他们烹茶饮酒、交游访友，不失文人的雅致，这也继承了前代茶诗人的文脉和气象。与宋代相比，元代的饮茶风气出现了新变："茶之用有三，曰茗茶，曰末茶，曰蜡茶。"(王祯《农书》)宋代以来"蜡茶"为主的局面得到了改变，更接近自然状态的散条形茶"茗茶"开始登上历史舞台。因此，元代饮茶少了奢靡的贵族皇家气息，饮茶相对简便，这也为茶走向世俗、走向大众生活提供了便利。

元朝战争不断，诗人在书写悲苦时，不忘借茶表达对安定生活的向往，在颠沛流离中透出了些许的平和气息，如金涓的《乱中自述》："汩汩兵犹竞，凄凄兴莫赊。娇儿将学语，稚子惯烹茶。乱后添新鬼，春归发旧花。十年湖海志，羁思满天涯。"世道的凄苦，入仕的无望，使文人士子更加认同佛道二教的思想，选择体悟佛理，沉潜老庄。因此，元代茶诗中还有较浓厚的佛家和道家气息，这也与元朝的历史背景声息相通。元代茶诗人以茶喻禅理，文人也援禅理入诗、入茶，塑造自己的精神家园，道家思想大量进入文人的茶诗文之中。[②] 元代较为出名的茶诗人及茶诗有萨都剌的《酌桂芳庭》《晓起》、王沂的《芍药茶》三首等。其中，元代政治家、辽皇族子孙耶律楚材的《西域从王君玉乞茶，因其韵七首》，是一组以茶为主题的律诗，较有特

① 对宋代茶词的研究，可参见沈勤松《两宋饮茶风俗与茶词》，《浙江大学学报(人文社会科学版)》2001年第1期。

② 王立霞：《元代茶文化的隐逸情怀——以元代茶诗为中心》，《农业考古》2010年第5期。

色。这组诗也说明性嗜茶者即便是身在西域也不忘品饮之趣。

明清时期,茶叶贸易有了很大程度的发展,但茶诗无论是在内容、体裁还是艺术风格方面,都已经无法与唐宋时期相媲美。这一方面与茶文化本身演进有关,茶在明清以后充满了更多的生活气息,更主要与诗歌作为一种文体的演变有关。明清时期,小说开始兴盛,诗词只是主要的文学样式之一。而在清朝覆亡、五四运动以后,随着白话文的崛起,古典诗词的作者群体进一步萎缩,传统茶诗衰落,现代白话茶诗有了新的发展。虽然如此,明清及现代还是有一些优秀的茶诗代表作,并留下了一些广为传颂的掌故。

明代茶诗人的代表是谢应芳、文徵明、陈继儒、于若瀛、黄宗羲、陆容、高启、袁宏道等,据不完全统计有120多名诗人写作500多首茶诗,数量最多者为文徵明,有150多首。其体裁有古诗、律诗、绝句、竹枝词、宫词等。[①]明代茶诗的一个重要主题是吟咏名茶,徐渭《某伯子惠虎丘茗谢之》抒写的是苏州的虎丘茶,于若瀛的《龙井茶歌》歌咏的是杭州的龙井茶,长兴的罗岕茶、休宁的松萝茶等也是诗人们热衷描写的对象。

据不完全统计,清代茶诗作者有140余人,写有550多首茶诗。[②] 较有代表性的有厉鹗、郑燮、汪士慎、乾隆皇帝、袁枚、阮元等。郑燮是清代著名书画家和文学家,"扬州八怪"之一,他在茶诗中寄寓了自己闲适的人生理想,有"黄泥小灶茶烹陆,白雨幽窗字学颜"(《赠博也上人》),"最爱晚凉佳客至,一壶新茗泡松萝"(《题画》)等脍炙人口的句子。乾隆皇帝留有多首茶诗,六次南巡到杭州,曾四次到访西湖茶区,探访龙井茶,写有茶诗,其中最为出名的是乾隆二十七年(1762)所赋茶诗《坐龙井上烹茶偶成》:"龙井新茶龙井泉,一家风味称烹煎。寸芽出自烂石上,时节焙成谷雨前。何必凤团夸御茗,聊因雀舌润心莲。呼之欲出辩才在,笑我依然文字禅。"该诗化用了《茶经》的记载,道出了宋代斗茶的文化风尚,又写出了明清茶文化新变,充满历史的纵深感;同时化用萧翼赚《兰亭集序》的典故,充满了文心和禅机。

清代以降,传统旧体茶诗式微,加之时代主题切换到救亡图存、抵御外敌等,吟咏士大夫情趣的茶诗,全面退潮。现代新文学运动主将鲁迅以及马克思主义思想传播者李大钊等人,虽然喜好饮茶,但都没有茶诗留世。民国时期,嗜茶写茶比较多的,往往是那些自身比较有闲,或者偏爱追求那种闲

---

① 陈宗懋、杨亚军主编:《中国茶叶词典》,上海文化出版社2013年版,第586页。

② 陈宗懋主编:《中国茶叶大辞典》,中国轻工业出版社2000年版,第606页。

逸清脱文风的作家，如梁实秋、徐志摩、林语堂、周作人等。其中周作人是最爱茶之人，他甚至把自己的书室也命名为“苦茶庵”，他的两首《五十自寿打油诗》，有“旁人若问其中意，请到寒斋吃苦茶”“谈狐说鬼寻常事，只欠工夫吃讲茶”之语。现代以来在茶诗领域最为人所乐道的是革命文学团体南社领导人柳亚子与毛泽东以茶为媒的交往，两人都写有茶诗。新中国成立后，随着茶业的复兴，咏茶诗词也渐次增多。朱德、陈毅、郭沫若等都有茶诗。佛学家、书法家赵朴初素食七十余年，从不沾烟酒，唯嗜饮茶，自称是个“茶筒子”，他也写有多首茶诗，如《题赠中华茶人联谊会》《吃茶》《武夷山御茶园饮茶》等。除了茶诗之外，词坛也出现了不少茶词。被誉为“当代词宗”的夏承焘填过多首茶词。

第二节　茶与小说、散文

茶各有格，文各有体。茶以其色、香、味、意直达感官，带给人由身及心的双重享受，而小说这种文体自诞生以来便具有强烈的愉悦精神的使命与职能；同时，茶的产制、流通和品饮与普罗大众息息相关，而小说的萌芽与盛放亦离不开民间的土壤，茶与小说借此邂逅融合、彼此增辉。在中国传统古典小说中，不同题材的小说描写茶事的侧重点多有不同，茶如星光闪烁点缀在故事情节的巨大天幕间，及至现当代，茶事小说萌发出新的枝芽，涌现了大量的优秀作品。

一、茶在传统历史演义类小说中大多扮演串场的角色，作为一种社交礼仪与程式，用来引出后文的人物对话或推动后续情节发展，茶本身的文化内涵通常不会被过多强调。

在明代嘉靖、万历年间及明末清初，历史军事题材小说大量涌现。以《三国志通俗演义》为例，在此稍加列举该小说中“茶”出现的一般情形：“二人叙礼毕，分宾主而坐，童子献茶。茶罢，孔明曰……”“讲礼毕，分宾主而坐。茶罢，肃曰……”“礼毕，赐坐。茶罢，佗请臂视之。”可以看出，茶在此处更多地被当作一种社交符号，是人物对话或行事之前的一种礼仪性饮茶，其本身的色、香、味、意并不是被关注的重点。小说中另有两次对“茶”的描写则稍作展开：一是在第二十七回中，镇国寺僧普净给关羽及刘备二位夫人奉茶，该僧人乃关羽同乡，知晓汜水关守将卞喜预先在寺中埋伏，欲取关羽性命，于是名为奉茶，实为以奉茶之名拖延时间，寻机暗示关羽小心中伏；二是在第六十九回中，耿纪与韦晃欲联合金祎一同铲除曹操，耿、韦二人以攀附曹操、高升提携等虚词试探金祎，金祎闻言拂袖而起，将侍者送来的茶泼于地上，以示要与谋反附逆之人划清界限，一心忠于汉室。在这两处场景中，茶更像是一种道具，作用仍旧是推动故事的发展，至于僧人奉的是何种香茶、金祎泼的哪味佳茗则显然并不在作者的关注范围内。

再看另一本类似题材的小说——《说岳全传》，该书在明末清初少数民族夺取汉人政权的背景下产生，它秉承《三国志通俗演义》的意旨，依托南宋抗金这段历史敷衍出岳飞等将士精忠报国的故事。在这本小说中，茶依旧是行文叙事的点缀，并未得到作家的特别关注，例如在第十回中岳父、汤怀、张显等人欲买好剑，于店铺之中并未寻到满意之物，店主之弟周三畏便请岳飞一行人去家中赏试祖传名剑，甫入周家草堂，便有小童捧茶待客，而后才有进入看剑讲古、剑赠岳飞的故事情节；另有第二十五回，岳飞被张邦昌假传圣旨召回京城，岳飞离去之前，为防吉青贪酒误事，特要他以茶立誓，保证在岳飞回营前滴酒不沾，吉青谨遵训诲，举茶一饮而尽。由此可见，权谋的风云诡谲、战争的硝烟滚滚在这类小说中是当之无愧的着墨之重，茶依然是串联情节、发展故事的载体与媒介，其更深层次的意蕴被排除在主线的历史叙事之外。

二、传统的英雄奇侠小说将描写的着重点由历史演义小说、家国天下的宏大叙事转向英雄豪强、侠女剑客个人风采的描摹刻画，虽然书写视角更加日常，茶出现的次数亦十分频繁，但茶依然是为人物的刻画和情节的发展服务的，茶的翩然仙姿似乎只是刀光剑影间的惊鸿一瞥。

谈到英雄奇侠小说，就不得不提明代的《水浒传》，在该书中茶的身影较之历史演义小说中寥寥几笔的勾勒来说，明显清晰了不少，如在第二十三回，为西门庆及潘金莲牵线搭桥的王婆开了一家茶坊，西门庆贪图潘金莲的美色，心下无着，一早便到王婆的茶坊吃茶，此时王婆"浓浓的点两盏姜茶"，西门庆吃茶离去，但其色欲熏心，去而复返，王婆收其钱财，欲为其"解忧"，先以吃茶引出话头："老身看大官人有些渴，吃个宽煎叶儿茶，如何？"此处的茶尚有名称，然仅止于点出名称，或许会留给读者一些想象其隐喻的空间，但其后笔锋一荡，又直奔说故事的正题去了。

再来看《三侠五义》，家道中落的颜查散欲投亲赶考，旅途中客店小二想多赚点茶水钱，便问"闷一壶高香片茶来罢"，虽则被颜生精明的书僮雨墨回绝，但其后白玉堂化名金懋叔，假意装成贫士，颜生看重白玉堂，留他一同用饭，小二见似有钱可图，不动声色地"拿了一壶香片茶来，放在桌上"。一壶香片茶水犹如一面明镜，轮廓清晰地映射出书僮的精明、颜生的不谙世故以及白玉堂的不拘小节这三种截然不同的人物形象，然而同样点到即止，茶香只流转一瞬，其后情节是白玉堂如何试探颜生、颜生投亲之后蒙受不白之冤的种种遭遇，跟茶再无太大关涉。

三、在传统的神魔鬼怪、花妖狐媚这一类故事的玄幻题材小说中，茶不仅是一种日常饮品，还时常带有某种神秘色彩，或许是神灵仙药，或许是夺命毒草，其扮演角色的丰富程度较历史演义小说有了明显的提升。

在唐传奇中，往往以茶供奉仙道僧侣。在卢肇的《逸史》中，有一篇讲述李林甫遇仙道之事，道士指明李林甫可有“白日升天”或当“二十年宰相”的命数，但要求他若当宰相，需“广救拔人，无枉杀人”，但李林甫为相之后并未遵循道士建议，而是“大起大狱，诛杀异己”，后道士再次上门拜访，言明其将受天命罪谴。该道士留宿李府期间，“唯少食茶果，余无所进”，由此可见，茶在此处不仅仅是平常人的饮料，更是仙道通灵之人少有的尚未摒弃的几种尘世给养之一，茶所蕴含的出尘脱俗的气质从侧面被烘托出来。

另外，在某些神魔鬼怪题材的小说作品中，茶不再仅仅只是面目模糊的串场道具、待客仪式，某些时候，甚至成了演绎故事的关键性线索。如清代蒲松龄的《聊斋志异》中《水莽草》就曾描写了这样一个故事：

> 俄有少女，捧茶自棚后出。年约十四五，姿容艳绝，指环臂钏，晶莹鉴影。生受盏神驰；嗅其茶，芳烈无伦。吸尽再索。觑媪出，戏捉纤腕，脱指环一枚。女赪颊微笑，生益惑。略诘门户，女云：“郎暮来，妾犹在此也。”生求茶叶一撮，并藏指环而去。至同年家，觉心头作恶，疑茶为患，以情告某。某骇曰：“殆矣！此水莽鬼也。先君死于是。是不可救，且为奈何？”生大惧，出茶叶验之，真水莽草也。

上文讲述了祝生在美貌少女的引诱下喝下了一种芳香无比的茶，且暗自求了一撮茶叶带走，等他到了同年家中，突觉心头不适，将刚才饮茶的遭遇讲给同年听，同年听后极其惊恐，猜测他碰到了水莽鬼，之后他们查验祝生带回的茶叶，发现果然是水莽草。人误食水莽草之后，会在很短的时间内死亡并变成水莽鬼，水莽鬼不能投胎轮回，必须有人再被水莽草毒死成为替代的水莽鬼后，前鬼才能得以投胎转世。美貌少女即是误食水莽草死后成鬼的寇三娘，她为投胎转世为人，便引诱祝生饮水莽草茶。气味芳香、滋味浓烈的茶在此处竟含有夺人性命的毒草，水莽草作为这则故事的标题，同样也是引发整个故事的核心线索，小说中“茶”的多面意蕴得以彰显。

四、茶常常出现在以描写生活琐事、婚恋家庭、家族兴衰、人伦世相等为主要题材的世情小说中，由于世情小说更侧重于日常生活的描写，茶作为普罗大众日常生活中不可或缺的一部分，终于得到了更多的关注。在很多世情小说中，茶的品类、茶的烹泡器皿及用水、茶的风俗、茶道精神等等方面被巨细无遗地描写，某些写茶的片段甚至成为故事本身极为出彩的重要组成部分。

提到世情小说，首先要论的当属清代曹雪芹所著的《红楼梦》，这部中国古典小说的巅峰之作，描绘了一幅包罗万象而又精致优美的日常生活画卷，茶事在其中恰恰又是光彩夺目的神来之笔。《红楼梦》中出现的茶品类丰富，有宝玉梦游太虚幻境所品的“出在放春山遣香洞，又以仙花灵叶上所带之宿露而烹”的仙茗“千红一窟”；有冲泡三四次后才出色，宝玉甚至因为该茶泡到恰到好处时被奶妈李奶奶夺爱饮尽而大发雷霆的枫露茶；还有妙玉用来款待贾母的老君眉，凤姐用以打趣宝黛姻缘的暹罗贡茶，黛玉特地遣紫鹃泡给宝玉喝的龙井茶，等等。同时，烹茶、品茶的具体过程乃至茶道精神、茶俗文化皆在《红楼梦》中有着非常细致的体现。在该书第四十一回《贾宝玉品茶栊翠庵　刘姥姥醉卧怡红院》中妙玉用旧年集的梅花雪水烹茶款待黛玉、宝钗、宝玉三人，其盛茶的皆是𤫩瓟斝、点犀䀉、绿玉斗这样的珍稀之器，且在此处，妙玉还有一段关于饮茶的高论，她调侃宝玉“岂不闻一杯为品，二杯即是解渴的蠢物，三杯便是饮驴了，你吃这一海，更成什么？”在妙玉看来品茶贵精不贵多，若驴饮海喝，那么便违背了品饮的本意，这种看法与茶文化中“茶性俭”的思想内涵暗合，亦体现了小说作者对茶文化的深刻理解。

在世情小说中，还有很大一部分优秀作品突出地描写了官场沉浮、世态炎凉、人情冷暖，清代吴敬梓的现实主义讽刺小说《儒林外史》便是其中的杰出代表。该书也多次提及茶事，其中第四十一回写道，每年四月半后，秦淮河的景致渐入佳境，外江的船便换上凉篷，撑了进来，“船舱中间，放一张小方金漆桌子，桌上摆着宜兴沙壶，极细的成窑、宣窑的杯子，烹的上好的雨水毛尖茶”，游客行人大多会买上几个钱的毛尖茶，煨于船上，饮茶慢行，书中的贤士杜少卿和国子监生武书就于船上煨茶闲谈，及至明月高升，满船雪亮，这一段描写将自然环境的清幽宜人与茶的芳香气韵和谐地统一了起来，为小说平添了几分雅致脱俗的美感。

清末刘鹗的《老残游记》是世情讽刺小说的又一力作，茶事在该书中亦颇得笔墨。以第九回为例，申子平雪困深山，于玙姑家借宿，二人清谈，内容涉及“道学先生”，玙姑嫌道学腐臭，以香茶漱口涤心。此处写茶突出茶本真质朴的一面，所烹之茶并非金贵的龙团凤饼，而是山间野茶，烹茶之水亦是东山顶的清泉，再以松花做柴、沙瓶煎汤，烹好之茶色泽淡绿宜人，最后用旧瓷茶碗盛出待客，全然不见一丝奢华造作，茶味清爽异常、茶气香夺口鼻，这种天然茶意与山中高士的出尘气质互相映衬，为小说人物的塑造、气氛的烘托再添华彩。

中国传统的古典小说写茶大多是片段式的，即使如《红楼梦》这类世情小说对茶事不吝笔墨，但也绝不可能将茶事放到绝对的主角地位，但现当代小说则打破了这个藩篱，出现了一系列以茶人、茶事为主要写作对象的小说，如当代作家王旭烽的长篇小说"茶人三部曲"《南方有嘉木》《不夜之侯》《筑草为城》，以忘忧茶庄的起伏兴衰为背景，讲述了茶商杭氏家族几代人的悲欢离合，描绘了一幅波澜壮阔的近现代茶事历史画卷。除此之外，当代作家贺贞喜描写江西武功山地区茶事生活的小说《鸳鸯茶》以及王澍宇描写其家乡陕西泾阳地区茶事历史的小说《茶都风云》等等，都是现当代茶事小说中极具地域色彩的优秀作品。

古往今来，虽茶的品类繁多，不可胜数，然而中华茶文化精神的内核却传承有序、万法归元；同时，散文这种文体讲究形散而神不散，它不追求声韵相押、句式工整，题材可以广泛，写法颇为多样，然而其贯穿全文的中心线索则是创作主体的情感体验，这种"神"亦是凝聚不散的，从这个层面上说，茶是有"灵"仙葩，散文是有"神"妙语，二者遇合，亦有别开生面的趣味。

在涉茶散文中，有很大一部分作品细致地描绘了精美的茶品、茶具，技法繁多的烹泡过程以及各有所好的用水心得，着力表现茶人、茶事的风雅、闲适。唐代陆龟蒙在其《甫里先生传》中将自己刻画成了一位醉心茶茗、寄情山水的脱俗雅士：

> 先生嗜茶荈，置小园于顾渚山下，岁入茶租十许簿为瓯蚁之费。自为《品第书》一篇，继《茶经》《茶诀》之后。南阳张又新尝为《水说》，凡七等，其二曰惠山寺石泉，其三曰虎丘寺石井，其六曰吴松江，是三水距先生远不百里，高僧逸人时致之，以助其好。

上文中的甫里先生嗜茶，不仅于顾渚山下开园种茶自饮，而且由实践上升至理论，自己创作了茶事著作《品第书》，同时他对烹茶用水也颇有讲究，张又新的《水说》中有三处佳水距其居处不远，常有高僧隐士不辞辛劳地取此名水来助其茶香，以上种种描写，使得一位爱茶、懂茶、以茶会友的闲逸出尘的名士形象跃然纸上，茶道与文心交融，共雅而同芳。

爱茶之人对烹茶之水总是格外敏感，宋代的欧阳修就曾在其《浮槎山水记》中详细地品评了浮槎山上的泉水。在文中，欧阳修认为，陆羽的《茶经》中关于烹茶用水的说法要比张又新《水说》中的说法更加可靠，张又新的《水说》将庐州地界的龙池山泉排第十，却对同区域的浮槎山泉弃而不录，但在欧阳修看来，龙池山泉"较其水味，不及浮槎远甚"，而浮槎山泉则是石池漫流之水，与陆羽《茶经》中的"山水上，江水中，井水下。其山水，拣乳泉、石池漫流者上"的言论相合。

寻佳水、煮香茗纵然是难得的赏心乐事，但文人雅士对茶的嗜爱却不仅止于此，炮制一品新茶犹创作一篇美文，天赋才情皆蕴于所出成品之中，若得世间青眼，那心中的自得与畅快则如泉涌。存身于明末清初的张岱，在其《陶庵梦忆》中追忆了他与兰雪茶的一段奇缘。张岱请善于焙制松萝茶的歙人以松萝法制日铸茶。他烹兰雪茶的器具是"小罐"，用水乃是"禊泉"，烹茶程序更是独具特色，需"杂入茉莉，再三较量，用敞口瓷瓯淡放之，候其冷；以旋滚汤冲泻之"，这样烹出的茶"色如竹箨方解，绿粉初匀；又如山窗初曙，透纸黎光"，为了最大程度体现茶汤的澄绿明澈，张岱对盛茶器皿也有讲究，以素白无瑕的瓷器映衬碧绿的茶色，即"取清妃白，倾向素瓷"，经过这样一系列的过程所呈现出的茶"如百茎素兰同雪涛并泻"，因此作者称之为"兰雪茶"，这种茶问世之后使得原来的松萝茶声价日贬，甚至后来徽州歙县一带的松萝茶也改头换面命名为兰雪茶。张岱以清新明快的笔调描述了兰雪茶事的来龙去脉，文人炽热的爱茶之心熔铸在这一篇短小精悍的美文中，今天读来仍生机勃勃。

物以类聚，人以群分，爱茶之人相遇，总能衍生出芳香浓郁的茶事佳话，而这茶光掠影又恰恰是散文所钟爱的题材。袁宗道与朋友们游览上方山，遇见涌流于石壁之下的陡泉，这眼泉水还有个颇具奇幻色彩的典故，即曾有人用此泉煮荤腥之物，泉水便隐而不流，等到人们诚心忏悔时，泉水才涌流如常。偶得烹茶佳水，怎可不以茶宴聚？宗道便请僧人用陡泉烹煮他随身带的天池茶，与朋友们开怀畅饮，"各尽一瓯，布毡磐石，轰饮至夜而归"（《上方山四记》）。再来看张岱与闵汶水的交往，张岱听闻闵汶水精于茶道，便特地赴南京桃叶渡造访并从午后等至入夜。闵汶水为张岱的诚心所感动，为其烹茶，汶水茶室明净、茶器精绝、茶茗香浓，令张岱叫绝。汶水故意说所烹之茶为阆苑茶，但张岱亦是茶中行家，正确地指出茶味更似罗岕茶，汶水连声称奇。对于烹茶取水，汶水手法极为独到，取惠水前，需先将泉井淘渌干净，然后等静夜新泉一到，迅速汲取，同时盛泉的水瓮需用山石垫底，这样运来的水鲜美无匹，如此匠心巧运使得张岱深表敬服。后来汶水又以另一种茶来款待张岱，张岱一尝便知该茶是春茶，而前茶则是秋茶，对于张岱这种对茶的精妙领悟，闵汶水不禁感叹"予年七十，精赏鉴者，无客比"（《陶庵梦忆·闵老子茶》），二人经此"茗战"，遂成惺惺相惜的茶友。

散文中所呈现出的涉茶内容，除了清雅、闲适的一面，亦不乏酷烈悲壮、忧劳惨淡的场景。唐人孙樵的散文《书何易于》中描写了发生在何易于仕宦生涯中的一件与茶密切相关的事迹：

> 益昌民多即山树茶，利私自入。会盐铁官奏重榷管，诏下所在不得为百姓匿。易于视诏曰："益昌不征茶，百姓尚不可活，矧厚其赋，以毒民乎！"命吏划去。吏争曰："天子诏所在不得为百姓匿，今划去，罪愈重。吏止死，明府公免窜海裔耶？"易于曰："吾宁爱一身以毒一邑民乎？亦不使罪蔓尔曹。"即自纵火焚之。观察使闻其状，以易于挺身为民，卒不加劾。

正如上文所述，何易于在益昌当官的时候，当地的平民很多都依山种茶树，补贴家用。后来朝廷下诏书，民间种茶所得不得为百姓私产，需要征收茶税。何易于认为当地民众本来生活就很艰辛，若再征收茶税，无异于绝民生路，因此就命令手下官吏铲除茶树。官吏劝导何易于，若铲除茶树，他们都要获罪，但何易于不愿为保全自身而使民众受苦，且不愿连累手下的官吏，便自己纵火将茶树焚烧了。虽然何易于最终遇上了一位明事理的观察使而免于被弹劾，但这只是偶然的幸运，试想有多少因茶税而破碎的家庭、因茶事而获罪的官员被湮没在历史的烟尘之中，且就貌似幸运的何易于来说，观其一生，仕途也并不顺遂。由是可见，烹茶、饮茶的风雅恬静背后亦隐匿着茶农的血汗、官吏的抗争，散文以简洁自然的笔调将这一颇具悲情色彩的茶事娓娓道来，引人掩卷沉思。

除却平民、官员，普通的读书人在经历科举考试时，对茶亦有一段并不美妙的回忆。明代士人艾南英在其《天佣子集》中曾收录了一篇他为自刻试卷集写的序，讲述了他参加科举考试的种种泣血经历。其中他提到在科举考试中，遇到酷烈炎热的夏天，督学穿着轻薄的丝绸衣衫，坐于阴凉之地，品茶挥扇，而考试的读书人则数百人夹坐，暑气熏蒸，汗流浃背，虽然有供茶小吏，但考生却不敢饮一口茶，因为他们担心饮茶之后会在其试卷上加盖红色的印章，被阅卷之人当作作弊的记号从而使成绩降等。在这篇散文中，茶所代表的是人最基本的生活需求，但却被封建社会后期僵化的科举制度无情蔑视，作者将满腔的愤懑化作一勺冷茶，泼在了历史的暗处。

现当代茶事散文依然佳作迭出。鲁迅、周作人、梁实秋、苏雪林、杨绛等都有名为《喝茶》的散文，汪曾祺有《寻常茶话》，姚雪垠有《惠泉吃茶记》，贾平凹有《品茶》，等等，皆茶趣盎然、情感真挚，呈现出茶事散文历久弥新的鲜活风貌。

第三节　茶与歌舞戏

茶与诗词歌赋、小说、散文等文学形式结合在一起，还与歌曲、舞蹈、戏曲以及现代的戏剧等动态的艺术形式融合在一起，一静一动，动静相谐，共同构成了茶的文艺氛围，提升了饮茶的品格。

一、茶与歌

茶从唇舌入，歌自喉吻出，茶与歌之缘不解而结。茶香袅袅，文人雅士品饮可破孤闷、触情衷，情动于中而形于言，言之仍不足，便生发出不尽的嗟叹咏歌；采茶碌碌，茶工采女日夜在茶山茶田间劳作，劳动之余应答唱和，生活的甜蜜与艰辛都融于一首首风格各异的茶歌之中；茶韵悠悠，乐人歌者由茶而生灵感，创作出无数以茶为题材的歌曲。古今中外，茶丰富而玄妙的味觉与歌咏旋律相生相伴、相触相发。关于茶歌，按其作者来源，大体可以分为三种类别：

其一，文人作歌，即由文人自主创作诗文词作而后和乐成歌，或者文人托作、润饰民间歌谣又流于民间传唱成歌。成伯玙的《毛诗指说》引梁简文帝的《十五国风义》谓："在辞为诗，在乐为歌。"（阮元主编《经籍籑诂》）自古以来，文人自主创作了大量茶事诗文词作，这类作品，形于书本文字固然可以称为诗词，但若和乐而唱，则进入了"歌"的范畴，例如清代张廷玉的琴谱《理性元雅》中就收集了卢仝的《走笔谢孟谏议寄新茶》的曲调，这首诗千年传唱不衰，成为由诗而歌的代表作。同时，文人托作、润饰民间歌谣又流于民间的情况也较为普遍。明清时期流传于江浙一带的《富阳江谣》（又称《贡茶鲥鱼歌》《富阳茶鱼歌》）就是其中典范。该歌谣据韩邦奇的《富春谣》而成，谈迁的《枣林杂俎》载歌如下："富阳江之鱼，富阳山之茶。鱼肥卖我子，茶香破我家。采茶妇，捕鱼夫，官府拷掠无完肤。昊天何不仁？此地亦何辜？鱼胡不生别县？茶胡不生别都？富阳山何日摧？富阳江何日枯？山摧茶亦死，江枯鱼始无。於戏！山难摧，江难枯，我民不可苏。"这首歌谣反映了富阳一带民众受官府催逼茶鱼入贡之苦,字字见血。韩邦奇以此歌上疏,企图纾解民困,但因歌词针砭时弊切入肌理,反使统治者勃然大怒,韩邦奇由此获罪削籍。

其二,茶人作歌,即由茶农、茶商等与茶事生产贸易有直接关联的群体所创作的茶歌。现列举其中几类较有代表性的茶歌以做说明:

(1)反映茶叶采摘、生产、贩卖等茶事生活的茶歌。在传统茶歌中,它们多以《十二月茶歌》《四季采茶歌》等命名,这种以月份起头的茶歌不但流传已久,而且多个民族都有类似形式的歌谣。例如清代传唱于杭州一带的《采茶歌》:

> 四月里采茶叶儿黄,我郎生活两头忙。
> 奴又忙时蚕又老,郎君忙时蚕又黄。
> 十月里倒采茶,木笤里霜细思量。
> 贩私茶走长江,郎君早还乡。①

浙南畲族也有类似的茶歌:

> 正月采茶是新年,敲锣打鼓闹翻天;
> 家家都吃新年酒,又请新人来作客。
> 二月采茶茶芽新,采茶姑娘值千金;
> 太阳午时不吃饭,回到家里不放心。②

这两首茶歌将茶人夫妇、采茶姑娘茶事生活的繁忙描写得淋漓尽致,一寸光阴一寸金,不论是采茶还是贩茶都有时效性,我国传统茶歌以月份或季节命名,从某种层面来说,亦体现了茶人对茶事劳动规律的高度敏感和准确把握。

茶歌不仅是忙碌茶事生活的真实写照,而且在辛勤劳作之际,哼唱茶歌小调有时更可以起到调剂身心、提高劳动效率的作用。在此列举一首流传于福建龙岩一带的采茶歌:

> 百花开放好春光,采茶姑娘满山岗。
> 手提篮儿将茶采,片片采来片片香。
> 采呀采呀,片片采来片片香。③

① 朱恒夫主编:《后六十种曲》第六册,复旦大学出版社 2013 年版,第 74 页。
② 吕立汉主编:《浙江畲族民间文献资料总目提要》,民族出版社 2012 年版,第 472 页。
③ 王冼平主编:《原生态民歌集》上册,中国水利水电出版社 2005 年版,第 300 页。

这首茶歌浅易质朴、轻快悠扬且韵律感十足，将采茶女翩然于山间采茶的倩影勾勒尽现，叠词叠句的运用仿若劳动的号角，激扬着采茶女的精神，使她们全身心投入到采茶劳作中。

关于卖茶的歌曲，北京民歌《粥茶歌》则非常具有代表性，现将其歌词节选如下：

> 戗着风儿闻不见(来呀哎)，顺着风儿十里香茶(啊哈嗨)，
> 喝茶您就自己来取(来呀哎)，管来可不管送茶(啊哈嗨)。[①]

这首卖茶歌朗朗上口，带着民间小调的意态悠闲，体现了贩茶人对自己所卖香茶品质的非凡自信。

(2)歌颂爱情的茶歌。爱情是艺术创作永恒的主题。一方面，爱情追求艺术，追求感受的戏剧性。而另一方面，艺术本身自古至今一直在反映爱情，凝聚着爱情的生命力和美。茶歌作为一种鲜明的艺术形式，其中有无数佳作由爱情点燃灵感，同时也使人们丰沛的感情在歌词旋律间永不枯竭。茶歌中有期待爱情的甜蜜，如下面这首：

> 十八岁的姐姐上山摘青茶，桃花手巾晾在茶蓬上。
> 一阵江风吹到江中央，姐姐心里急惶惶。
> 撑船阿哥给我捺一把，上上落落请到我家来喝清茶。
> 知道你家朝东来还是朝西？我家坐北朝南村中央。
> 房前一株桂花树，桂树开花喷喷香；
> 房后有株梧桐树，树上有根牵丝索，牵丝索上停凤凰。[②]

这首茶歌缘起于摘茶，美丽的少女在山间采茶之际手帕随风飘走，为酬谢拾帕的阿哥，便以喝茶相邀，言语对答之际，芳心已动，她细致且满含深意地描述着家住何方，房前开花的桂树在民间暗含"贵婿"之意，而房后梧桐停凤凰则显然使人联想起"凤求凰"的佳话，整首歌含蓄而热烈地传达着求偶气息。

如果说上一首茶歌描写了爱情萌发之初的甜蜜与憧憬，那么下面一首茶歌则抒发了失去爱情的浓烈悲伤：

> 正月采茶正月正，采茶娘子去观灯。

---

① 王沥沥：《民歌艺术》，山西教育出版社 2008 年版，第 123 页。

② 刘旭青：《文化视野下浙江歌谣研究》，浙江大学出版社 2009 年版，第 337 页。

娘子观灯是无意，一心思念我夫君。

……

五月采茶是端阳，采茶娘子哭断肠。

堂前摆起雄黄酒，不见我夫在哪方。

……

八月采茶是中秋，采茶娘子泪不收。

别人夫妻同年月，奴家夫妻不到头。

……

十月采茶小阳春，采茶娘子泪长倾。

去年采茶丈夫去，今年采茶独自行。

……

腊月采茶是冷天，风吹罗帐风冷霜。

鸳鸯枕头空一个，棉被牙床空一边。[①]

这首黔江的《寡妇采茶》描写了丧夫的采茶娘子在一年之中的各个时节思念夫婿的情景，不论观灯还是采茶，都时时不忘夫君，每逢佳节，愈加泪流神伤，待到年关月尽之时，独枕孤衾，有“万事无不尽，徒令存者伤”（沈约《悼亡》）的彻骨悲痛，一首茶歌几乎唱尽了采茶寡妇永无绝期的绵绵遗恨。

（3）底层茶事劳动者哀咏生产劳作之艰辛和生活之不易。正如《茶农谣》所唱“雄鸡未啼就出门，母鸡归窠才进村。日里上山采青叶，夜里猛火来炒青。手摘起泡痛归心，两只眼睛绷红筋。茶价跌落贴了本，垂头丧气叹苦命”。[②] 茶农夙兴夜寐，白日采茶，晚上炒青，以至于手眼皆伤，为的就是茶叶能够卖一个好价钱，然而世道不公，并非辛勤劳作就能够获得美好的生活，茶价涨跌随市场波动起伏不定非自身所能掌控，面对无能为力的现实，茶农只能垂头认命。再来听《三采茶》：“头茶采来茶芽嫩，油菜花黄麦苗青；奴家衣单肚子饿，伸出双手冷冰冰。二茶采来二叶抽，摘破指头鲜血流；拖儿带女高山走，摘回细茶难糊口。三茶采来茶叶黄，家无男子苦难当；只恨保长无道理，强拉奴夫把兵当。”[③]这首茶歌中的女主人公悲惨更甚《茶农

---

① 黄洁主编：《重庆土家族民歌选集》，中国文史出版社 2004 年版，第 247—248 页。

② 王敏红：《越地民间歌谣研究》，安徽文艺出版社 2013 年版，第 170 页。

③ 郁宗鉴主编：《浙江省民间文学集成 · 温州市歌谣谚语卷》，浙江文艺出版社 1990 年版，第 142 页。

谣》中的茶农，她不仅需采茶种地，且还独自一人抚育儿女，她的丈夫被强征兵役，生死不知，生活比枯黄的茶叶更加苦涩，似乎永远看不到回春的希望。

其三，乐人作歌，即专门从事音乐工作的艺人歌者所创作的茶歌。茶歌不仅是文人吟诗作赋的案头余韵、茶人劳作休闲的小调歌谣，亦是乐人匠心独运的艺术成果。我国著名音乐家周大风先生就曾创作著名茶歌——《采茶舞曲》。该歌曲受到了中外人民的广泛喜爱，并于 1983 年被联合国教科文组织列为“亚太地区风格的优秀音乐教材”之一。为何这首茶歌有如此魅力？先观其歌词：

溪水清清溪水长，溪水两岸好呀么好风光。
哥哥呀你上畈下畈勤插秧，妹妹呀东山西山采茶忙。
插秧插得喜洋洋，采茶采得心花放，
插得秧来匀又快，采得茶来满屋香。
你追我赶不怕累，敢与老天争春光，争呀么争春光。
左采茶来右采茶，双手两眼一齐下，
一手先来一手后，好比那两只公鸡争米上又下。
两个茶篓两旁挂，两手采茶要分家，
摘了一会停一下，头不晕来眼不花，
多又多来快又快，年年丰收龙井茶。

整首歌语言浅易质朴，多用口语化的字词，十分“接地气”，容易取得听众的认同感，同时，极为生动形象地描绘了采茶的情景，将采茶女纤手采茶左右翻飞之态与公鸡争米相类比，十分贴切而富有画面感，另外叠词叠句的使用让歌词朗朗上口，便于传唱。再赏其曲调，该茶歌作为大型越剧《雨前曲》的主题歌，主体采用了越剧音调，同时融进了滩簧的曲式，吸取了浙东民间器乐曲调的养分，并使用有江南丝竹风格的多声部伴奏，整体呈现出韵律和谐、声调悠扬、清新婉丽的“江南”特色。《采茶舞曲》是当代音乐人传承民族文化的代表之作，其光芒独具，当之无愧地闪耀于世界艺术的浩瀚星空。

如果说《采茶舞曲》是山间采茶小调，那么《前门情思大碗茶》便是城市茶事歌谣。这首茶歌由我国著名艺术家阎肃作词，中国戏歌的开山领路人姚明作曲，优秀的人民歌唱家李谷一首唱，歌词首先将“我爷爷小的时候”那种“吃一串儿冰糖葫芦就算过节，他一日那三餐，窝头咸菜么就着一口大碗儿茶”的艰苦岁月娓娓道来，而后又笔锋一转，跨越数十年的时间，把视角聚焦在海外归来的“我”身上，纵岁月风雨，忘不了的依然是那一碗带着童年滋味的大碗茶，歌曲的结尾饱含深情地吟唱“世上的饮料有千百种，也许它最廉价。可为什么为什么，为什么它醇厚的香味儿，直传到天涯，它直传到天涯”。整首歌曲融戏腔与“京味儿”于一炉，伴奏中将琵琶、三弦等中国传统乐器的音调以电子合成器模拟出来，既富有跌宕婉转的传统韵味，又具有情趣盎然的现代气息，是一首传唱度极高的戏调茶歌。

进入21世纪，古风音乐在青年人群中悄然流行起来，其中不乏一些优秀的茶事歌曲。所谓古风音乐，一般由原创音乐人创作，以网络为传播载体，歌词多吸取传统文化养分，不仅大量化用诗词歌赋，而且涉猎茶、酒、戏曲、中医、古建筑等中国文化的方方面面，词句虽古雅流丽但并不艰涩难懂，在配乐方面，以琴、筝、箫、笛、琵琶、二胡等民族乐器与电子合成器混搭为主，辅以部分西洋乐器，曲调虽带复古风韵，但本质上仍旧是易于传唱的流行音乐。古风音乐中涉及茶事的歌曲甚多，如《采茶纪》[①]就描述了一位古代少女于山间茶垄、卖茶摊铺里发生的一系列啼笑皆非的经历，她碰到过枯槁的老妇、赶考的小哥、赖账的恶霸，见识过各样人生，最终在炒茶中领悟到“微火烘烤这玄味，羡煞春草。人就像茶，得受得了高温熬。叶片从浮到沉由卷至舒，艰辛多少？采茶诗里一首歌，唱破春晓！”整首歌词句清新浅易，曲调欢快悠扬，极易传唱。另一首古风茶歌《霁夜茶》[②]则舒缓悠远，带着清雅的文人气，柔润澄澈的男音徐徐吟唱“初雪绽晴，满院空枝嫌太静，抖落一身轻轻。相随风凭，掀窗帘角窥史经，正到‘千里逢迎’。懒牵挂，一笔一画，拂袖罢。渐暮久，掷笔添蜡，霁夜茶。谁立门庭，叠指而敲探究竟，客有一番闲情，寒衣提灯，两联朱红淡褪映，旧作‘书香年景’，懒相迎，隔门笑答，未归家，小径踏夜白月下，奉杯茶。置杯久茶淡香早发，那一口浓烈难咽下，霁夜将冷手捧热茶，再寻花，空枝余一抹白无瑕，怎辨是残雪或月华，霁夜我独醉这杯茶，清风不还家”，仿佛将听众带到了一个覆满白雪的宁谧小院中，热茶与冷夜、相逢的欣喜与思人的苦涩产生了鲜明的对比，引人细细品味。这些古风茶歌“古为今用”“貌古神新”，[③]呼应了新时代青年人对传

---

① 《采茶纪》由温茛作词，徐梦圆作曲，双笙演唱，于2015年发布，网易云音乐等音乐网站收录该歌曲。

② 《霁夜茶》由Winky诗编曲，五子作词，小曲儿演唱，于2012年发布，网易云音乐等音乐网站收录该歌曲。

③ 《古风音乐走红用“流行味”唱出“中国风”》，《人民日报》2018年6月4日。

统文化的追慕，又迎合了他们的欣赏及传唱习惯，是传承中国传统文化的新兴路径。

千百年来，不论是文人墨客、茶农采女还是乐人歌者，皆因茶作歌，饮茶而歌，茶香绵绵不绝，歌声袅袅不断。

二、茶与舞

听罢茶歌，再赏茶舞。汉代傅毅在《舞赋》中写道："臣闻歌以咏言，舞以尽意。是以论其诗，不如听其声，听其声，不如察其形。"如果说歌曲是以人的声音来表达情感，那么舞蹈便是动用人的形体来展示灵魂。茶歌已然妙如天籁，茶舞又该是何种风情？在此略加举说，以求稍展其形貌。

中国传统的采茶舞起源于民间的采茶劳作，我国广大的茶叶产区诸如江西、福建、浙江、湖南、湖北、安徽、贵州、四川、云南、广东等地都有采茶舞蹈流传。江西出产的双井茶、焦坑茶等佳茗为欧阳修、苏轼等文人雅士所深情吟咏，在茶史上流芳千古。江西，尤其是赣南地区种茶、采茶、制茶历史已逾千年，茶事劳作催生了茶歌，而在歌声中翩翩起舞，生动淳朴、幽默诙谐的采茶舞蹈便应运而生。明代中叶，十二名茶女歌唱描述一年四季或者十二个月份茶事生活的《十二月采茶歌》，手执茶篮灯、扇子等道具，载歌载舞，这便是早期的赣南采茶歌舞，人称《采茶灯》或《茶篮灯》。[①] 到了明末清初，表演人员减少为采茶姐妹二人，茶童一人，姐妹二人依然口唱《十二月茶歌》或《四季茶歌》等民间小调，提篮而舞，茶童则踏着矮子步，一手执扇，一手挥舞水袖，这种舞蹈由于主角为姐妹二人，民间也叫《姐妹摘茶》，随后又衍生出以板凳仿作龙灯戏耍《板凳龙》等赣南采茶舞蹈。[②] 赣南采茶舞以矮子步、扇子花和单袖筒为特色，善于对人物情态及动物形态进行模拟，风格灵动活泼、质朴诙谐，是我国民间采茶舞蹈的典范。

福建自古便是重要的茶叶产地，据民间传说，每年采茶时节，茶女们便聚于茶寮，和着茶歌跳起表现茶事劳作及劳作间休闲活动的舞蹈，流传于福建龙岩一带的"采茶扑蝶舞"就是闽西土地上一朵绚丽的艺术奇葩。[③] 其表演者一般有十二人，其中采茶女八人，茶公、茶婆各一人（也有说茶婆二

---

① 张嗣介：《赣南客家艺术》，黑龙江人民出版社2006年版，第177—178页。

② 郭磊编著：《赣南采茶舞蹈教材与教学实践》，人民音乐出版社2013年版，第2页。

③ 曾晓萍等：《闽台民间艺术传统文化遗产资源调查》，厦门大学出版社2014年版，第220页。

人)，武生、男丑各一人。舞如其名，整个舞蹈描绘的是一群一手执折扇、一手提花篮灯的采茶女，由两名幽默诙谐的茶婆领头，在铜钟、钹、小叫锣、二胡、三弦、笛子、扬琴等民间乐器奏出的《剪剪调》(以前亦曾采用《正采》《倒采》《得胜令》等曲调)的旋律中，来到茶园，在彩蝶环绕的茶丛中采茶扑蝶的愉快景象。采茶女以“上采”“下采”“正采”“倒采”的舞蹈动作模拟采茶的情景，茶婆手执着竹篾扎骨架、色纸裱糊并彩绘的蝴蝶，左右开弓、前仰后合，做出飞蝶花、顶蝶花、蝶引花、蝶绕花等动作，引得采茶女左右追蝶、翻身赶蝶以及武生男丑捉蝶、敲蝶等一系列与蝶嬉戏的样态。[①] 整个舞蹈富于队形的变换、生动地模拟了采茶扑蝶的生活情景，展现了民间茶舞清新明快、优美灵动的风貌。

浙江山灵水秀，名茶辈出，茶圣陆羽便曾隐居于苕溪(现属浙江湖州)，撰写出名垂千古的《茶经》。此处悠久的茶文化不仅滋养了不朽的茶书经典，而且也衍生出曼妙的茶事舞蹈。浙江青田、丽水、龙泉等地便有茶事舞蹈《采茶灯》流行，这种灯彩舞蹈多在年节庆典时演出，表演形式以灯、歌、舞相结合，主要内容包含“扮相”“采茶”“点花”“谢茶”四个部分，[②]演员一般为十四人，其中十二位姑娘手提花篮灯扮演茶女，一位姑娘手拿折扇反串大相公，另有一位男子扮演丑角书僮。茶女们踏着细碎的脚步，一手托着画有十二月花朵的花篮灯，一手下垂并随走势手腕自然摆动，身姿如花蕾迎风，轻灵秀丽，她们与即景而歌、幽默诙谐的大相公、书僮一道走街串巷，载歌载舞。还有流传于浙江金华、东阳、龙游一带的采茶舞蹈《十二月花名》(原名《顺采茶》)，该茶舞与青田、丽水等地的《采茶灯》大同小异，亦是由十二位姑娘扮演茶女，各属一月花名，每人依次与“串阵”的小丑以该月花名唱舞互答，整个表演中既有规定动作，又有即兴发挥，趣味盎然，引人入胜，深受人民群众的喜爱。

值得一提的是，我国幅员辽阔，民族众多，各民族文化虽有不同，但对于茶这种饮料的钟爱，却是大多数民族所共通的。陆游曾在其《老学庵笔记》卷四中提到辰、沅、靖各州之蛮，婚娶生子时，男女聚而踏歌：“其歌有曰：小娘子，叶底花，无事出来吃盏茶。”由是可见，少数民族婚嫁生育大事，多以茶饮歌舞相伴。少数民族大多具有能歌善舞的特长，其与茶事相关的舞蹈

① 《中华舞蹈志》编辑委员会编：《中华舞蹈志·福建卷》，学林出版社 2014 年版，第 122—123 页。

② 吴露生：《浙江舞蹈史》，学林出版社 2014 年版，第 164 页。

精彩纷呈，各具风采。

自古以来，我国西南地区的白族便流行在婚娶、庙会等大型庆典之时进行“打歌”。白族人民会在村寨广场等空旷之地燃起篝火，男女成行，手端烤茶，在芦笙和竹笛的伴奏下，绕着熊熊燃烧的火堆载歌载舞。他们不仅“打歌”之时饮用烤茶，而且他们“打歌”的曲目之祖《创世纪》在描述白族始祖进行婚礼准备之时，亦有“请谁煨茶？请家雀煨茶”[①]的唱词，可见茶在白族人民生活中的重要性。

生活在广西崇左、扶绥、大新、德保等县的壮族人民也有非常成熟的采茶舞蹈。其采茶舞一般在春节期间表演，主要包含“开台茶”“六月斗金花”“麒麟灯”“踢伞舞”“铜钱舞”“拜年歌收台茶”七个部分，[②]其中“六月斗金花”有些类似江浙地区的《十二月花名》，歌词唱诵一月到六月之花，舞蹈与歌词相和，以花之美丽喻生活之美满；“踢伞舞”则主要是运用花伞、彩扇等道具，通过采茶、卖茶等一系列情节动作来表现壮族青年男女的情感生活。壮族采茶舞相对减少了对采茶劳作的特征的模拟，而是利用花伞、铜钱等多种道具来展现劳动人民日常生活的各个方面，呈现出一种直白质朴、欢快热烈的风貌。除此之外，瑶族的《盘王舞》系列舞蹈中也有采茶舞，它不仅表现了采茶制茶的劳动过程，还模拟了前期砍竹编茶篓的情景，[③]表现了少数民族人民勤劳智慧、自给自足的生活状态。

进入21世纪，在茶文化旅游的带动下，茶舞亦有了新的发展，涌现出了一系列“中外联袂”“古今结合”的优秀作品。原创舞剧《茶尖上的芭蕾》将西方芭蕾舞与黔南民间歌舞相融合，以舞蹈的语言讲述了英国茶商与中国茶乡仙子因茶结缘的故事，对贵州都匀毛尖的推广乃至整个中华茶文化的传播起到了积极正向的推动作用。另一部舞剧《幻茶谜经》的创意则源自法门寺出土的唐代茶具，以禅茶入舞，通过亦真亦幻的女子茶幻与樵夫、高士、僧人相遇而触发的故事展现出人性的不同面向，其中所蕴含的深刻哲理耐人寻味。该剧充分利用现代科技展现令人震撼的舞美效果，不仅受到了国内民众的诸多好评，而且在德国、韩国等地公演时亦获得了国际友人的喜爱与盛赞。

---

① 云南省少数民族古籍整理出版规划办公室编：《云南少数民族古典史诗全集》上卷，云南教育出版社2009年版，第324页。

② 于瓅主编，韩德明、廖明君编著：《广西舞蹈文化》，广西人民出版社2012年版，第13—16页。

③ 纪兰慰、邱久荣主编：《中国少数民族舞蹈史》，中央民族大学出版社1998年版，第280页。

三、茶与戏

辛苦的茶事劳作收获的不仅是丰厚的物质成果，而且也孕育了甘美的文化果实，勤劳智慧而又富有乐天精神的劳动人民将茶事歌舞、民间故事等元素熔于一炉，创造了极具特色的地方采茶戏。同时，茶叶以其贯穿古今的芳香、独特而玄妙的滋味以及烹煮冲泡的优雅仪式感，激发着无数文人墨客、艺人乐手的灵感，他们饮茶看戏，又以茶入戏，茶为戏增万般滋味，戏给茶添百样人生。

随着茶事产业的发展、茶区经济的繁荣以及民间娱乐需求的提高，传统的唱词固定、情节简单的民间采茶歌舞逐渐吸收了地方戏曲、民间杂耍乐舞甚至宗教仪式等多元化的养分，衍生出了歌舞情节完备的地方采茶戏。我国广大的茶叶产区多有以地域命名的采茶戏，诸如江西的赣南采茶戏、湖北的阳新采茶戏、安徽的黄梅采茶戏、广东的粤北采茶戏、广西的桂南采茶戏，福建的闽西采茶戏，这些采茶戏一般以民间的采茶歌舞为蓝本，但又不局限于茶事本身，而是广泛地反映民间婚恋风俗、家庭生活、社会现象等各方面。以赣南采茶戏《九龙山摘茶》为例，该戏是民间艺人以赣南采茶歌舞《姐妹摘茶》为蓝本，综合民间灯彩舞蹈、道教"做道场"仪式中的动作技法等元素所创制的一本采茶大戏。该戏主要讲述了茶商朝奉与仆人茶童上九龙山收购春茶时发生的故事，包含有朝奉别妻、途中落店、闹五更、大开茶园、摘茶、炒茶、问茶、报茶名、尝茶议价、卖茶、送茶下山等主要情节，[①]整本戏不仅全面反映了当地茶叶制造贩卖的一系列过程，还将朝奉与妻子的惜别之情(朝奉别妻)，茶童与茶妇炽烈直白的恋慕之情(闹五更)刻画得淋漓尽致，被称为"赣南采茶戏之祖"。

我国传统古典戏剧中亦不乏"茶"的身影，在这些故事曲折的戏剧中，茶被赋予了多重功用，以借茶为由邂逅、以茶排遣忧思、以茶代酒凭吊逝者、以茶求子、以茶礼求婚、以茶会友、聚会饮茶并以茶事笑话取乐、以茶待客、以茶筵作为宗教仪式还愿、以采茶戏欢庆节日盛典等涉及茶事的情节比比皆是。

古代礼法森严，两性之间轻易不得相见，于是男女有偶见而钟情者，多寻借茶等契机攀谈交往。明代许自昌《水浒记》中的张文远在街坊之中散

---

① 参见张嗣介《赣南客家艺术》，第180—181页；《中华舞蹈志》编辑委员会编《中华舞蹈志·江西卷》，学林出版社2014年版，第126—127页。

步时偶遇宋江外室阎婆惜,见她样貌标致,风韵动人,便以借茶为由,前去搭讪。其第三出中便有这样的唱词:"茗借茗借怜崔护,消渴消渴甚相如。琼浆一饮自踌躇,怎邀玉杵酬高谊。"此处运用了崔护与司马相如的典故:崔护与面如桃花的少女邂逅是以借茶为机,而与文君私奔的司马相如则患消渴疾,亦需大量饮茶。由此可见茶在男女相悦之事中扮演了重要角色,此二典亦隐喻了张文远与阎婆惜后续的情感走向。无独有偶,明代梅鼎祚《玉合记》第五出《邂逅》中韩翃与柳姬的初次相遇,亦是韩生以借茶为由促成的,正如戏文中所说"小生寻春郊外,迷路至此,愿借琼浆,以慰消渴",与《水浒记》一样,此处亦运用了"消渴"的典故,暗示了韩生对佳人的倾慕,以及与之结成姻缘的渴求。

借茶可助男女邂逅,饮茶亦可排遣众生忧虑。清代方成培改编的传奇《雷峰塔》讲述的是我国家喻户晓的白蛇成精的传奇故事。其《夜话》一出中千年蛇妖白娘子担心行迹败露、恩爱难长,对将来之事的不确定性满腹忧思,女伴青儿便泡"绝细好茶"与之饮用,其中"茶香飘紫笋"一句直接点明了茶气之怡人,同时产自浙江的紫笋茶又与故事的发生地相合,点缀于此,恰到好处,可见,茶如一贴宁神药,可循循诱导饮茶者吐露心声、排烦解闷。

凭吊故人,不仅是酒的专利,茶亦可代为寄托哀思。唐明皇与杨贵妃的故事千古流传,清人洪昇据此搬演《长生殿》,该戏甫一问世,便引起轰动,至今仍余香袭人。在《长生殿》中,杨贵妃红颜薄命,于马嵬坡香消玉殒。其侍女永新、念奴逃难出宫,流落金陵,在女贞观当了道士,清明佳节,二人"就把一陌纸钱,一杯清茗,遥望长安哭奠一番",以此告慰贵妃芳魂。

文学作品中茶乃一脉灵泉,流经生死两岸。清茗香远,可祭奠逝者,同时,茶的成长受天地日月精华滋养,亦孕育着无限生机。在元代马致远的杂剧《吕洞宾三醉岳阳楼》中,由柳树精与白梅精化成的一对夫妇于岳阳楼中卖茶,二人结褵数载,却无儿无女。为求子嗣,他们便将过往客人的残茶都饮用了,因为在他们看来,茶非俗物,而是得天地造化、带山川灵气的珍贵之物,正如戏文中所说"龙团凤饼不寻常,百草前头早占芳。采处未消顶峰雪,烹时犹带建溪香",因此多饮茶便可"偷阴功""积福力",对其繁衍子息多有助力。

茶孕生机,亦关嫁娶。古代嫁娶纳聘需备茶礼,这一婚俗在戏曲中也多有体现。明代沈自晋据冯梦龙《醒世恒言》中的《钱秀才错占凤凰俦》为蓝本创作了传奇《望湖亭》。该戏主要讲述吴江财主颜秀貌丑才疏,但他却看上了美貌少女高白英,为顺利娶妻,他请风流倜傥、满腹诗书的表弟钱万选代替他去高家相亲、纳聘、迎亲并由此而引发的一系列啼笑皆非的故事。在戏中,去女方纳聘之前,颜财主精心挑选各种茶食以佐茶礼,“定下桃酥果馅和糖饼,河南晒枣长三寸,蒙顶新茶价倍增”,以求博得女方好感,从而顺利缔结婚姻。

不仅婚姻大事茶作礼,文人雅士日常聚会,茶亦添香。在明末清初吴伟业的传奇《秣陵春》中,南唐世家子弟徐适在故国灭亡后,多以试茶邀友、珍赏古玩来消磨时光。其友蔡客卿欲访,他一早便吩咐书僮炖好泉水,以便亲手烹泡从吴门茶客处买到的岕茶,成就与朋友一同品佳茗、鉴古玩的赏心乐事。再翻开孔尚任的《桃花扇》,在《访翠》一出中,侯方域、柳敬亭、杨文骢、李香君等人相聚于暖翠楼中,李香君将“虎丘新茶,泡来奉敬”,众人啜香茗,赏红杏,沉醉于骀荡春光之中,不禁感叹“煮茗看花,可称雅集”,宴饮之中,擅长说书的柳敬亭还讲了一个关于苏东坡、黄庭坚与佛印禅师松下品茶的笑话,给这次聚会平添了几分诙谐的趣味。由此可见,茶既有清雅格调,又十分贴近生活,不仅为文士佳人增彩,而且为戏文辞藻添色。

茶禅一味,僧人以茶相待,既不犯清规戒律,又可显佛门慈悲好客。在明代张四维的《双烈记》中,金国四太子兀术入侵江南,宋朝爱国将领韩世忠于明月夜约金山寺长老同游,实则为探看地形,以求破敌之法。金山寺长老“满爇沉烟,旋煮先春”,以珍美之茶款待韩世忠,两人一同登览,品冽清佳茗,看江势苍茫,在此处,韩世忠有一段精彩的唱词:

> 泛月江,僧归舫。溅佛裳,鲸喷浪。张祐、孙魴,令人遐想。
> 中泠冷溅齿牙香,消吾渴吻,涤我枯肠。

可见好茶确有安抚唇舌、涤烦忘忧、清心醒神之功效,此番品茶览胜,得江山之助,待得探查之后,韩世忠果然计定龙王庙,引得兀术中伏。

茶不仅有待客雅集等世俗之用,亦在宗教仪式中扮演了重要角色。明末清初的剧作家李渔在其《比目鱼》中提到,在有些乡邑有“了茶筵”的风俗,即遇灾难之时,在神灵面前许了愿心,灾难过后便要来还愿,捧祭礼、敲锣鼓、唱《茶筵曲》以告慰显灵的神祇。

传统戏曲中除了有描绘“了茶筵”这类宗教仪式的场景,更不乏唱采茶歌、舞采茶灯、演采茶戏的情节。清代戏曲《三笑姻缘》中第二十三出便详细地描写了民间元宵灯节之时,搬演采茶歌舞的情节。其中演灯曲目是传统的《四季采茶姬》,在该曲目中,一位叫毛尖的贩茶商人来到徽州茶园向茶妈妈买茶，二人一番唱演后，引出茶妈妈的四个女儿珠兰、莲心、凤尾、双窨唱采茶歌。该采茶歌舞中客商、茶婆、茶女之名都与茶叶名称相合，整个表演唱词完备，趣味盎然，不失为一出精彩的戏中之戏。

茶与戏的交往由来已久，除上述已经列举的范例之外，元代王实甫的《苏小卿月夜贩茶船》、明代高濂的《玉簪记》以及明代汤显祖的《牡丹亭》等剧目亦是多被提及的传统涉茶戏剧，至今搬演不衰。在近现代戏剧中，老舍的《茶馆》、田汉的《环娥琳与蔷薇》以及郭沫若的《孔雀胆》等作品也多有描写烹茶、斟茶、饮茶等茶事的内容。时代在不断发展，茶香并未随着历史的演进而淡去，随着科学技术的变革，戏剧有了新的呈现方式，茶的身影频繁地出现在纪录片、电影及电视剧中，涌现了一批诸如《茶，一片树叶的故事》《茶界故事》《茶马古道》《斗茶》《第一茶庄》《茶道》《茶是故乡浓》等深受民众喜爱的佳作。

第四节　茶与书法绘画

书法和绘画，两者与茶结合，赋予了茶文化更丰厚的底蕴。茶书法，是以茶为主题的书法艺术作品，实现了两种传统文化的交织；茶绘画，是以茶事活动为表现内容的艺术作品，让茶在图像中获得了永久的生命力。

一、茶与书法

书法是文字书写的艺术，铺陈纸笔、泼墨挥毫之间，书者的灵心慧性便蕴于书体笔法、点画结构、墨色变幻之中，而茶亦有茶道，煎煮冲泡、啜尝品评之际，茶人的真情实感便投入茶汤深浅、味道甘苦、香气浓淡之内。古往今来，以茶事入书法，以书法显茶意的作品不知凡几，我们在此探墨拾珠，略举其中光彩夺目者加以概说。

虽然在唐以前，对“茶”之指称多达十余种，正如陆羽在《茶经》开篇所列举“其名，一曰茶，二曰槚，三曰蔎，四曰茗，五曰荈”。[①] 在汉代印文中，篆刻者经常将“荼”字减去一画，“茶”字之形态已然出现，这种情况在《汉印分韵合编》《汉印文字汇编》《缪篆分韵》等书中皆有记载。[②] 但据顾炎武等学者考证，在中唐及中唐以后，“茶”字才最终取代了之前的“荼”字。然而除

① 参见姚国坤、王存礼、程启坤《中国茶文化》，上海文化出版社 1991 年版，第 12 页。

② 宋时磊：《唐代茶史研究》，中国社会科学出版社 2017 年版，第 36 页。

了“荼”字，“茗”字亦未弃用。唐代书僧怀素在《苦笋帖》中便写道：“苦笋及茗异常佳，乃可径来，怀素上。”该帖虽为草书，但运真于草，藏正于奇，字字有飞动之势，全不见轻浮之态，结体开张豪迈，布局错落有致，墨色浓淡相宜，用笔圆浑精劲，变化万端而不失法度，凸显了怀素极富特色的个人风格，确然当得起清代杨守敬“高古超迈，足知煊赫一代，端赖此种，恐颜鲁公不能过之”[①]的高度评价。唐代每年清明节前，湖州和常州刺史会到顾渚贡茶院“修贡品”，一些官员和诗人在顾渚山中作诗刻石，留下了丰富的茶文化遗存。其中，顾渚山摩崖石刻至今保存完好，这也是十分难得的茶事与书法相融合的文化遗迹。

北宋名臣蔡襄既是茶史上卓有建树的茶人，又是书法史上冠绝一时的名家。北宋时期，福建建宁府建安县（今福建建瓯）的北苑茶历年上贡，名极一时。身为福建仙游人的蔡襄曾任福建路转运使，亲自监制北苑贡茶，他积极推动“龙凤团茶”的革新，将八片一斤的龙凤茶改为二十八片一斤，号为上品，其《十咏诗帖》正是反映他这段深厚茶缘的诗书双佳之作。《十咏诗帖》又称《北苑十咏》，分别为《出东门向北苑路》《北苑》《茶垄》《采茶》《造茶》《试茶》《御井》《龙塘》《凤池》《修贡亭》，详细地描述了北苑茶产地的自然环境，采茶、造茶、试茶的详细过程以及烹茶的佳泉和封签上贡交接御茶的贡亭。该十咏以行书写就，风格遒媚秀逸，如翔龙舞凤，后被明人宋珏收入《古香斋宝藏蔡帖》卷二中，实为茶诗书法难得的佳作。

再观蔡襄的《茶录》，该作品兼茶事著作与书法佳品为一体，其内容意在阐明茶的烹试之法，上篇论茶，首先明确茶之色、香、味的评判标准，而后从藏茶、炙茶、碾茶、罗茶、候汤、熁盏、点茶这七个步骤来详细介绍烹茶方法；下篇则论茶器，描述了茶焙、茶笼、砧椎、茶钤、茶碾、茶罗、茶盏、茶匙、汤瓶等九种茶具样态及优劣之分。值得注意的是，《茶录》中所论的茶主要是以作者督造的建安茶为例，且多涉及宋代点茶、斗茶的饮茶风俗，带有鲜明的地方特色及时代特点。《茶录》以小楷写成，书法成就为世人称颂，欧阳修所作跋文曾评价：“《茶录》劲实端严，为体虽殊，而各极其妙。”宋人《宣和书谱》也将《茶录》放到了较高的位置，认为是“襄游戏茗事间”的代表作，且被“世人摹之石”，也是蔡襄为御府所宝藏的三件楷书作品之一，明《妮古录》卷一、《清河书画舫》午集、清《平生壮观》卷二、《石渠宝笈初

① 杨守敬著，陈上岷注：《学书迩言》，文物出版社 1982 年版，第 82 页。

编》皆有收录,今藏于故宫博物院。①

在中国书法史上,苏轼名列“北宋四家”之首,黄庭坚曾评价其书法:“笔圆而韵胜,挟以文章妙天下,忠义贯日月之气,本朝善书自当推为第一。”(《题东坡字后》)同时,苏轼爱茶甚深,其诗文中多见煎茶品饮(如《试院煎茶》《汲江煎茶》)、以茶赠答(如《赠包安静先生茶二首》《寄周安孺茶》)、种茶植茶(如《种茶》《问大冶长老乞桃花茶栽东坡》)乃至茶具制造评鉴(如《次韵黄夷仲茶磨》《次韵周穜惠石铫》)之作。

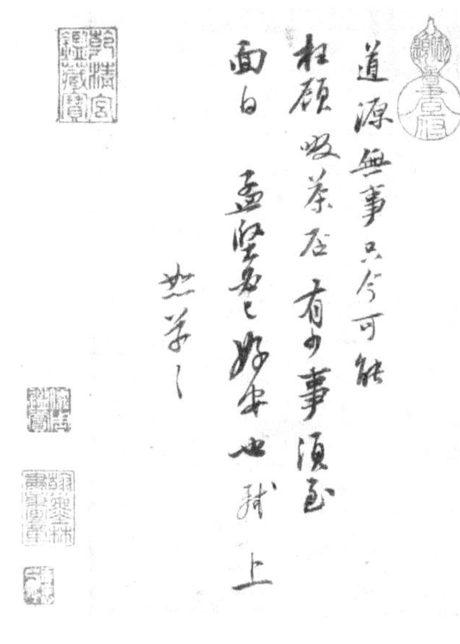

图3-1　宋·苏轼《啜茶帖》(现藏台北故宫博物院)

《啜茶帖》又称《致道源帖》(见图3-1),钤有“仪周鉴赏”“御题图书府”等监藏印。此帖初归卞永誉,编入《苏氏一门十一帖》册内,后归清内府,现藏台北故宫博物院。全帖内容如下:

道源无事,只今可能枉顾啜茶否?有少事,须至面白,孟坚必已好安也。

轼上。恕草草。

该帖以行书写就,共4列,32字,是一封邀友品茶的信札。宋代茶风甚炽,文人间商议事务也多借品茶为契机,苏轼此帖正是反映了这一时代风尚。从书法成就来说,此帖布局错落有致,墨色浓淡相宜,书韵丰秀,意态天成,颇合苏轼“我书意造本无法,点画信手烦推求”(《石苍舒醉墨堂》)的艺术理念。

《一夜帖》与《新岁展庆帖》皆为苏轼致其好友陈慥(字季常)的信札,两帖内容如下:

一夜寻黄居寀龙,不获。方悟半月前是曹光州借去摹拓,更须一两月方取得。恐王君疑是翻悔,且告子细说与,才取得即纳去也。却寄团茶一饼与之,旌其好事也。轼白季常。廿三日。(《一夜帖》)

① 徐邦达著,故宫博物院编:《古书画伪讹考辨》壹,故宫出版社2015年版,第270页。

轼启：新岁未获展庆，祝颂无穷，稍晴，起居何如？数日起造必有涯，何日果可入城？昨日得公择书，过上元乃行，计月末间到此，公亦于此时来，如何？窃计上元起造，尚未毕工。轼亦自不出，无缘奉陪夜游也。沙枋画笼，旦夕附陈隆船去次，今先附扶劣膏去。此中有一铸铜匠，所借所收建州木茶臼子并椎，试令依朴造看，兼适有闽中人便。或令看过，因往彼买一副也。乞暂付去人专爱护，便纳上。余寒，更乞保重。冗中，恕不谨，轼再拜季常先生文阁下。正月二日。（《新岁展庆帖》）

《一夜帖》主要描述的是王君向苏轼索纳黄居寀（五代至北宋画家，擅画禽鸟等动物主题）画作，苏轼彻夜寻找而不得，才想起已经转借给曹光州，为了安抚王君，苏轼寄送团茶一饼并请季常从中说合。在北宋，上品团茶非常珍贵，以茶寄赠他人，既显礼厚情真，又可彰文人风雅，苏轼多有以茶赠答之举，此帖可见一斑。该帖前五列布局紧凑，最后“季常”二字又较前字大了一倍，极尽挥洒之态，让整幅作品看起来圆媚流俊，神采动人。这幅书法佳作在《式古堂书画汇考·书考》卷一、《平生壮观》卷二、《大观录》卷五、《装余偶记》卷六、《墨缘汇观·法书》卷上、《石渠宝笈续编》《三希堂法帖》等书中皆有著录。①

《新岁展庆帖》（见图 3－2）则讲述了苏轼欲借茶臼仿制一事，表明了苏轼对茶具的痴迷以及对其形制的谨严要求。该帖字数较多，却全然不见拘谨黏滞之态，而是笔笔自然流畅，字字秀丽潇洒，完全当得起前人“繁星丽天，照映千古”（岳珂评语）的盛誉。

元祐二年（1087），苏轼结束了多年的游宦生涯，成为翰林学士。馆阁之臣清贵而风雅，此时春风得意的苏轼收到了一份极其应景的礼物——叶似云腴、碾如飞雪的双井茶。双井茶如“建溪龙团”一样，是宋人推崇的名茶之一，欧阳修曾盛赞该茶“长安富贵五侯家，一啜犹须三月夸”（《双井茶》），而将这种名茶置于苏学士案上的正是来自产茶之地（洪州分宁）的黄庭坚。

黄庭坚一生爱茶，观其诗文，煎茶、饮茶、赠茶酬答之作比比皆是，文心茶韵流泻于笔端，成就了不少书法佳作。黄庭坚早年学书取法于颜真卿、杨凝式，后又得苏轼指点，晚期外放黔中，见荡桨拨棹后顿悟笔法，风格渐趋成

① 徐邦达编著：《古书画过眼要录（晋、隋、唐、五代、宋书法）》，湖南美术出版社 1987 年版，第 233—234 页。

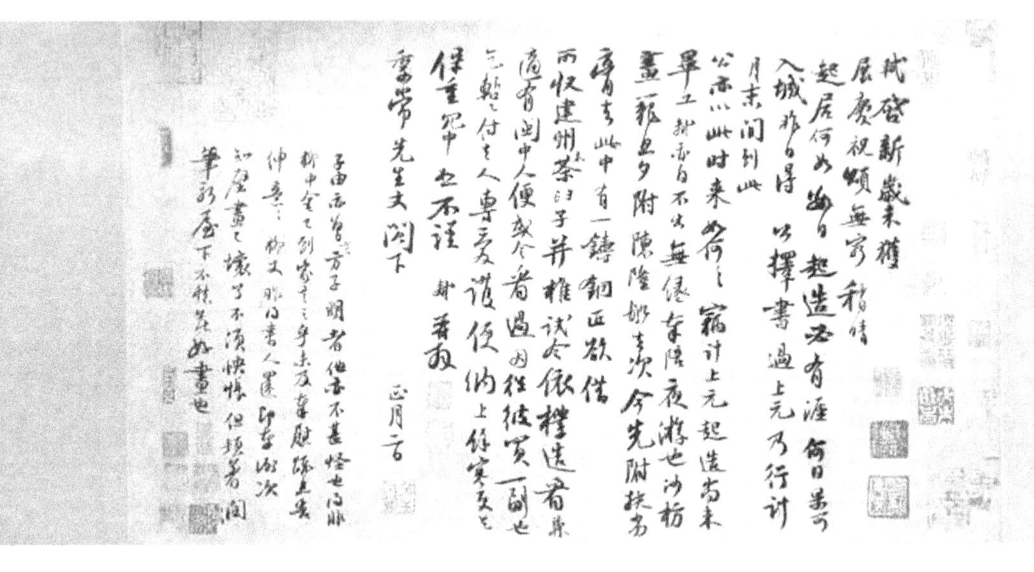

图3－2　宋·苏轼《新岁展庆帖》(现藏故宫博物院)

熟。其《煮茗帖》约于元符二年(1099)作于戎州(四川宜宾),是其晚期作品。该帖为行楷,明《清鉴堂帖》有著录,书写的内容部分节录于其《煎茶赋》,①该帖共五行五十五字:

> 余尝为嗣直舍弟煮茗,录其涤烦破睡之功云,建溪如割,双井如挞,日铸如绝刀。其余苦则辛螫,甘则底滞,呕酸寒胃,令人失睡,盖亦未足与议。

该帖描述了黄庭坚为其弟煮茶的情状,点出了茶消愁提神的功效,并列举他认为效果较好的建溪茶、双井茶及日铸茶。从书法艺术上看,该帖字势开张,如长枪大戟,奇峭挺拔之间又见波折,有宕逸多姿之态。

黄庭坚幼年丧父,后跟随舅父李常(字公择)游学于淮南。其舅父李常为建昌(江西永修)人,官至户部尚书,他学识广博、人品高洁,黄庭坚曾评价他"内行冰清玉洁,视金珠如粪土,未始凝滞于一物"(《跋李公择书》)。甥舅两人感情极深,多有诗词唱和之作,《奉同公择尚书咏茶碾煎啜三首》便是其中典范,三诗内容如下:

---

① 曾枣庄、刘琳主编:《全宋文》第104册,上海辞书出版社、安徽教育出版社2006年版,第239页。《煮茗帖》与《煎茶赋》部分文字有出入,如帖中为"煮茗",赋中为"瀹茗",且帖中"建溪如割"句前少赋中"为之甲乙"句。

要及新香碾一杯，不应传宝到云来。
碎身粉骨方余味，莫厌声喧万壑雷。

风炉小鼎不须催，鱼眼常随蟹眼来。
深注寒泉收第二，亦防枵腹爆干雷。

乳粥琼糜泛满杯，色香味触映根来。
睡魔有耳不及掩，直拂绳床过疾雷。

三首诗分别描述了碾茶、煎茶、啜茶的过程，先将新茶碾成茶末，而后以风炉小鼎煎煮，取其时迅，以寒泉深注，佳水催佳茗，最后点茶品饮，茶沫如"乳粥琼糜"，色香味触俱全，如疾雷一般驱退睡魔。每首诗以"雷"字作结，一反常人写茶诗的闲适温雅，从内容到书法皆潇洒痛快，字势筋骨挺立，豪健之中又藏点画圆融之意，是其晚期的行书佳作。

"宋四家"中还有一位特立独行的人物——米芾。他性格狂放不羁，好穿唐人冠服，见怪石称兄，人称"米癫"，一生从仕数困，寄情于山水书画之中。书画之余，茶香做伴，米芾曾于病中，以茶代酒，与友人置膳清话。他的《苕溪诗帖》中便有部分诗作反映了这一内容：

半岁依修竹，三时看好花。懒倾惠泉酒，点尽壑源茶。
主席多同好，群峰伴不哗。朝来还蠹简，便起故巢嗟。

全帖为纸本，以行书写就，后有其子米友仁等人的跋文。该帖运笔潇洒，结构舒畅，秀润劲利，是米芾中年书法的代表作，《珊瑚网书跋》卷六、《吴氏书画记》卷三、《式古堂书画汇考·书考》卷一一、《三希堂法帖》等书中皆有著录。①

《道林诗帖》是米芾反映茶事内容的又一书法佳作。该帖亦为行书纸本，②主要内容如下：

道林
楼阁鸣明丹垩，杉松振老髯。僧迎方拥帚，茶细旋探檐。

该帖以文字描绘了一幅明丽生动的画卷：在杉松交秀的林中，寺院楼阁红白相映，僧人拥帚迎客，为烹佳茗，向屋檐高处探取珍藏的精细香茶。袅袅茶香为方外僧人平添了几分生动的人间烟火气息，"探檐"取茶更是符合

① 徐邦达编著：《古书画过眼要录晋、隋、唐、五代、宋书法》，第313页。
② 同上书，第337页。

宋代贮茶的现实状况，蔡襄就曾在其《茶录》中介绍要将茶叶密封好放入笼中再藏于高处，以免受湿气侵扰。该帖字势翩然若飞，超逸入神，劲健之中又显灵动，笔挽万钧却不失潇洒，正如苏轼所言“风樯阵马，沉着痛快，当与钟王并行，非但不愧而已”（《清河书画舫》引苏轼《雪堂书评》）。

明代茶风尤炽，茶人书家辈出，文徵明便是其中翘楚。茶之性和清敬寂，文徵明待人温和，立身清廉，事兄甚恭且内行淳固，平生无二色，与其妻吴夫人相偕白首，其人品之高洁、德行之精严与茶之精神甚为相契。字如其人，文徵明主盟“吴门书派”三十余年，书法高妙，为当世一绝。

提到茶事书法佳作，其《玉泉诗册页》（见图3－3）便是一例。此作出自文徵明81岁高龄时创作的《拙政园图》册页，凡10行，共85字，内容如下：

曾勺香山水，泠然玉一泓。
宁知瑶汉隔，别有玉泉清。
修绠和云汲，沙瓶带月烹。
何须陆鸿渐，一啜自分明。

京师香山有玉泉，君尝勺而甘之，因号玉泉山人。及得泉于园之巽隅，甘洌宜茗，不减玉泉，遂以为名，示不忘也。　　徵明

图3－3　明·文徵明《玉泉诗册页》（现藏美国大都会博物馆）

该册页描写烹茶之水——玉泉。文徵明曾尝京城香山玉泉,对其甘甜赞誉有加,自号“玉泉山人”。回到家乡之后,见友人拙政园东南角的泉水甘洌有助茶香,因此也以玉泉为名,表明不忘之意。该册页以行书写就,结字中正,不见大起大落的欹斜之态,然而却并不呆板凝滞,而是内有筋骨之立,外含秀逸之姿,寓刚健于和正之中,添婀娜于端庄之内,同时,他还以画笔入字,以取枝蔓萦带交叠之态,如册页中“瑶”“汉”二字,“瑶”字末笔与“汉”字首笔淡墨勾连,如风拂琼花,引花枝交映,极富灵动之意。整幅作品格高而意远,内蕴既深而心手相忘,以臻出神入化之境。

文徵明为人淳雅和正且学识渊博,其言传身教福泽子孙,后裔文彭、文嘉、文震孟、文震亨等在艺文史上都各自光芒闪耀。其子文嘉亦有行书茶诗等作品传世,不堕乃父声名。文嘉《行书七绝诗轴》(见图 3－4)为立轴纸本,凡 4 行,共 92 字,其中涉及茶事的内容为:

> 太湖石畔种芭蕉,色映轩窗碧雾摇。
> 瘦骨主人清似水,煮茶香透竹间桥。

该作品诗句意境清远,前两句取芭蕉碧雾青绿之色,以映煮茶之人清雅脱俗之意,暗合茶叶之色青与茶品之格清,以“香透竹间桥”的夸张说法来盛赞茶香之馥郁芳浓,余韵悠长;书法则清丽俊逸,与其父文徵明的《玉泉诗册页》字势的平正端庄不同,文嘉用笔更加灵动,字形一如诗中描述的“瘦骨主人”,偏于细长,取其父之温纯秀丽之外,又发挥了自身简净劲爽之态,自成一格。

时光犹如烹茶之山水,飞流直下,明月已逝,清风又至,茶香却毫无减淡。画墨兰数枝,啜苦

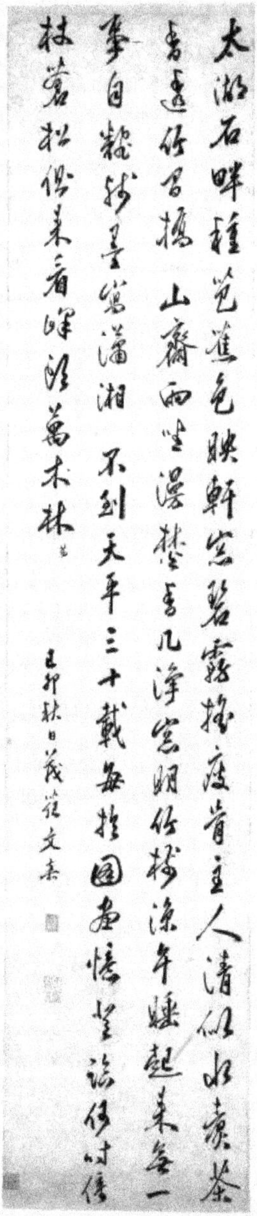

图 3－4　明·文嘉《行书七绝诗轴》(现藏故宫博物院)

茗一杯对大半生奔波生计、十余载沉沦下僚的郑板桥来说已是难得的赏心悦事。郑板桥为清代“扬州八怪”之一。他幼年丧母，中年丧妻，晚年丧子，尘世之悲辛困苦，无不尝尽，但他官位虽小却心怀万民，命途多舛仍笔耕不辍，首创了篆隶行楷相结合的“六分半书”，在书法史上光芒独具。

如果说郑板桥的一生犹如其所画墨竹一般沉重深浓，那么其书法作品《扬州杂记》则记录了他生命中难得的一抹旖旎亮色。《扬州杂记》为书法长卷，现藏于上海博物馆。该作品多涉茶事，开篇由板桥偶遇一捧茶瓯老妪为起始，引出老妪第五女饶氏，而后板桥赠饶氏《西江月》词以订鸳盟，节录相关内容如下：

> 微雨晓风初歇，纱窗旭日才温，绣帏香梦半朦腾，窗外鹦哥未醒。
> 蟹眼茶声静悄，虾须帘影轻明。梅花老去杏花匀，夜夜胭脂怯冷。

上文中的“蟹眼茶声”句描述了煮水烹茶之事，一则烘托了女子生活环境的宁谧安闲，二则暗合中国婚姻风俗中的“茶礼”，在清代，男女结亲需行“下茶”之礼，新婚夫妇亦要向父母高堂行敬茶之礼，以该词探问嫁娶之事、缔结婚姻之约可谓恰如其分。该作品是郑板桥“六分半书”代表作，卷首隶韵甚浓，卷中又多取行楷之意，卷末又添隶意与卷首呼应，既有隶书的敦厚方正，又有行楷的飘逸潇洒，整幅作品墨色浓淡相间，字形大小各异，如乱石铺街，别有一番生动活泼的意趣，同时，又以画笔入字，如该词二句“纱”字最后一撇笔画甚长，如兰花花叶，随风飘动。板桥此书多体杂糅并用，带有鲜明的个人特色，是茶事书法作品中别具一格的佳作。

清末民初，社会动荡，战乱不息，一杯清茶往往可以缓解些许心灵的伤痛。出身寒微的吴昌硕在初次迁居上海之年曾作楷书《守破砚吃粗茶十二言联》赠金心兰，全文为“守破砚残书着意搜求医俗法，吃粗茶淡饭养家难得送穷方”，虽为赠人，亦未尝不是艰难世道下的自嘲自勉。该联书法骨力劲健，虽为楷书，却字态敦厚，带几分篆隶的韵味，这种特点显然与吴昌硕醉心石鼓文等碑石用笔相关，整体风格古拙质朴，但拙不掩秀，朴不掩腴，意态天成。而后，烽火硝烟终于被抛进历史，华夏大地万物回春。赵朴初、启功两位书画大家将禅道茶风一脉相承，赵朴初所书诗句“同证茶禅一味”[①]文辞气度开阔，书法宝相庄严，启功所书联语“若能杯水如名淡，应信村茶比酒香”[②]格

---

① 赵朴初：《赵朴初墨迹选》，江西美术出版社 2008 年版，第 93 页。

② 启功：《启功联语墨迹》，北京师范大学出版社 2007 年版，第 38—39 页。

调淡泊高远，笔意清雅秀逸，皆是当代难得的墨宝。

二、茶与绘画

东方人说“空持百千偈，不如吃茶去”（赵朴初《吃茶》诗），西方人说“当时钟敲响四下，世上的一切为茶而停”（英国民谣），茶突破了时间的重围，跨越了空间的限制，冲破了种族的隔离，以最醇香的气味和最清醒的姿态融入了世人的生活。而生活向来是绘画创作不竭的源泉，古往今来，无数画家以茶入画，从采茶、制茶、贩茶的愉悦与艰辛到烹茶、斗茶、品茶的精细与风雅，从文人雅士、王侯贵胄、淑女名媛的茶会茶宴到贩夫走卒、平常人家的茶饮茶聚，从金茶盏银提壶到粗陶碗细瓷杯，茶有千面，画及万象。茶画如烟海，难以尽述，我们在此暂且将茶画以中外之分举例说明，撷芳枝数十朵以展画苑风华万千。

若按照内容归纳，中国茶画中比较有代表性的大体有以下几种：

（1）记录文人雅士烹茶品茗、举行茶会等茶事休闲活动的茶画。描绘文人饮茶游艺的绘画向来是中国茶画的一个重要主题，其中佳作迭出。明代“吴门四家”之一唐寅就曾作《事茗图》以描绘品茗会友一事（见图3-5）。唐寅画艺先后从学于沈周、周臣，博采北宋山水画派、南宋院体、元代文人山水画等诸家之长，中年陷于科场舞弊案后，仕途无望，他天资聪颖，取法名家而又笔耕不辍，几者叠加，使其画作愈发笔力精纯，自成一格。《事茗图》是他以茶事为主题的山水人物画代表作。画中松下茅屋之中主人伏案品茗读书，案上茶具井然而列，其左茅屋之中的童子煎茶正浓，而画面右侧的文士正策杖缓行于曲桥之上，身后童子抱琴相随。纵观全画，层次感极强，最近处的山石描摹细致，山石画法取法宋代郭熙的卷云皴，石头纹路圆

图3-5　明·唐寅《事茗图》（现藏故宫博物院）

笔多曲，卷曲如云，中段松树亦形象分明，画法亦是取法李成、郭熙，松枝向下开张，有如蟹爪，而远处山水则墨色氤氲，这种带有透视意味的画法，使得画面极具空间感。卷尾作者自题诗“日长何所事，茗碗自赍持。料得南窗下，清风满鬓丝”，诗境与画意相合，整幅作品既有山静日长、品茗访友的闲适秀润，亦有仕途险阻、年岁相催的劲健风骨。

“吴门四家”中另一位举足轻重的人物文徵明亦有诸如《茶具十咏图》《惠山茶会图》等众多的茶事画卷。其中《惠山茶会图》(见第一章图1-2)作为文徵明青绿山水的代表作，设色用笔尤为出众，被清人顾文彬盛赞“被服古雅，景色研丽，酷似松雪翁手笔，当为吾楼文卷第一”①。该图描绘了正德十三年(1518)春日，文徵明与好友蔡羽、王守、王宠、潘和甫、汤珍等人在无锡惠山游览，于二泉亭下煮泉品茗，悠游于山林之间诗词唱和的赏心乐事。图中两位文士在半山苍松碧荫下倚石对谈，一位侍童手执军持(装水器)沿石径而下，却又回望二人，似聆讯候命，亭中二文士靠井阑而坐，亭外二位童子则在茶桌茶炉旁候水烹茗。该图以中锋刻画山石、树木，以侧锋为辅，颇有几分行书意味；在设色上，虽取法于赵孟頫青绿山水，但赵孟頫用色浓重，画作显藻丽浑厚之态，而文徵明则以水墨为骨，薄施青绿，其石以石绿晕染，色泽浓淡得宜，石纹凹陷及树干枝丫处多运赭石、藤黄等色间染，各种颜色自然调和，呈现出一种温润清雅、秀丽其外而筋骨其中的独特魅力。

中国传统文人不论观书作画还是听琴赏花，总少不了茶香相伴。清代画家禹之鼎的《王原祁艺菊图》(见图3-6)描绘的正是文人日常游艺休闲

图3-6　清・禹之鼎《王原祁艺菊图》(现藏故宫博物院)

---

① 顾文彬、孔广陶：《过云楼书画记・岳雪楼书画录》，上海古籍出版社2011年版，第134页。

的品茗场景。禹之鼎以肖像画见长,他综学多师,人物面部刻画吸收"波臣派"注重立体光影的特点,衣纹线条则承袭李公麟、吴道子的画法,人物背景山水构造又带有蓝瑛的意韵,将宋元人物画的"写意"与明清人物画的"写真"相融合,使得其人物画意境与细节兼备。《王原祁艺菊图》中主人公王原祁坐于榻几之上,手端茶杯,正品茗赏菊,人物面部以细笔勾勒,以淡墨和赭石融合皴染,体现出光影明暗凹凸之感,同时衣纹则用吴生兰叶法,显得飘逸灵动,整幅画作呈现出一种静谧闲适、娟媚古雅的风貌,菊花的清丽与佳茗的芬芳透纸欲出。除此之外,仇英的《玉洞仙源图》、陈洪绶的《停琴品茗图》、丁皋的《靳介人画像》、吴昌硕的《烹茶图》、傅抱石的《蕉荫烹茶图》等画作都是本类佳品,不再一一赘述。

(2)描述宫廷品茶活动的绘画。中晚唐盛行煎茶之法,《宫乐图》(见第二章图2-2)便展现了晚唐宫廷仕女的休闲饮茶生活。图中十位宫廷仕女围长桌而坐,皆衣齐胸襦裙,轻挽披帛,色以红白青绿为主,华贵藻媚,二位侍女立于十人身后,服圆领袍,飒爽简丽,她们或弹琴吹笙,或团扇轻摇,或琵琶横抱,或举盏品饮,虽画面中不见茶炉等煎茶器具,许是在别处煎好茶汤再送上来,但桌上正中放置的巨大茶海,以及仕女手中的长柄茶勺显然印证着这种煎茶风俗。唐代绘画"法度之美"与"天才之美"如日月高悬,并驾而齐驱,《宫乐图》描摹细致端严,从人物情态到衣饰器物无不纤毫毕现,然而写实之中却又着力于意境之营造,经丹青妙笔点化,雍容端丽、宁静自持的表象之下是光彩流动的意远神飞。

到了宋代,名茶辈出,饮茶之法又有新变,下至贩夫走卒,上至天子帝王,无不为茶迷狂。宋徽宗是一位极其嗜茶的君主,曾作《大观茶论》二十目,详细讨论茶的采制、烹点、藏焙等一系列问题。他不仅在茶事理论上卓有建树,而且在茶之烹调实践上也技巧高明,蔡京的《保和殿曲宴记》就曾记载宋徽宗亲自为群臣点茶,他"御手注汤,擘出乳花盈面",而《文会图》(见第一章图1-1)所描绘的就是这类在宫廷之中举行茶宴的画面。图中以修竹磐石、绿柳青枫营造出了环境的秀丽清雅,在这种美景之中,群臣有的坐于珍馐琳琅、佳茗列布的宴桌旁,或私语交谈,或执盏品茶;有的立于绿竹之下,谈笑风生;画面前端桌上茶具井然而列,五名侍者中一人正将点好的茶汤以长勺分盛到茶盏之中,一人从旁协助,一人坐石饮茶,另二人则温酒以备,画中人物、树木、器具等多以双勾法绘制,先以细线勾勒,再渲染着色,描摹工整、色彩华丽,同时人物情态生动自然、景物及器具的选取风雅高致,与宋徽宗庄正华贵而又清新神逸的艺术风格十分契合。同时,该图右上角有宋徽宗题诗:“儒林华国古今同,吟咏飞毫醒醉中。多士作新知入彀,画图犹喜见文雄。”左上角有蔡京和诗:“明时不与有唐同,八表人归大道中。可笑当年十八士,经纶谁是出群雄?”这种君臣诗歌唱和,体现了当时高度的文化自信,然而徽宗治国昏乱、纵情文艺,丢了大片国土,得了纸上江山,究竟幸与不幸、值与不值,只能任后世评说了。

清朝统治者入关之后,虽然采取了“剃发易服”等措施,但依然难以撼动底蕴深厚的汉文化,反而在海内承平之后,其上层统治阶级对汉文化的某些方面表现出一种近乎痴迷的推崇。在《胤禛行乐图册 · 围炉观书》(见图3-7)及《雍亲王题书堂深居图屏 · 桐荫品茶》(见图3-8)这两幅清代宫廷画中,帝王和仕女均穿着汉族服饰观书品茶,他们这种清雅蕴藉的审美趣味洗去了少数民族金戈铁马的粗犷,而与汉文化中文人雅士、才女淑媛的传统格调不谋而合。前图中胤禛(后为雍正皇帝)围炉观书,身旁多宝格上书册古董琳琅满目,身后纱橱之中梅花幽香暗吐,画面最前端矮几之上的两只胭脂红釉茶盏引人注目,这种瓷器在雍正年间艺术成就最高,它是用吹釉之法在素白胎壁上施一层匀净红釉,工艺难度极大,成品内白可显茶色,外壁胭红又可与茶汤相互映衬,娟丽雅致,艳而不俗,与茶格相合。后图中仕女身着的淡黄立领袄和绛紫披风(由宋代的褙子演化而来,明代称披风)带有典型的明代风格,其手中的茶盏红中有白,颇似康熙晚期烧制的豇豆红釉中色调稍浅的“桃花片”,女子身后的月洞门、书架及远处的朱红曲栏层层递进,

图3-7 清 · 宫廷画师《胤禛行乐图册 · 围炉观书》(现藏故宫博物院)

图3-8 清 · 宫廷画师《雍亲王题书堂深居图屏 · 桐荫品茶》(现藏故宫博物院)

使得画面呈现出一种纵深感。这两幅涉及茶事的清代绘画皆为工笔重彩，带有典型的宫廷风格，且吸取了西洋绘画技法，注重透视技巧的运用，使得画面具有极强的层次感，更加生动逼真。

(3)描绘历史故事或历史上著名茶人的绘画。描绘历史故事的茶画，《萧翼赚兰亭图》(见图3－9)无疑是代表作。关于该图所记录的故事，一般有两种说法：一是认为该图描绘的是唐代何延之《兰亭记》中所叙之事，即唐太宗喜好书法，对王羲之的真迹购募备尽，却没有得到《兰亭集序》帖，他得知该帖真迹由王氏后人智永和尚传给了他的弟子辩才，但辩才托说遗失不愿交出真迹，太宗便派萧翼乔装打扮使计从辩才和尚处骗来了该帖；另一种说法则是据北宋董逌《广川画跋》而来，相传陆羽的师父智积和尚虽然嗜茶，但除了陆羽煮的茶外，其余的都不合口味，代宗曾让善茶之人煮茶给智积喝，他浅尝一口就作罢，代宗又悄悄将陆羽招来煮茶，智积则一饮而尽，并说该茶像陆羽所烹，董逌据此推测此图应为《陆羽点茶图》。另外，关于该图的作者为谁亦有争论，学界主要存唐代阎立本、吴优，五代的顾德谦及元代的钱选等几种说法。但不论该图所述故事及作者，其描摹茶事是确认无疑的。画中老僧与客对坐，身后二位侍者正专心备茶，身旁矮几上茶具列布，风炉上烹茶正酣，整幅画线条流利、用色淡雅，呈现出一种清华古朴之美。该图现存宋人摹本共计有三，分别藏于故宫博物院、辽宁省博物馆及台北故宫博物院，其中故宫博物院藏本将煎茶处隐去，后两本则较为全面，煎茶之事描摹尤为细致。

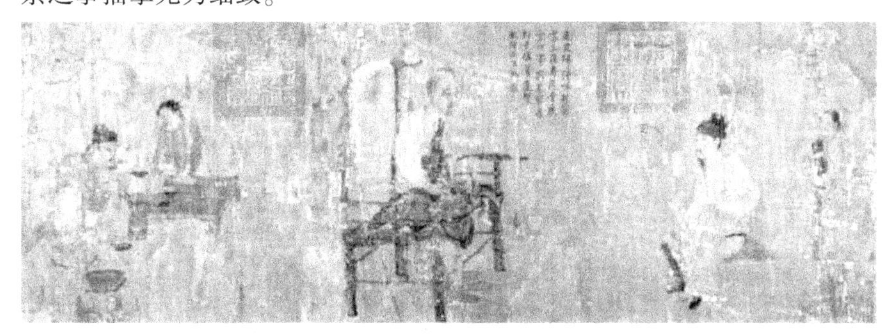

图3－9　唐·阎立本《萧翼赚兰亭图》(现藏辽宁省博物馆)

历史上茶人辈出，除去“茶圣”陆羽之外，“茶仙”卢仝也广为人知，他是唐代著名隐士、诗人，自号玉川子，其诗作《走笔谢孟谏议寄新茶》中有“一碗喉吻润”等佳句，在茶诗中风骚独领，千百年来吟咏不休。描绘卢仝煎茶题材的画作为数众多，现选取明代丁云鹏的《玉川煮茶图》(见图3－10)及

图 3－10　明·丁云鹏《玉川煮茶图》(现藏故宫博物院)

清代金农的《玉川先生煎茶图》(见图 3－11)为例概说。在丁云鹏的《玉川煮茶图》中,卢仝坐于盘曲多孔的太湖石旁边,手持羽扇,神色怡然地注视着煮茶的风炉,身旁红衣赤足老婢捧盘进献,前方一长须奴仆提壶而来,画中描摹精细,衣饰纹路兼用高古游丝描、铁线描等技法,同时色彩丰富,蕉叶肥绿,蕉花红媚,老婢亦着朱衣,桌石薄敷青绿,湖石又用黑灰本色,这种工笔重彩的院体画法与丁云鹏供奉内廷十余年的经历不无相关,然而画家又突破了院体画规矩谨严之囿,其人物形象头大而身小,湖石亦呈现出一种扭曲怪异之态,使画作有了一种奇拙的趣味。与丁云鹏《玉川煮茶图》的工笔重彩不同,金农的《玉川先生煎茶图》则别有一番简约稚拙的美感。金农画中的卢仝依然是坐于蕉叶之下,他侧身注视茶炉,其旁一位光脚老婢池边汲

图 3 – 11　清・金农《玉川先生煎茶图》(现藏台北故宫博物院)

水，画面整体设色淡雅，而卢仝之鞋与池边围栏则施以红色，陡添灵动；画中人物面部轮廓较大且半侧向前，有一种变形怪异之感，但人物神态却刻画得极为细致精妙，栩栩如生，使得“怪”而不失“真”。金农之画作，既有仿若童子作画的一派天真之态，又有其常年锐意金石、笔耕不辍的厚重积力，将稚拙与奇奥和谐地统一起来。

除以上列举的几类外，还有描绘民间斗茶、卖茶等茶事活动的绘画，如刘松年的《斗茶图》《茗园赌市图》、赵孟頫的《斗茶图》；描绘茶具静物的绘画，如审安老人的《茶具图赞》、李鱓的《壶梅图》、薛怀的《山窗清供图》；等等。中国茶画虽有千种万类，但其“尚意主情”的精神内核始终贯穿其中。

茶，融入生活而又直达灵魂，这种玄妙的属性使得它成为中外绘画的一个永恒素材。在中国文化中，茶本身就成为一种意象，带着或清雅、或闲适、或虚静、或淡泊、或空寂、或质朴的风貌与气质。中国茶画便是中国画家对茶这一独特意象的艺术表达，它注重意境的渲染、情感的刻画，给人广阔的想象空间，让欣赏者可以在他人的画作中读出自己的人生。日本等国家，对我国茶画既有继承又有革新，展现出其独特的民族风貌。然而西方茶画则与中国茶画有着较大区别，它们大多重视人物场景的写实与还原，纵使是印象派的画作，茶事本身的情状也不会被忽略，如中国文化中茶所具有的先天意蕴在此被悬置，茶的意义被不断变换的外部景象重新赋予。

拓展训练

一、思考论述

1. 不同时代茶诗的特点有何不同?
2. 不同艺术类型对茶文化的流布有何作用?
3. 茶与人类精神文化生活的联系表现在什么地方?

二、学术选题

1. 本章提到了茶意象的层累问题。请尝试对不同时代的茶意象做梳理,并分析这些意象在后代的继承及其文化变异。

2. 除了茶外,酒也是古代诗歌中反复书写的对象。请研究酒诗和茶诗的风格异同。

三、实践训练

根据自身的才艺掌握情况,结合你对中华茶文化的理解,试作茶诗、茶歌、茶曲、茶画、茶散文等。

四、拓展阅读

钱时霖、姚国坤、高菊儿编:《历代茶诗集成·唐代卷》,上海文化出版社 2016 年版。

钱时霖、姚国坤、高菊儿编:《历代茶诗集成·宋金卷》,上海文化出版社 2016 年版。

于欣力、傅泊寒编著:《中国茶诗研究》,云南大学出版社 2008 年版。

裘纪平:《中国茶画》,浙江摄影出版社 2014 年版。

裘纪平:《中国茶联》,浙江摄影出版社 2016 年版。

第四章　茶风茶俗

茶俗是指一些地区性、民族性的用茶风俗，诸如婚丧嫁娶中的用茶风俗、待客用茶风俗、饮茶习俗。[①] 众多的民族、悠久的历史、广袤的地域孕育了中华茶文化丰富多彩的茶俗，而茶俗也成为民众习得、传承和积累文化的一种重要形式。这些习俗围绕茶而形成，在特定民族、时代和地域不断生成、传播和变化，直至今日仍在社会生活中广泛存在，并呈现出集体性、传承性、扩布性、稳定性和规范性等特征。[②] 本章将从饮食茶俗、岁时茶俗、礼仪茶俗和信仰茶俗四个方面来探讨中国茶俗的形式与内容。

第一节　饮食茶俗

茶生产制作后，最终被购买和消费，成为人们饮食的一部分。久而久之，围绕着茶形成了独特的生活习俗。这些生活习俗在相近地理区域的不同民族之间呈现扩布性，也在历史的进程中，随着人口迁移和文化传播，结合人们新居地区的特有条件而发生演变。[③]

随着茶叶被当作饮料而被广泛接受，不同地域的民众以传统的生活习惯为基础，根据本地出产的或者相对稳定的货源地茶叶，形成地方性的食茶和饮茶习俗。比如三北地区（东北、华北、西北）是花茶的主要消费地，甘肃有刮碗子茶（三炮台），内蒙古有奶茶等；华东是绿茶的主要产区和消费地，杭嘉湖一带有青豆茶、元宝茶等；西南有侗族、瑶族的打油茶，白族的三道茶，藏族的酥油茶等；华中有湖南的擂茶，土家族的油茶汤等；华南有潮汕工

① 丁以寿主编：《中华茶艺》，安徽教育出版社 2008 年版，第 12 页。

② 钟敬文主编：《民俗学概论》，高等教育出版社 2010 年版，第 21—22 页。

③ 同上书，第 12—16 页。

夫茶等。

按照利用方式,饮食茶俗大致可以分为:直接食用茶叶的食茶习俗,冲泡以前需要将茶焙烤处理的烤茶习俗,介于饮茶和食茶之间的擂茶与打油茶食用习俗,以冲泡为主的泡茶习俗,以及以熬煮茶叶为主的煮茶习俗。

一、食茶习俗

饮茶是当今世界的主流茶叶利用方法,但是自古以来就有一些民族食用茶叶。中国云南南部、老挝西北部、泰国北部和缅甸有多种食用的茶叶食品。主要分布在中国云南的布朗族有酸茶,景颇族有腌茶,基诺族有凉拌茶。一些研究者在考察东南亚北部与中国云南的食用茶之后,认定这是古老饮茶习俗的遗存。

每年五六月份制作酸茶时,布朗族人要先取鲜叶蒸熟,放在阴凉处晾干水分,装入竹筒中压紧封好,埋入土中发酵,几个月后即可食用。酸茶也可以储存几年,需要时挖出竹筒,取出茶叶,拌上辣椒,撒上盐巴拌匀,即可嚼食。酸茶酸涩、清香,清凉回甘,有助消化和解渴的效果。布朗族人不仅自己食用酸茶,也用其招待贵客,甚至作礼物馈赠。

主要聚居在云南省西双版纳傣族自治州景洪市基诺山的基诺族,保留着用鲜嫩茶叶制作的凉拌茶当菜食用的习俗。将刚采收来的鲜嫩茶叶揉软搓细,放在大碗中加上清泉水,随即投入黄果叶、酸笋、白生、大蒜、辣椒、盐巴等配料拌匀,便成为基诺族喜爱的凉拌茶(见图4-1)。

除上述两个民族,同样生活在云南的傣族、哈尼族等少数民族也会制作用以食用的竹筒茶。人们将茶叶采摘下来以后,用蒸制和日晒的方法使鲜叶软化,然后揉搓茶叶,装入约30厘米长、一端有节、如碗口粗的竹筒中,装入时用木棒舂实。之后将竹筒以竹叶等材料堵好,倒置在地,待渗出的汁水流干。大约两天以后,竹筒不再流出汁液,用泥灰封起,发酵两三个月。当茶叶彻底黄变以后,就将竹筒劈开,取出茶叶晾干,装到瓦罐里,用香油浸没,成为家中招待客人的菜蔬。[①]

二、烤茶习俗

烤茶是主要流行于云南及其周边地区的传统饮茶方式,经过学者多年的田野调查发现,生活在云南的藏族、纳西族、傣族、布朗族、德昂族、壮族、

---

① 陈文华:《长江流域茶文化》,湖北教育出版社2003年版,第318页。

图 4－1　基诺族凉拌茶(姚国坤摄)

瑶族、回族、彝族等都有不同程度的饮用烤茶的习惯。这个习惯不仅在云南省内十分常见,还传播到了邻近的四川、贵州等省份,甚至远播邻国,如缅甸和越南的一些地区。[1] 在基本相同的饮茶方式下,烤茶也被不同的民族冠以不同的称谓,如炕茶、罐罐茶、响雷茶等。

生活在不同地区的彝族人大多保持着饮用烤茶的习惯,云南楚雄彝族自治州的彝族喝烤罐茶[2],贵州威宁地区的彝族喝乌撒烤茶(又称罐罐茶)[3]。这些名称各异的烤茶,大多保持着同样的制作步骤:先将土制的小罐放到火上烤热,然后投进一些本地产的绿茶,再将土罐放到火塘边或炭炉上焙烤,边烤边抖,直到茶叶烤香烤黄,再冲入开水,熬煮片刻就可以饮用。

---

① 张海超、徐敏:《云南少数民族传统烤茶习俗刍议》,《云南社会科学》2016 年第 1 期。

② 王倩倩:《现代生活中的楚雄彝族烤罐茶习俗》,《农业考古》2020 年第 2 期。

③ 周璇、刘义鹏:《〈茶经〉中的贵州茶》,《当代贵州》2019 年第 35 期。

客人前来，主人会奉上土罐、茶杯，供客人自烤、自斟、自饮。[①] 用来烤茶的土罐大多产自当地，一般做成拳头大小，圆形敞口状，顶部有流用于倒出茶汤；壶体外侧装有握把，方便持握。[②]

佤族制作烤茶（也称佤族烧茶）不会使用专门的陶罐、瓦罐，而是在火塘上放上铁板，在铁板上将茶叶烤到焦黄，然后将茶投入一旁同时煮着沸水的瓦壶或者铜壶里，再熬煮几分钟，这个过程叫作烧茶，最后将茶汤倒入茶碗中饮用。通常现烧现饮，茶汤汤色黄亮，滋味醇厚，焦香浓郁。[③]

和彝族、布朗族、佤族等选用制作好的当地绿茶作为烤茶原料不同的是，拉祜族的烤茶、白族的响雷茶虽然过程类似其他烤茶方式，但会直接选用鲜叶焙烤烹制烤茶，被认为是更为古老的烤茶方式。[④]

除了不加任何佐料的清饮法以外，烤茶茶饮还可以再加入其他配料，成为调饮茶。如纳西族饮用的盐巴茶和龙虎斗茶。这两种茶饮都是先将绿毛茶放进热的小瓦罐里面烤香，再将开水冲入其中。在茶汤的基础上，加入盐，就是盐巴茶，这种基于烤茶调制的茶饮，也受到傈僳族、普米族等青睐。如果向熬浓的烤茶茶汤里面加入白酒，就调制成了“阿吉勒烤”，早期是纳西族先民用来治疗感冒的药用茶。[⑤]

白族三道茶，在白语里称为“绍道兆”，2014 年被列入第四批《国家级非物质文化遗产代表性项目名录》，如今已成为白族的文化名片。这种文化内涵非常丰富的特殊茶饮，也是在烤茶的基础上调制的。通常宾客上门之时，主人家中最有威望的长辈会亲自烤茶。茶叶在小罐中烤制，到颜色转黄、散出焦香的时候，加入开水，再分到“牛眼睛盅”（当地的一种小茶杯）里。这一道茶汤滋味浓烈，被称为“苦茶”。喝第二道茶时，主人会重新烤茶添水（也有用剩余的第一道茶汤，重新加水煮沸的），将茶分到小碗或普通杯子里，调入红糖、核桃，这一道茶甜香四溢，是为第二道“甜茶”。第三道茶的茶汤中，会拌入蜂蜜和花椒，滋味复杂且回味无穷，是为“回味茶”。[⑥]

通过茶多酚、水浸出物等指标研究，人们发现，烤茶在制作过程中，茶汤中的呈涩味的茶多酚和呈苦味的咖啡因的含量会有明显下降；相较于单纯

---

① 陈文华：《长江流域茶文化》，第 318 页。

② 王倩倩：《现代生活中的楚雄彝族烤罐茶习俗》，《农业考古》2020 年第 2 期。

③ 吴尚平、龚青山编著：《世界茶俗大观》，山东大学出版社 1992 年版，第 82 页。

④ 陈文华：《长江流域茶文化》，第 319 页。

⑤ 陈宗懋主编：《中国茶经》，上海文化出版社 1992 年版，第 548—549 页。

⑥ 同上书，第 549—550 页。

的泡茶茶汤,烤茶茶汤的滋味总体而言更加醇厚,刺激性小。[①] 这种饮茶方法的流行,是云南各民族先民饮食方式适应当地茶叶特性的结果。

三、擂茶与打油茶

擂茶历史悠久,宋代吴自牧《梦粱录》卷一六《茶肆》载,杭州茶肆“冬月添卖七宝擂茶”。南宋末年福建人陈元靓《事林广记》别集卷七《茶果类》所记较详:“将茶芽汤浸软,同去皮炒熟芝麻擂极细,入川椒末、盐、酥、糖饼,再擂匀细。如干,旋添浸茶汤。如无糖饼,以干面代之。入锅煎熟,随意加生栗子片、松子仁、胡桃或酥油,同擂细,煎熟尤妙。如无草茶,只用末茶亦可。与芝麻同擂尤妙。”[②]

湖南、江西、福建、台湾、广东、广西等很多地区,土家、苗家、客家等很多族群都有擂茶。桃源擂茶又名“三生汤”,用生姜、生米、生茶叶作为主要原料。首先将“三生”用水浸泡后,放在特制的擂钵中,用木槌擂制成糊状,再加入食盐,这样就做成了“脚子”。调制均匀后放在碗里,然后沿着碗边冲沸水饮用。

湖南桃源一带的秦人擂茶制作则更为讲究,所选用的茶叶为当地产大叶茶珍品“野茶王”,而擂槌则是山苍子树制成,长短不一,短不过 50 厘米,长不过 90 厘米。擂钵壁内有细纹,因而能更好地将原料擂碎。而浸泡“三生”的水选用的是武陵溪水,用老壶烧开。喝秦人擂茶一要趁热,二要慢咽。随着时代的发展,又加入了米泡、黄豆、芝麻和花生等。桃源一带不说“喝”擂茶,而说“吃”擂茶。[③] 陈文华在《中国茶文化学》中记载了几种擂茶,最后断言“以桃源的三生汤最为古老,其他几种擂茶都是它的发展”。

江西南部也有擂茶,主要原料是茶叶、芝麻和花生仁,擂烂后倒入锅中加入水煮开,并加入少量食盐。瑞金的擂茶,其原料则有茶叶、黄豆、花生仁、辣椒、食盐、姜末、白芝麻等,擂烂冲入开水,最后还要倒入一汤匙熟茶油。

不仅各地各民族的擂茶大同小异,其他名目的茶也有很多相似之处,比如打油茶(见图 4－2、4－3)。

---

① 杨净云:《烤茶用具、烘烤温度与时间对佤族烤茶品质影响的研究》,《中国农学通报》2012 年第 6 期。

② 陈元靓:《新编纂图增类群书类要事林广记》,中华书局 1963 年影印元刻本,第 115 页。

③ 胡强盛:《湖南桃源的擂茶茶俗》,《湖北第二师范学院学报》2008 年第 4 期。

图 4－2　壮族打油茶（姚国坤摄）

图 4－3　苗族八宝油茶汤（姚国坤摄）

湖北西部来凤县土家族的油茶汤将茶叶、玉米、黄豆、花生米、核桃、米花、豆腐干、粉条等原料，用油炸焦或煎制，并加入少量食盐、大蒜和胡椒。先将茶叶用茶油炸黄，加入清水熬煮至滚沸后片刻。在瓷碗中放入用油炸好的原料和佐料后，再把熬好的油茶汤注入碗中，放上一只调羹，由主人端送给客人品尝。侗族也有打油茶,先把采来的茶叶放在蒸笼里蒸熟,取出晾干,加入少许米汤揉搓后再明火烤干,装入竹篓,挂在火塘上烟熏,干燥保存。喝茶时先把花生米、黄豆、芝麻、玉米、糯粑、蕨巴、笋干等本地的特产(俗称粒粒子)放在油锅里,猛火炒黄炒熟。另外取适量茶叶放清水里煮,沸腾之后加入盐、葱等作料,捞出茶叶,把茶汤注入盛着粒粒子的茶碗里,打油茶就制作好了。

从以上的擂茶和油茶的配方来看,不仅口味相似,饮用的场合包括功能更加相似,可以说是同一种饮料的不同版本。擂茶和打油茶这类茶饮没有什么严格规定,再加上使用多种配料,因此花样品种繁多,这也是民俗学的变异性特征的体现。

四、泡茶习俗

泡茶法自明代中期流行,逐渐成为世界上最主流的饮茶方式。这种最常见的饮茶法,按照饮用方式可以分为调饮泡茶法和清饮泡茶法两种。[①] 其中清饮泡茶法是汉族饮茶习俗的主流方式,在日常生活中也被各地区和民族的人们广为接受。而在中华民族漫长的饮茶历史中,发展出大量独具特色的泡茶习俗,如潮汕地区的工夫茶、太湖地区的熏豆茶、江西修水的什锦茶、西北地区的刮碗子茶、拉祜族的竹筒香茶等。

明田艺蘅在《煮泉小品·宜茶》中提道:“生晒茶,瀹之瓯中,则旗枪舒畅,青翠鲜明,尤为可爱。”这条记载被认为是用杯盏泡茶的最早记录,此后随紫砂壶的兴起,以茶壶泡茶的壶泡法也同步兴起。到清代,在潮汕地区逐渐分化出专门泡饮青茶(乌龙茶)的工夫茶。这种泡茶方式所选用的器具大多“杯小如胡桃,壶小如香橼”,因而品味的时候需要“徐徐咀嚼而体贴之”(《随园食单》)。自20世纪70年代开始,随着中华茶艺的复兴,工夫茶逐渐完善并推广到全国。

江浙地区,尤其是长江三角洲地区的人们,有喝熏豆茶的习俗。这种茶饮的主料并不是茶叶,而是以熏豆为主的“茶里果”。当地人选择寒露前后的毛豆,煮熟后仔细焙烤成熏豆(也称为熏青豆),配以芝麻、紫苏、酸橙皮和胡萝卜干,就构成了必备的茶里果。在此基础上,人们还会根据自身口味,在前述几种原料之外,再添加青橄榄、咸桂花和腌姜片等调味。这样材料丰富的熏豆茶,用热水沏上以后,茶汤清亮,滋味微咸中带有一丝甜味。

---

① 丁以寿主编:《中华茶艺》,安徽教育出版社2008年版,第13页。

江西省修水县的什锦茶和江浙熏豆茶做法类似，但配料差别较大。选用菊花、萝卜、生姜、橘皮用盐腌制干燥，拌入炒香的芝麻、豆子、花生以及花椒等，再放上茶叶一起冲泡。① 茶汤咸鲜可口，较之清饮的茶汤，更加适合当地人的口味。

甘肃、宁夏、青海等地的回族人家，非常喜爱刮碗子茶，俗称“三炮台”。这种茶饮以绿茶为主料，常选用云南晒青茶、细毛尖、沱茶、陕青茶等。加放的辅料则因地制宜，有的加入冰糖、桂圆、红枣，即“三圆五枣茶”，有的地区更为丰富，除冰糖、桂圆、红枣外，还加放当地特产枸杞、芝麻，包括杏仁、核桃仁、葡萄干、红景天等，誉称“八宝茶”。沏饮刮碗子茶讲究颇多，极具民族特色。用一种铜制的水壶烧水，随取随续。② 生活在云南的拉祜族人，饮用烤茶的同时，也会制作和傣族相近的竹筒香茶。这种具有民族特色的茶饮需要将砍下的竹子锯开，每段竹子一端保留竹节，一端开口，洗净以后装入一些茶鲜叶，在火塘上烘烤的同时不断将变软的茶叶用木棒舂紧，然后继续装填直到塞满为止，塞上木塞以后再次烘烤到竹筒表面焦黄。饮茶时，将竹筒劈开，取出茶叶放入碗中冲泡饮用。③

五、煮茶习俗

相较于饮茶习俗，煮茶习俗更为古老，早在魏晋时期就已经有了记载，如晋郭璞《尔雅注疏 · 释木》中“苦荼”一条云：“树小如栀子，叶冬生，可煮作羹饮。”随着中原地区制茶技术的提升，到唐代中期，茶叶的主要利用方式已经转变为饮用，并且逐渐向清饮方式过渡。煮饮茶叶并加入辅料调味的习俗，慢慢演变成居住在中国华北、西北、西南等地区的少数民族的特色民俗。不同地区的人们往往依据自身的饮食习惯、物产种类等因素，对调味、煮饮的方式进行调整。畜牧业较为发达的地区，多演化出煮饮奶茶的习俗，如内蒙古的奶茶、新疆北部的奶茶；生活在青藏高原的牧民，充分利用牦牛乳汁中高含量的脂肪，提炼出的酥油结合茶创制了藏族酥油茶。除此以外，新疆南部的香茶、西北的罐罐茶也是极具地方特色的煮茶饮品。

逐水、草而居的蒙古族，能从草原畜牧生产中获取充足的鲜奶，另外需要茶叶来补充必要的维生素等营养元素。两者的结合，就形成了蒙古族富

---

① 闵正国：《赣西北茶俗种种》，《农业考古》1993 年第 2 期。

② 勉卫忠：《河湟回族茶文化》，《中国土族》2005 年第 3 期。

③ 陈文华：《长江流域茶文化》，湖北教育出版社 2003 年版，第 319—320 页。

有特色的茶饮标志:奶茶。元忽思慧《饮膳正要》中记载了“兰膏茶”,取“玉磨末茶三匙头,面、酥油同搅成膏,沸汤点之”。[①] 这样调入酥油的蒙古族点茶饮品,相较于清姚学镜《五原厅志稿》中记载的蒙古族“砖茶之用法,先以小刀削之,后研碎,沃以锅中之沸汤,以盐和之,若欲其极美,则更加黄油……”的饮茶方法,[②]更有可能是蒙古族奶茶的起源。当代通行的蒙古族奶茶烹煮方式和姚学镜记录的方法并无很大区别,只不过是在煮茶汤的同时,加入一些谷物,如糜子、沙米等;茶汁浓稠、谷物熟透的时候,就可以加入盐和鲜奶,调至适口就可以品尝了。[③]

生活在新疆地区的哈萨克族的一日三餐中,早餐和午餐都是奶茶。不同的是,阿勒泰地区的哈萨克族,熬制奶茶时混煮法和分调法都有所采用。前者是先煮好茯砖茶,过滤以后加入鲜奶,再熬制到茶奶融合,调味即可出锅饮用;分调法则是将茶汤和鲜奶分别熬制,再盛入同一个容器中调匀饮用。这两种方法做出的奶茶味道相仿。而伊犁地区的哈萨克族,会将盐巴、奶皮子等都陈列于桌子上,由人们自行取用,依照自己的口味调入奶茶中饮用。在冬季,人们可以加入白胡椒面使奶茶增加一些辛辣之气,暖身效果很好。奶茶中加入丁香可以缓解头疼,提神醒脑,加入姜片则让奶茶有了驱寒的功效。[④]

与西南地区少数民族烤制罐罐茶的习俗不同,生活在中国西北地区的回族、东乡族、撒拉族和保安族等制作的罐罐茶,体现了以煮茶为基础的饮茶习俗。罐罐茶通常会选择紧压茶作为主要原料,以湖南益阳所产的茯砖茶最受欢迎。盐、鲜奶、大红枣、荆芥、杏仁、核桃仁等为辅料,再以草果、姜皮、花椒、芝麻等调味。人们先将茶叶捣碎,放入粗陶罐中熬煮,茶汁煮到褐红色时,再加入辅料、调味料,然后分到茶盅里面供人品饮。[⑤]

藏族饮茶的历史也很早,可追溯到吐蕃时期。藏族人的饮茶习俗在传承的过程中,结合当地的物产情况,创造性地实现了酥油和茶的完美结合,形成了具代表性的藏族酥油茶文化。制作酥油茶时,人们将来自内地的砖茶敲碎,放到锅中熬煮,到茶汤浓稠以后,再将没有调味的茶倒入专用的打茶桶中,加入适量的酥油和盐巴,抓住桶中的木杠,反复上下打制,直至油、

---

① 忽思慧著,张秉伦、方晓阳译注:《饮膳正要译注》,上海古籍出版社 2014 年版,第 143 页。

② 姚学镜:《五原厅志稿》下册,江苏广陵古籍刻印社 1982 年版,第 10 页。

③ 杨化冰:《饮茶习俗的文化生态比较研究》,《原生态民族文化学刊》2017 年第 2 期。

④ 赵岩:《哈萨克族茶俗探析》,新疆师范大学 2014 硕士学位论文。

⑤ 勉卫忠:《茶入穆斯林世界及其茶俗》,《农业考古》2011 年第 5 期。

茶完全融合。饮用时,需要将酥油茶倒入藏族独有的木质茶具"贡碗"中,之后即可啜饮。这种高热量、营养丰富的茶饮,是当地人抵御高原寒冷的最佳饮品,并且逐渐成为藏族文化和礼仪中不可或缺的一环。

第二节　岁时茶俗

本节所讲的岁时指每年特定的季节或时间。对长期处于农业社会的中国而言,生产生活都会基于特定天时、物候而周期性转换,随之形成各种特定的风俗习惯。在岁时节令中,茶也有独特的地位。

一、新年茶俗

春节是中国最重要的传统节日,在长期的生活实践中,春节相关的民俗则因不同的区域、民族等因素而呈现出较大差异。整个春节期间,除夕守岁时可以饮茶提神,从初一到十五,新年期间人们走亲访友,主人多会以茶待客,通常还伴有特色茶点。这些独特的饮茶、用茶风俗逐渐成为中国各地春节民俗的重要组成部分。

安徽省南部的徽州地区,保有着更具仪式感的饮茶风俗。大年初一的早上,一家人喝茶发喜,至少人手一杯,有的地区遇到新亲如新妇则要上双份茶。还要备好茶点,用精致的果盒盛装以供人们取食。徽州地区多山,具体的风俗在不同地区则有不同表现,如祁门地区将这种果盒叫作"桌汇",茶点多以苞芦松、盐水豆、酥糖为主;歙县的果盒与茶的关系更加明确,称为"茶盆";休宁、黟县也各有称谓。品茶、吃茶点以后,再上茶食——茶蛋、年糕、粽子之类。这种仪式感鲜明、气氛欢快的茶俗统称为"利市茶",取大吉大利之意。利市茶喝完,也不撤茶点,客人前来拜年时,打开果盒即可招待。①

在湖北省东南部的大冶市一带,晚辈要在除夕夜提茶壶,带上糖茶、点心,向长辈敬茶辞年;正月初一亲朋好友上门拜访,主人也会拿出糖茶招待;正月十五前后玩花灯、舞龙耍狮子,所经之处,村头或门口摆茶,邀请来此玩灯,茶席上也有大量食物果品烟酒。②

侗族人在大年初一的清早,出行、拜年之后全家人需要聚在一起,围坐

① 王晓涛:《明清时期徽州地区的茶叶传说及其民俗》,安徽大学2012年硕士学位论文。
② 余炳贤:《大冶茶俗》,《农业考古》1997年第2期。

在火铺上,开始喝一年一度的“年茶”,而开“年茶”的重任,必须由家中的主妇承担。每个人都拿到一杯香茶以后,家中的老人先讲祝福的话语,随后一家人其乐融融地喝茶谈笑,桌上一般还会摆上糖果,[①]用于佐茶。

浙江湖州地区,人们在逢年过节,举办婚嫁喜庆活动,或者宾客临门的时候,会准备湖州“三道茶”。[②]尤其大年初二,出嫁的女儿返回娘家时,娘家母亲就会用三道茶招待女儿一家。第一道茶是甜茶,并非以茶叶为主料,而是糯米锅巴和糖块冲泡成的饮品。第二道茶则是熏豆茶。这与其他长三角地区人民喜爱的熏豆茶一样,[③]湖州熏豆茶共有六种作料,除绿茶以外,还有当地特制的熏青豆、胡萝卜丁、酸橙皮、卜子(紫苏)、芝麻,这种茶鲜美可口,富有营养。餐后再喝一杯不加调味的清茶,是为第三道茶。

正月十五的茶俗,以明清时期杭州地区请“床公床母”的习俗最为有趣。[④] 人们为祈求儿女晚上睡觉安稳、健康成长,通常在“灯夜祀床,荐鸡子、粉圆、寸金糖,兼设茶酒。俗传母嗜酒,公癖茶,谓之‘男茶女酒’”(《武林新年杂咏》之黄模《床公床母》诗小序)。[⑤] 这种祭祀活动在其他记载中也曾提及,只不过时间并非正月十五,“《钱唐县志》惟载除夕用茶、酒、果、饼祀床神以祈安寝云”(同上)。

二、节令茶俗

茶叶在很长一段时间内都是中国的特色农产品,其生产具有很强的季节性和周期性。伴随着农业经济生活的发展,不同地区和民族的人们逐渐产生了相应的文化现象,进而演化为特定的农业民俗。[⑥] 这些农业民俗大多与农耕节令有关,分属不同地区和民族的人们也有着各自的茶俗。这些茶俗有的侧重于满足生理需求,如云南省大理白族自治州鹤庆县的白族立夏茶;有的则侧重于精神需求,如福建武夷山地区自宋代便有的惊蛰喊山茶俗。

类似喊山的开茶仪式,古已有之,早在宋代就有多地举行,其中最主要的形式是擂鼓催春,如黄庭坚《踏莎行》“画鼓催春,蛮歌走饷,雨前一焙谁争长。

---

① 康日晖:《柳州民俗茶文化研究》,湖南农业大学 2016 年硕士学位论文。

② 田佳:《杭州茶文化旅游探析》,《河北旅游职业学院学报》2011 年第 4 期。

③ 丁以寿主编:《中华茶艺》,安徽教育出版社 2008 年版,第 268 页。

④ 姚晓燕:《杭州茶俗略考》,《茶叶》2014 年第 2 期。

⑤ 王国平主编:《西湖文献集成 · 西湖风俗》第 19 册,杭州出版社 2004 年版,第 277 页。

⑥ 钟敬文主编:《民俗学概论》,第 32 页。

低株摘尽到高株，株株别是闽溪样”，表现的就是黔州地区开茶的场景。

在北宋的时候，建安北苑的御茶园采摘茶叶争分夺秒，已经有了喊山的习俗，其声音犹如惊雷一般震撼人心。《宋史·方偕传》具体记载了喊山的时间、规模与目的：

县产茶，每岁先社日，调民数千，鼓噪山旁，以达阳气。

社日有春社和秋社之分，春社日也叫中和节，是我国一个祈求丰收的传统节日，自宋代起，以立春后第五个戊日为社日。所以具体日子由立春日推算出来。如2019年春社日是3月22日（农历二月十六日）。喊山的目的是通达阳气，促进茶树的生长。但是建安知县“（方）偕以为害农，奏罢之”。所谓有害于农事很可能是指这种大规模的仪式性活动消耗了大量的人力。这时已经进入春耕农忙的季节，宋赵汝砺《北苑别录·开焙》说：“惊蛰节万物始萌，每岁常以前三日开焙。”茶农在惊蛰之前就开焙，准备生产茶叶了。惊蛰是二十四节气中的第三个节气，标志着仲春时节的开始，故也有惊蛰喊山的说法。

清代佚名《武夷纪胜》记载：“御茶园制茶为贡，自宋蔡襄始。”元代御茶园从建阳北迁到了武夷山，“先是建州贡茶首称北苑龙团，而武夷石乳之名犹未著”。[①] 事实上两者各有优缺点，“岁修贡事，明著令定额贡九百九十斤，有先春、探春、次春三品。视北苑为粗，因宋蔡襄首创北苑龙团，而味过之”。就是说相比于建阳，武夷山是茶叶产区的后起之秀，虽然武夷贡茶的治茶技术还显粗糙，但是口味占上风。元代御茶园的建制、规模是“元设场官二员。茶园南北五里，各建一门，总名曰御茶园。大德己亥，高平章之子久住创焙局于此”。元代武夷山御茶园在南北五里的范围内，修建了各种设施，“中有仁风门、碧云桥、清神堂、焙芳亭、燕嘉亭、宜寂亭、浮光亭、思敬亭”，其中包括喊山的专用设施，“惟喊山台乃元暗都剌建，台高五丈，方一丈六尺。台上有亭，名喊泉亭，旁有通仙井”。“每岁惊蛰，有司率所属于台上致祭毕，令役鸣金击鼓扬声，同喊‘茶发芽’，而井泉旋即渐满。”茶工喊山，则泉水涌满，故当地人将其称为“呼来泉”。

立夏是中国的二十四节气之一，表示夏季的开始，大理白族自治州鹤庆县的白族人民通过举办赶雀护田、开镰刈麦、“钓龙”送春等民俗活动来庆祝立夏。在上述活动之外，还有特色的饮食产品与之相配，其中就包括“立

① 周亮工撰：《赖古堂集》卷一一，上海古籍出版社1979年版，第485页。

夏茶”。立夏这一天,人们开始饮用立夏茶,并持续饮用整个暑热的夏季农忙季节。这是一种风味独特且具有保健功能的茶饮,一般有两种形态,早茶和间歇茶。这两种都是添料茶饮,不同的是,早茶选用核桃、芝麻、橄榄和小枣为辅料,绿茶为主料,并用蜂蜜调味;间歇茶则用炒米、生麦芽、槐花、金银花、青薄荷、木瓜片和乌梅配茶煮沸,人们将茶汤滤渣倒入陶罐中,带到劳动场所饮用。[①] 这满足了人们保健身体、缓解疲劳的生理需求。

第三节　喜庆茶俗

在不同地区和文化背景下,围绕诞生、成人、结婚等人生礼仪与社会组织、信仰、生产方式、生活经验等多方面的民俗文化交织,[②]这些礼仪和喜庆活动或多或少地涉及茶文化这个元素。

一、诞生礼仪茶俗

诞生礼仪是人生开端的礼仪,通过诞生礼仪向祖先、向社会宣告族中添丁,并祈愿孩子顺利成长。诞生礼仪是一系列礼仪活动的总和,前有求子、怀孕,后有各种孕妇禁忌。孩子出生后的生命降生仪式“洗三”有的地区叫“三朝”,即在孩子出生三天前后,孩子父亲去其岳父家报喜。在江西修水,家中生了男孩,孩子的爸爸到岳父家报喜时,岳母送给女婿一红布包,里面裹着她在头年亲自采摘的四季宁红茶,这一礼物称为“祝弥”,祝愿孩子健康成长。江西婺源有“洗儿茶”,小孩出生后第一次沐浴时,使用茶叶水。苗族孩子出生时,左邻右舍用带有露水的茶芽梢做贺礼。如果生的是男孩,就送一芽一叶的芽梢;如果生的是女孩,则送一芽二叶的芽梢,寓意“一家有女百家求”。

如果说“洗三”是庆祝孩子脱离母体,添丁添福,满月仪式则意味着孩子正式进入群体。许多地方在庆祝满月时,由舅舅主持为孩子第一次剪头发。在浙江湖州,孩子剃头之后,需用茶汤来洗,称为“茶浴开石”,有长命富贵、早开智慧之意。瑶族小孩满月时,家里都要“煮茶”,亲戚好友家中的女眷要前去喝油茶,以庆贺家中喜添人口,也寄托了父母盼望着孩子幸福成长的美好愿望。客家人的习俗,孩子出生的第三天早上,主人家要煮一桶咸

---

① 章虹宇:《鹤庆白族的立夏茶》,《今日民族》2011 年第 11 期。

② 钟敬文主编:《民俗学概论》,高等教育出版社 2010 年版,第 121 页。

茶,宴请亲友乡邻,称为“三朝茶”;孩子满月时,要煮“满月茶”,也是用咸茶来招待客人。而在大理等地区白族请“满月客”,主人要用甜茶招待宾客,甜茶就是用红糖、米花、核桃加茶叶冲泡而成的,以表答谢。[1]

生日礼仪是诞生礼的后续。生日礼仪中有“茶寿”的说法。茶寿指一百零八岁寿辰,茶字的草字头代表二十,下面有“八”和“十”即八十,一撇一捺又是一个“八”,加在一起就是一百零八岁,茶寿寄托了人们对长辈的美好祝愿以及敬意。江西婺源有“寿礼茶”,即寿诞时赠送的礼品上面,一定要放一枝茶树枝条,红色配以绿色,既显示生意盎然,又寓含多福多寿。四川宜宾有“娘家父母大寿,女儿要回家烧茶”的习俗。当娘家的父母五十或六十大寿时,已出嫁的女儿要在婆家准备好摆茶食糖果,带回娘家来,这就是“烧茶”。父母做寿那一天,女儿要亲自泡好茶,摆上茶食糖果招待客人,以示对父母的孝敬。

二、婚姻礼仪茶俗

婚姻是组成家庭的基础和依据。基于中国人的婚姻观念,中国的传统婚礼涉及一系列礼仪,在古代有“六礼”之说,即纳采、问名、纳言、纳征、请期、亲迎。茶频繁出现在婚姻礼仪中,是茶在礼仪活动中享有重要地位的一个真实体现,这与中华民族饮茶习惯的高度普及有着密切关系。以下介绍几种与茶有关的婚姻礼仪:

纳征即男方来女方家下聘礼。聘礼品种繁多,首饰、瓜果、点心、猪羊、美酒都有,自然也少不了茶叶。因此,下聘礼又称“下茶”,女子受聘称为“吃茶”。聘礼后请期,顾名思义,就是商定婚期。这时男方可以看看女方是否像媒婆所描述的那样举止得体。届时女方会备好茶水请男方用茶,所备的茶水一般以放定时男方送来的茶叶为底茶。男方如果满意,愿意婚事继续,则会饮尽茶水,并且放些茶水钱。一旦男方饮过看亲茶,敲定婚期,双方父母就可以以“亲家”相称了。婚礼入洞房后,新娘坐床上等新郎揭去盖头,新人执手到桌前相互敬茶,从此夫妇恩爱。先是新郎敬新娘,茶斟七分满,饮者要一饮而干,不可留有茶水,然后新娘举案齐眉敬新郎。洞房茶的茶碗不可随意选取,需是特制的“龙凤子孙碗”。“六礼”从纳采直到请期都是婚姻的“资格审查”阶段,可见古人对于婚礼的重视程度。

---

① 康冠宏等:《大理白族的茶礼茶俗》,载《第十五届中国科协年会第 20 分会场:科技创新与茶产业发展论坛论文集》,中国科学技术协会 2013 年。

早在宋代茶就成为婚礼之中的重要元素，吴自牧在《梦粱录·嫁娶》中写到了婚嫁习俗中的用茶，频率之高令人惊叹：

若丰富之家，以珠翠、首饰、金器、销金裙褶，及段匹茶饼，加以双羊牵送……其女氏即于当日备回定礼物，以紫罗及颜色段匹，珠翠须掠，皂罗巾段，金玉帕镮，七宝巾环，篋帕鞋袜女工答之。更以元送茶饼果物，以四方回送羊酒……更言士宦，亦送销金大袖，黄罗销金裙，段红长裙，或红素罗大袖段亦得。珠翠特髻，珠翠团冠，四时冠花，珠翠排环等首饰，及上细杂色彩段匹帛，加以花茶果物、团圆饼、羊酒等物。又送官会银铤，谓之"下财礼"，亦用双缄聘启礼状。或下等人家，所送一二匹，官会一二封，加以鹅酒茶饼而已。

各阶层家庭的聘礼都有茶饼，正式举办婚礼时：

三日，女家送冠花、彩段、鹅蛋，以金银缸儿盛油蜜，顿于盘中，四围撒帖套丁胶于上，并以茶饼鹅羊果物等合送去婿家，谓之"送三朝礼"也。

古时称男方向女家送致聘礼叫下茶，下茶的做法至迟在宋代已经形成，明代已经蔚为风俗。明汤显祖《牡丹亭·硬拷》："我女已亡故三年，不说到纳采下茶，便是指腹裁襟，一些没有，何曾得有个女婿来？"《二刻拍案惊奇》卷三《权学士权认远乡姑　白孺人白嫁亲生女》："你姑夫在时已许了人家。姻缘不偶，未过门就断了，而今还是个没吃茶的女儿。"

《红楼梦》第二十五回《魇魔法叔嫂逢五鬼　通灵玉蒙蔽遇双真》中，王熙凤见到黛玉打趣道："你既吃了我们家的茶，怎么还不给我们家作媳妇儿？"第一百八十回《记微嫌舅兄欺弱女　惊谜语妻妾谏痴人》中，描写道："王夫人听了，想起来还是前次给甄宝玉说了李绮，后来放定下茶，想来此时甄家要娶过门，所以李婶娘来商量这件事情。"这里的"吃茶""下茶"就是定亲的意思。

清代阮葵生《茶余客话》卷一九记载，淮南一带人家男方下给女方的聘礼，珍币之下，必衬以茶，更以瓶茶分赠亲友。福格在《听雨丛谈》卷八中说："今婚礼行聘，以茶叶为币，满汉之俗皆然，且非正室不用。近日八旗纳聘，虽不用茶，而必曰'下茶'，存其名也。"

对于为什么使用茶，明代郎瑛《七修类稿·事物·未见得吃茶》说："种茶下子，不可移植。移植则不复生也。故女子受聘谓之'吃茶'。又聘以茶为礼者，见其从一之义。"许次纾在《茶疏》中也说：

茶不移本，植必子生。古人结婚，必以茶为礼，取其不移植子之意也。今人犹名其礼曰下茶。

这些史料反映了当时的婚姻观，从根本上说，还是蕴涵着人们对于婚姻稳定的渴望。

伴随着社会的发展，婚嫁茶俗也在不断地发展和变化着，恋爱、定亲、嫁娶等方面，除汉族以外，许多民族也将茶叶当作情意与婚礼的媒介物。如西北地区东乡族、撒拉族的男子在订婚时，送给女方的礼物中都会有当地常喝的茯砖茶。布朗族人嫁女，陪嫁品就包括茶。侗族男女青年往往通过对歌去选择称心如意的配偶，选定对象后，就可进入恋爱阶段。在此期间，姑娘每晚都会以香甜可口的泡米油茶招待恋人，但不接受对方的金钱、衣料或其他馈赠。经过一年半载，男女双方进一步谈婚论嫁，订婚时互相赠送信物。在解除婚约时，双方采用"退茶"的礼仪。拉祜族男女双方确定成婚日期后，男方要送茶、盐、酒、肉、米、柴等礼物给女方，拉祜人常说："没有茶就不能算结婚。"

云南凤庆县诗礼乡还有一种喝"离婚茶"的习俗，离婚的双方选择一个好日子，提着两包茶叶到村里一位长辈家去，谁先提出离婚就由谁负责摆好茶席，请亲朋好友围坐。这时，长辈会亲自泡好一壶"春尖"茶，递给即将离婚的男女，让他们喝下。第一杯茶，如果男女双方都不喝完，则证明婚姻生活还有余地；如果喝得干脆，则说明要继续生活的可能性就很小。第二杯茶，是泡了米花的甜茶，如果还是被男女双方喝得见杯底的话，那就继续喝第三杯。第三杯茶，是祝福茶，在座的亲朋好友都要喝，不苦不甜。这杯茶的寓意是，从今以后离了婚的双方各奔前程，是苦是甜由双方自己选择。喝光了这三杯茶，主持的长辈便唱起一支古老的茶歌，旋律婉转，让人心伤，如果男女双方此刻心生悔意，握手言和，便要再喝三杯茶，以表示重归于好，白头偕老。①

三、其他喜庆茶俗

除人生礼仪之外，公众聚会、乔迁新居等喜庆活动中，也少不了以茶待客、以茶敬人的习俗。

藏族史诗《格萨尔王传》中有关敬酒献茶之礼丰富多彩，茶是礼敬的表

① 许文舟：《故乡有种离婚茶》，《农业考古》2005年第4期。

示、友谊的象征。史诗中来人待客、公众聚会都离不开茶,总是以茶表敬意。公众场合讲究尊卑、长幼有序。每当大摆宴席或公众聚会商议军中大事等活动时,头领和有职权的头面人物都要按他们地位的高低、年龄的长幼落座,敬酒献茶也要严格按这个次序进行。其次,若是格萨尔或其他英雄要出征,珠牡首先要献茶敬酒,唱歌祝福后方可离开。献茶敬酒的过程特别注重礼仪:首先给出征的英雄敬献哈达,再敬茶斟酒,预祝吉祥平安。一般是右手持金壶献茶,左手持银壶敬酒,英雄在优美、动听的歌声中品茶饮酒,气氛自然和谐。①

在云南省南涧彝族自治县,农村建盖房屋时要喝上梁(也称竖柱)茶和进新茶。当地建盖房屋时要举行上大梁仪式,即用一块红布将茶叶、大米、盐、钱币等物品包裹好并固定在大梁上,寓意茶叶、大米、盐、钱币是家庭生活中必不可少的物品,与房屋大梁一样的重要,随着主持的木匠师傅讲完吉言,鞭炮燃响之后,大梁被缓缓提升,安放到屋顶。同时,还贴上一副寓意喜庆吉祥的对联。在房屋盖好,乔迁新居时,则由主人在开门时讲吉利话,并抱着一个装有茶叶、大米、盐、钱币的宝瓶(或瓦罐)进入正堂供奉在桌上,以求家庭和顺、生活富裕。可见茶叶是作为人们祈求家宅平安吉祥、生活美满幸福的一种信物。②

第四节　信仰茶俗

在历史发展过程中,民众自发产生了一套神灵崇拜观念、行为习惯和相应的礼仪制度,这就是信仰习俗。茶树或者由茶树引发的联想物也成为人们信仰习俗中崇拜的对象。

一、祭品用茶

古代中国人“事死如事生”,因此,早在2000多年前的汉景帝的陵墓汉阳陵中,人们就将茶叶作为随葬品之一,和陶俑、粮食等一起深埋地下,以供帝王在死后享用。③ 西晋王浮的《神异记》记载丹丘子用大茗换取余姚人虞

---

① 措吉:《〈格萨尔〉中的茶文化》,《西藏研究》2004年第4期。

② 赵维标、单治国:《对云南南涧茶俗的探究》,《茶叶通讯》2013年第1期。

③ Lu, H., Zhang, J., Yang, Y. et al. Earliest tea as evidence for one branch of the Silk Road across the Tibetan Plateau. Sci Rep 6, 18955 (2016). https://doi.org/10.1038/srep18955. 访问时间2020年8月7日。

洪烹制的茶汤，虞洪“因立奠祀”。到南北朝时期，齐武帝萧赜以“生平所嗜”（《南史·齐宣孝陈皇后传》）为祭品选定原则，于永明十一年（493）在遗诏中称：“我灵上慎勿以牲为祭，唯设饼、茶饮、干饭、酒脯而已。”（《南齐书·武帝纪》）南朝刘敬叔的《异苑》中还有剡县（今浙江嵊州）陈务妻每逢喝茶都先祀古冢的故事。

唐代初年有关于宗庙祭祀的争议，也很好地说明了为什么茶能够出现在中国人的祭祀礼仪中。当时太子宾客崔沔有“人所饮食，必先严献”（《加笾豆增服纪议》）的总结，进而援引晋中郎卢谌语“近古之知礼者，著家祭礼，观其所荐，皆晋时常食，不复纯用礼之旧文”。即谙熟礼仪制度之家，都使用日常饮食充当祭品。祭品是人们在参加祭祀之后神人共享的祭宴中的饮食。因此，祭品的选择更多地反映了祭祀者或被祭祀者的好恶，世俗饮食的性质同时存在。

齐武帝希望全社会都能使用节俭的祭品，所谓“天下贵贱，咸同此制”（《南齐书·武帝纪》）。从历史上看，他的愿望可以说是实现了。在南宋朱熹的《家礼》中，有关于茶礼程式的详细记载，对整个东亚都有深刻影响。据《家礼·通礼》“正至朔望则参”条记载，每逢年初月始、冬夏两至望日时在祠堂里举行的祭祀活动，因为非常频繁，被视为“通礼”，即各个家庭都必须掌握的日常的祭祀礼节。虽说茶酒并用，但是每月望日的祭祀等仅有茶礼，茶礼的使用频率远远超出酒礼。祭祀时先酒后茶，献茶与献酒的程序一致。茶的价格低廉，使大多数人能够经常用之以表达对祖先保佑的感激之情。

在佛寺庙堂中，信众每日都要在佛祖灵前供奉茶汤，此俗在唐代就已开先河，会昌元年（841）大庄严寺开佛牙供养，“设无碍茶饭”（圆仁《入唐求法巡礼行记》卷三）。至元代，寺院中还把民间的祭祀活动和自身的佛事活动相互沟通起来，这些祭祀活动里，也离不开茶叶。

日本宽政十二年（清嘉庆五年，1800 年）十一月九日，中国宁波商船万胜号从乍浦港出发，十四日到达日本长崎。商船遭遇意外而滞留日本将近半年，引起了方方面面的关注，不仅直接参与救助的横须贺、挂川方面留下了记录，就是周边地区也积极收集资料，编撰见闻录，反映了日本方面对于中国的兴趣。吉田藩（现爱知县丰桥市）的儒者中村尽忠也写了《唐船漂着杂记》，[①]其中收录了两幅“供物之图”，注曰：“住在同村真福寺的上分一

① ［日］薮田贯：《宽政十二年远州漂着唐船万胜号资料》，载王勇主编《中国江南：寻绎日本文化的源流》，当代中国出版社 1996 年版，第 172 页。

人，下部三十人，十二月卅日、正月五日备物。”船主等的“供物之图”中描绘的供品等可分为三个部分：后面的高桌上的供品最为丰富，从右至左，后排分别为烛台、鲍鱼、栗子、香炉、曲、石榴、烛台，前排分别为鱼、盐鸡、盐、猪腿肉、葱、盐鸭；中间的低桌上，大容器里有猪头、猪蹄、葱，前面的小碗从右至左分别为香菇、酒杯、茶杯、木耳、胡萝卜和壶；外围，前方毛毡上摆放着容器里燃烧着的金纸。这个清代的祭祀风景在今天的中国也可以看到，尤其茶的使用方法几乎完全一样。

中华民族在一定程度上保留着以茶祭祀祖宗神灵、用茶陪丧的古老风俗。演化出的用茶作祭，一般有三种方式：以茶水为祭，放干茶为祭，只放茶壶、茶盅象征茶叶为祭。

贵州黔东南州的侗族盛行喝豆茶，其主要原料是炒米花、黄豆、苞谷、青茶叶等。豆茶分为清豆茶、红豆茶、白豆茶三种。白豆茶在办丧事时饮用，用牛肉熬汤，加入同样的原料一起煮成，由丧者的子女敬献给吊唁的客人饮用。凡是饮了白豆茶的客人，都要在饮完之后封一些钱在碗底回赠给主人，作为答谢，称为“茶礼钱”。

藏族史诗《格萨尔王传》中有以茶敬天地和战神的习俗。每当有重大事情和部落之间发生战争前，都要供奉天、念、龙三界的神，以求神的保佑使崇拜者不受伤害且帮助他们战胜敌人，有时茶也作为贵重的物品用来供奉神佛。[①] 佤族的节庆日祭祀神灵时，一般有地位的富裕人家会用一小撮茶叶作为祭品，放在一碗米上用来祈祷神灵保佑吉祥如意。在这里茶叶还表示了一户人家在佤族村寨的社会地位。可见茶在这些场合中不单纯是一种饮料，已被披上了文化色彩，其思想、精神含义甚至大于物质意义。

二、茶祖与茶图腾崇拜

生活在中国西南茶区的少数民族，认识和利用茶的历史同样非常久远。在他们的文化传承中，将茶叶与本民族起源和图腾崇拜联系在一起，进而产生了祭祀茶祖和茶图腾的信仰民俗。

云南澜沧拉祜族自治县芒景村的布朗族人信奉茶祖帕哎冷。每隔三年在傣历六月七日，布朗族人要祭出一条耳朵和角一样高的小水牛，间隔的三

① 措吉：《〈格萨尔〉中的茶文化》，《西藏研究》2004 年第 4 期。

年中，每年杀七只公鸡献祭。[1] 此外，还要为七种神灵叫魂，以祈求帕哎冷和神灵保护布朗族人粮食丰收人畜兴旺。

据芒景布朗族经文典籍《本勐》的记载，祭茶祖的仪式已传承了1700余年。芒景村的剽牛祭祀的仪式曾一度中断，2010年才又恢复，茶农富裕后，剽牛仪式从隔三年改为隔两年。

云南省临沧市凤庆县郭大寨乡团山村的俐侎人有茶树祭献仪式。俐侎人是彝族的支系之一，团山村俐侎人普遍种植一种直译为“老好树”的茶树，据说是祖祖辈辈种植的品种，属大叶种茶，开白色花朵。向茶树祭献的仪式如下：

首先，敬茶、敬酒。泡好一碗茶，在祭台上摆酒、米、盐，将茶碗端起来，端至头顶处，再用茶碗往茶树的根部点三滴茶；用同样的方法敬三滴酒。其次，祭告。献祭人抱着鸡跪下，用古俐侎话念祭词：“茶祖公、茶祖母，我们俐侎人靠你换金银财宝，换了金银财宝置田地，种粮粮满仓，养畜畜满圈，人才辈出，人丁兴旺。”献祭人念完后，分别从鸡头、鸡背、鸡尾上拔一片毛，拿这三片软毛蘸了鸡冠里挤出的血后贴到石头上。在俐侎人的观念中，用鸡头、鸡背、鸡尾不同部位的鸡毛蘸血祭献，寓意茶树从头到尾都长得好，人从头到尾都平安顺利。将软毛蘸血贴在石头上，表示祭献者与茶树达成契约，祭词为：“茶祖公、茶祖母，我把牲畜杀献给你，你要四季发芽，我们靠你生活，靠你发财，靠你平安。”接着，将鸡翅膀的毛拔下来插在茶杈的根部，寓意让茶树“腾飞”，让它长势喜人。最后，杀鸡祭献，磕头。[2]

同样生活在云南省的德昂族，旧称崩龙族。在他们的叙事诗《达古达楞格莱标》（始祖的传说）里，把人类和地上万物的始祖视为茶叶。

> 很古很古的时候，
> 大地一片浑浊。
> 水和泥巴搅在一起，
> 土和石头分不清楚。
> 没有鱼虫虾蟹，

---

① 张海珍、薛敬梅：《从布朗族祭祀茶祖看盟誓文化的民族性——以普洱市澜沧县惠民乡芒景村为例》，《西部学刊》2013年第10期。

② 临沧市文化局：《临沧市非物质文化遗产保护名录》，云南人民出版社2007年版，第220—221页。

没有麂子马鹿，
没有红花黄果，
没有绿草青树，
没有人的影子，
只有雷吼风呼……

这是对于混沌时代的描述。不过相对于地上的这幅严酷的自然景象，天上却是另一番景象。

天上美丽无比，
到处是茂盛的茶树，
翡翠一样的茶叶，
成双成对把枝干抱住。
茶叶是茶树的生命，
茶叶是万物的阿祖。
天上的日月星辰，
都是茶叶的精灵化出。

这里已经点出茶叶是开天辟地的造物主，万事万物都诞生于茶神的原型。

金闪闪的太阳，
是茶果的光芒；
银灿灿的月亮，
是茶花在开放；
数不清的满天星星，
是茶叶眨眼闪光；
洁白的云彩，
是茶树的披纱飘散；
璀璨的晚霞，
是茶树的华丽衣裳……

面对天上的繁华和地下的凄凉，茶树不顾智慧之神、万能之神帕达然的劝阻，毅然决定下凡救世。

小茶树眨了九十九次眼睛，
扳了九十九次指头，

想了又想把主意打定：
“尊敬的帕达然呵，
请你开恩，请你帮忙，
让我到天下去把路闯……”
小茶树的话还没有说完，
一阵狂风吹得天昏地暗，
狂风撕碎了小茶树的身子，
一百零两匹叶子飘飘下凡。

前面把日月星辰、江河大地等与茶树的花、果、衣裳、披纱、果子的粉末等一一对应起来，这里把茶树叶与人类联系起来了。

天空雷电轰鸣，
大地沙飞石走，
天门像一支葫芦打开，
一百零两匹茶叶在狂风中变化，
单数叶变成五十一个精悍小伙子，
双数叶化为二十五对半美丽姑娘。
茶叶是崩龙命脉，
有崩龙的地方就有茶山。
神奇的传说流到现在，
崩龙人的身上还飘着茶叶的芳香。

《达古达楞格莱标》由序歌和五部分的正歌组成，以上是第一部分，可称得上是“创世纪”，最主要的是明确德昂族（崩龙族）的来源，也表明茶叶是德昂族的图腾。万物同源思想对世界做了合理性解释，也给人类带来生存的信心。五十一对兄弟姐妹在之后经历了黑暗、洪水、恶魔、分离等等磨难，经过漫长的岁月，克服一道道难关，为新世界增添了一层层光明。最后，长诗以关照后人要重视《达古达楞格莱标》结束，也提到了茶：

种子撒进土里，
庄稼苗壮成长。
人类遍布大地，
到处鸟语花香。
各个民族都喝茶，

喝着苦水莫把祖宗忘。
未来的道路很远很远,
还会有魔鬼和苦难,
为了开拓新的生活,
《达古达楞格莱标》要贴在心口上。[①]

《达古达楞格莱标》体现了德昂族的茶图腾意识,族人通过颂唱《达古达楞格莱标》确认族群的血缘关系,强化了德昂族的社会关系。

拓展训练

一、思考论述

1. 不同地区的茶俗及其相互关系。
2. 茶俗的地理特征。
3. 形成茶俗的基本条件。
4. 茶俗的性别特征。

二、学术选题

1. 中国茶俗的分布特征及其形成原因。
2. 论茶风俗与民族文化多样性的关系。
3. 你如何看待饮茶风俗的流变与消亡?

三、实践训练

1. 调查你的家乡有关茶的风俗,并亲身体验。
2. 从文化遗产的角度思考茶俗。

四、拓展阅读

1. 钟敬文主编:《民俗学概论》,高等教育出版社 2010 年版。
2. 胡朴安:《中华全国风俗志》,岳麓书社 2013 年版。
3. 余悦、叶静:《中国茶俗学》,世界图书出版公司 2014 年版。

---

① 赵腊林唱译、陈志鹏记录整理:《达古达楞格莱标》,《山茶》1981 年第 2 期。

4. [英]E. 霍布斯鲍姆、[英]T. 兰格:《传统的发明》,顾杭、庞冠群译,译林出版社 2004 年版。

5. [日]中村羊一郎:《茶的民俗学》,东京:名著出版 1992 年版。

第五章　品类功用

茶叶是茶文化的物质载体，要想了解和认识中华茶文化，还必须了解茶树的基本特性，准确辨识各种茶叶品类，懂得贮藏的方法。自古以来，人们就认识到茶的饮食价值，了解茶的功能和益处，这也是我们之所以喜爱并愿意长期喝茶的缘由。

第一节　认识茶树

与其他植物相比，茶树有独特的生物学特征，包括茶树的形态特征、基本分类、生长环境与生长周期等。

茶是人类采摘茶树上的鲜叶加工制作而成的一种古老的饮料。茶叶的种类繁多，形态各异，产地分布世界各地，品质也有诸多不同，但是它们都有一个共同的来源——茶树。所以，要了解各种形态和品质的茶叶，首先应该从认识和了解茶树开始。茶树的原产地是中国，主要是云贵川一带。作为自然界的一种植物，茶树具备自身的生物学特征。《中国植物志》中有对"茶"的形态特征的专门介绍："灌木或小乔木，嫩枝无毛。叶革质，长圆形或椭圆形，长4—12厘米，宽2—5厘米，先端钝或尖锐，基部楔形，上面发亮，下面无毛或初时有柔毛，侧脉5—7对，边缘有锯齿，叶柄长3—8毫米，无毛。花1—3朵腋生，白色，花柄长4—6毫米，有时稍长……蒴果3球形或1—2球形，高1.1—1.5厘米，每球有种子1—2粒。花期10月至翌年2月。野生种遍见于长江以南各省的山区，为小乔木状，叶片较大，常超过10厘米长，长期以来，经广泛栽培，毛被及叶型变化很大。"[1]

---

① 中国科学院中国植物志编辑委员会：《中国植物志》第四十九卷第三分册，科学出版社1998年版，第131页。

现代辞书《辞海》中关于茶叶，有比较通俗易懂的介绍："茶：(1)植物名。学名 Camellia sinensis。亦名'茗'。山茶科。常绿灌木。叶革质，长椭圆状披针形或倒卵状披针形，边缘有锯齿。秋末开花，花 1—3 朵腋生，白色，有花梗。蒴果扁球形，有三钝棱。中国中部至东南部和西南部广泛栽培；印度等国亦产。喜湿润气候和微酸性土壤，耐阴性强，用种子、扦插或压条繁殖。叶含咖啡因、茶碱、鞣酸、挥发油等，除作饮料外，并为制茶碱、咖啡因的原料。根供药用。(2)水沏茶叶而成的饮料。如：茶水；茶汤。……又为茶与点心的合称。如：早茶；晚茶。……(7)古代指聘礼。如：下茶；代茶……"①

植物分类学是一种鉴别植物种类的方法，通过探索各分类群间的亲缘关系并按照它们进化程度的不同来做出系统安排。最初的茶树学名，是由世界著名的植物分类学家林奈所定。他在《植物种志》(1753 年)第一卷中将其命名为"Thea sinensis"，意为"中国茶叶"。按照现代生物学分类法，从界、门、纲、目、科、属等级别给茶树归类的话，茶树属于植物界(Regnum Vegetable)，被子植物门(Angiospermae)，双子叶植物纲(Dicotyledoneae)，原始花被亚纲(Archichlamydeae)，山茶目(Theales)，山茶科(Theaceae)，山茶属(Camellia)。全世界山茶科植物共有 23 属 380 多种，中国就有 15 属 260 多种。② 茶树属于多年生、木本、常绿植物。多年生，意味着茶树的寿命比较长；木本，意味着茶树不是草本植物；常绿，则意味着其生长环境温度不能太低。茶树的芽叶是人类主要利用的对象。

一、茶树的形态特征

认识茶树需要了解和研究茶树的生物学特征，掌握其形态、生命活动规律及其与生态环境的关系等。陆羽在《茶经》中载："其树如瓜芦，叶如栀子，花如白蔷薇，实如栟榈，茎如丁香，根如胡桃。"对茶树的外部特征用各种类比进行了说明。茶树主要由根、茎、叶、花、果、种子等部分构成，依据其所承担的生理功能，可以分为两类：营养器官与繁殖器官。前者包括根、茎、叶等，负责养料及水分的吸收、运输、转化、合成和贮存等功能；后者则主要包括花、果实及种子，来完成开花、结果至种子成熟的全部过程。

---

① 夏征农、陈至立主编：《辞海(第六版) 缩印本》，上海辞书出版社 2010 年版，第 1581 页。

② 吴觉农主编：《茶经述评》，中国农业出版社 2005 年版，第 12 页。

(1)根。茶树的根系与茶树生长密切相关,它可以固定植株、吸收水分和储藏各种营养物质。“根深叶茂”充分说明了根的重要性。茶树的根系由主根、侧根、细根等组成。主根和侧根起固定树干、贮藏营养物质和输导的作用;细根主要吸收水分和无机盐。不同生育期的根形态不同,依生长活动而定。

(2)茎。茎是茶树联系叶、花、果实、根的纽带。在采摘茶树鲜叶时,摘下的一芽一叶或一芽数叶,除单个芽头以外,都有茎的部分。按枝条的着生位置不同,茶树分主枝和侧枝,侧枝又根据其粗细和作用的不同可分为骨干枝和细枝。从主枝上分出的侧枝为一级骨干枝,从一级骨干枝上分出的侧枝叫二级骨干枝,以此类推。

(3)芽。茶芽分叶芽和花芽两种,叶芽形成枝条,花芽开花结果。花芽一般由腋芽[①]分化而成,而顶芽一般发育成枝叶。之前所说的一芽几叶的“芽”就是叶芽。芽头刚萌生时,一般会裹上一层白色绒毛,称为“毫”。

(4)叶。我们喝的茶大部分是茶的叶子。鲜叶是形成茶叶品质的主要物质基础,一般为椭圆形或长椭圆形。鲜叶的基本特征是:叶片上有蜡质、叶缘有锯齿、有明显的主脉、叶脉呈闭合性网状等。

茶树叶片根据发育完全程度可分为鳞片、鱼叶和真叶。鳞片:包裹在芽的外面,形状特小,色褐,叶面内折。鱼叶:发育不完全,形同鱼鳞,色较淡,叶脉不明显,叶缘一般无锯齿。真叶:发育完全叶,就是我们平常所采摘的叶片。根据颜色不同可分为:淡绿色、绿色、深绿色、黄绿色、紫绿色等。根据叶缘形态不同可分为:平展、波浪、背转、内折等。根据叶面的形态不同分为:平滑、粗糙、光泽、暗晦、隆起等。根据叶质的柔软性不同分为:硬、脆、柔软等。根据叶尖的形态不同,又可分为急尖、渐尖、钝尖和圆尖。

(5)花。茶花为两性花,一朵茶花里具备雄蕊与雌蕊。在结构上由花柄、花萼、花冠、雄蕊、雌蕊五个部分组成。茶树的盛花期为每年的秋季。花多为白色,少数呈淡黄或粉红色,稍微有些芳香。茶花中雄蕊一般有200—300枚。

(6)果。茶树的果实外表光滑,属于植物学上的蒴果。果实包括果壳、种子两部分。茶果成熟时为棕绿色或深绿色,果壳开裂,种子落地,生根发

---

① 腋芽:侧芽之一种,特指从叶腋所生出的定芽。腋芽常见于种子植物的普通叶中,通常每一叶腋间形成一个腋芽。

芽。根据果内种子粒数不同呈现不同的形状,有球形(1 粒)、肾形(2 粒)、三角形(3 粒)、方形(4 粒)、梅花形(5 粒)。

二、茶树的类型

1. 按照分枝性状的差异,可将茶树分为乔木型、小乔木型和灌木型(见图 5-1)。

(1)乔木型。乔木型茶树植株高大,有明显的主干。此类茶树多分布于和茶树原产地条件较接近的区域,如我国西南地区,主要是云贵川一带。植株主干明显,呈总状分枝,分枝部位高,枝叶稀疏。叶片比较大而且长,多数叶片长度超过 14 厘米。叶片栅栏组织①多为一层。

(2)小乔木型。也称半乔木型,此种茶树植株较高大,基部主干明显,植株上部主干则不明显。分枝部位较低,也较为稀疏,大多数品种叶片长度在 10—14 厘米之间。叶片栅栏组织多为两层。

(3)灌木型。灌木型茶树植株矮小,无明显主干。此种类型包括的品种最多,我国大多数茶区均有分布。栽培茶树往往通过修剪来抑制纵向生长,从植株根部分枝,分枝能力强,枝条稠密,各枝条粗细大体相同,叶片较小,叶片长度变化范围大。叶片栅栏组织为 2—3 层。

图 5-1　乔木型茶树、小乔木型茶树、灌木型茶树(赵昊鲁绘)

2. 根据成熟叶片大小(主要是长度和宽度),可将茶树分为大叶种、中叶种和小叶种。叶片分类的大体标准为:

(1)特大叶类:叶长在 14 厘米以上,叶宽 5 厘米以上;(2)大叶类:叶长

① 叶片栅栏组织:指位于叶子表皮下方排列整齐的一层或多层柱状细胞,呈栅栏状,故称栅栏组织。

10—14 厘米，叶宽 4—5 厘米；(3) 中叶类：叶长 7—10 厘米，叶宽 3—4 厘米；(4) 小叶类：叶长 7 厘米以下，叶宽 3 厘米以下。

三、茶树的生长环境

茶树的生长与周围的环境有着密切的联系。其适生环境的特点概括而言为“四喜四怕”，即喜酸怕碱、喜光怕晒、喜暖怕寒、喜湿怕涝。这些环境因素主要涉及气候条件、土壤条件、地形条件。这些地理条件在很大程度上决定了茶树的不同产地和品质。

1. 喜酸怕碱。这是指茶树所适生的土壤酸碱性而言。茶树适合的土壤为酸性，有关数据显示，最适宜茶树生长的土壤的 pH 值为 5.0—5.5。我国西南部原始森林的土壤和茶树分布较多地区的土壤都是酸性土，这些地方到处可发现马尾松、杜鹃、蕨类植物的生长（科学家们称这些植物为酸性土的指示植物）。我国北方大部分地区，冬季温度太低，土壤多为碱性土，不适合茶树的生长。

2. 喜光怕晒。光照强度对于茶树的生长有着明显影响，也因此影响着茶叶的产量与品质。适当强度的光照是非常必要的，可以促进植物的光合作用。但是如果光照过强，茶树生长反而受到抑制。实验证明，在漫射光的作用下，茶树可以生成更多的氨基酸等物质，这说明了在云雾多、漫射光多的高山茶园，茶叶品质往往较好的原因。

3. 喜暖怕寒。茶树的生长，对温度有一定的要求，一般而言日平均气温为 20℃—30℃，年平均气温为 13℃左右为宜。茶树生长的最低临界温度依茶树品种而异，大叶种抗寒性较弱，一般为 -5℃左右，中小叶种忍受低温能力较强，可为 -10℃。北方冬季过低的温度是造成茶树冻害的主要原因。

4. 喜湿怕涝。茶树的生长需要水分的滋养。茶树生长良好的地方，年降雨量最好在 1000 毫米以上，而且雨量分布均匀。月降雨量要求在 100 毫米以上，大气相对湿度以 80%—90% 为最好。研究表明，如果水分供应充分，空气湿度较大，则茶树的新梢叶片大，叶片薄，产量较高，也较为细嫩。但在低洼地长期积水、排水不畅的条件下，茶树根系有霉烂、坏死现象，也不利于茶树生长。

四、茶树的生长周期

所谓茶树的生长周期是指茶树的生长、发育、成熟和死亡的进程。茶树的繁殖方式，包括有性繁殖与无性繁殖两种。前者是两性细胞结合后产生种子，以种子进行繁殖的方式；后者是利用茶树茎、叶、根、芽等营养器官繁殖后代的方式，如扦插、压条、分株等方法。

以有性繁殖为例，茶树的生命，从受精的卵细胞（合子）开始，就成为一个独立的、有生命的有机体。合子经过一年左右的时间，生长、发育而成为成熟的茶籽。茶籽播种后发芽，出土形成一株茶苗。茶苗不断从环境中获取营养元素和能量，逐渐生长，发育成为根深叶茂的茶树，开花、结实，繁殖新的后代。茶树也在人为或自然的条件下，逐渐趋于衰老，最终死亡。

在茶树的整个生命周期中，茶树树体本身要发生一系列变化。按照茶树不同生长发育阶段的特点，一般从生物学上将茶树划分为四个阶段，即幼苗期、幼年期、成年期、衰老期。

（一）幼苗期

茶树幼苗期是指从种子发芽到幼苗出土、第一次生长休止时为止，或从利用茶树枝条进行扦插到形成完整独立的植株为止。这一时期需要 4—8 个月。

温度适宜、水分充足和通气良好的土壤环境，是茶籽萌发的三个基本条件。这段时期，由于胚芽尚未出土，它的生长、发育所需的养分主要靠种子中贮藏的物质水解供给。茶苗出土后，叶片生长的顺序是：首先展开鳞片，然后展开鱼叶，最后才展开真叶。幼苗期茶树不耐强光，容易受到恶劣环境条件的影响，特别是高温和干旱，所以在种植时须特别注意保持土壤的含水量。

（二）幼年期

从第一次生长休止到茶树正式投产，约为 3—4 年，这也是茶树产生经济效益的年限。幼年期的茶树生长发育很旺盛，茶树的地上部分生长迅速，表现为单轴分枝，顶芽不断向上生长，而侧枝很少。茶树具有很强的可塑性，应做好定型修剪工作，以抑制主干的生长，促进侧枝生长，培养粗壮的骨干枝，形成浓密的分枝树型。同时，要求土壤深厚、疏松，使主根深入，侧根生成，整个根系分布深广。

这时是培养树冠采摘面的重要时期，因此不能胡乱采摘，以免影响茶树的生理机能。而且，该阶段茶树的各种器官都比较幼嫩，特别是 1—2 年生的时候，茶树对干旱、冷冻、病虫等各种自然灾害的抗性较弱。

（三）成年期

成年期是指茶树正式投产到第一次进行更新改造时为止（亦称青、壮年时期），生物学年龄较长，约 20—30 年。

成年期是茶树生长发育的旺盛时期,产量和品质都处于高峰阶段。茂密的树冠和开展的树姿形成较大的覆盖度,充分利用周围环境获取营养的能力增强了。同时,茶树根系形成具有发达侧根的分枝根系,以根轴为中心,向四周离心生长十分明显。由于不断的采摘和修剪,树冠面上的小侧枝愈分愈细,并逐渐受到营养条件的限制而衰老,尤其是树冠内部的小侧枝更明显。

作为茶树一生中最有经济价值的时期,成年期应采取的主要农业技术措施是加强培肥管理,保持茶树旺盛的树势,及时培养更新整理树冠,合理采摘并配合其他综合栽培管理技术,尽量延长这一时期的年限。

(四)衰老期

从茶树第一次更新改造开始到整株死亡为止,这一时期为茶树的衰老期。此时茶树育芽能力逐渐衰退,树冠分枝明显减少,根茎出现自然更新现象,地下部分吸收根减少,细小的侧根开始死亡,茶叶产量和品质不断下降,虽然开花仍然较多,但结实率较低。在经过修剪等更新技术以后,茶树重新恢复树势,形成新的树冠,从而得到复壮。经过若干年采摘和修剪以后,茶树再度逐渐趋向衰老。如此往复循环,不断更新,其复壮能力也逐渐减弱,最后茶树完全丧失更新能力而全株死亡。

第二节　茶叶的分类

按照加工制作方法,同时结合品质特征和外形差异,中国茶叶主要分为绿茶、红茶、黄茶、黑茶、青茶、白茶等六大基本茶类与再加工茶类。不同的茶类,其外形、香气、滋味、口感上都存在较为明显的差别。

一、茶叶的主要分类

我国是茶树的原产地,也是世界上最早发现和利用茶叶的国家。在数千年来的生产实践中,茶从治病的良药发展成为日常的饮品,主要得力于茶叶加工技术的不断提升。而劳动人民在这方面积累了丰富的经验,创造了丰富的茶叶品种。

中国茶叶的生产制作,经历了非常复杂的发展历程。人们对于茶叶的认识与利用是不断发展更新的。最先是咀嚼鲜叶,再就是生煮羹饮,继而晒干收藏,到了唐代,蒸青制茶法出现,带来了饼茶的形式。以唐代为界,我国制茶技术不断发展,茶叶制作经历了由唐饼茶、宋团茶、明清叶茶几个大的发展阶段，所以，中国饮茶方式的演变亦大致经历了汉魏晋时期的煮茶法、唐代煎茶法、宋代点茶法和明清时期的泡茶法四个时期。

目前，我国仍是以泡茶法为主要冲泡方法，茶叶的形态以散茶为主，兼有饼茶、团茶等其他形式。应该说，中国是一个茶叶大国，茶类非常丰富，茶名极为复杂，在世界上可谓独一无二。茶叶按照不同的方法或标准，比如产地、制作工艺、品质特征等，可作不同的分类。下面我们进行简要介绍。

（1）按制作方法和茶多酚氧化程度的不同，可将茶叶分为六大茶类。六大茶类属于基本分类，与之对应的是再加工茶类，包括花茶、速溶茶、袋泡茶等。六大茶类一般都是以鲜叶为原料，采用一定的工艺加工而成的，分为绿茶、白茶、黄茶、黑茶、青茶、红茶等类型。人们常将茶多酚的氧化过程统称为发酵，并以此对茶类进行划分。绿茶为不发酵茶，如西湖龙井、黄山毛峰、信阳毛尖等；白茶为微发酵茶，如白毫银针、寿眉、白牡丹等；黄茶为轻发酵茶，包括君山银针、霍山黄芽等；青茶为半发酵茶，包括武夷岩茶、铁观音、大红袍、黄金桂、乌龙茶等；红茶为全发酵茶，主要有工夫红茶、小种红茶、红碎茶等；黑茶为后发酵茶，有广西六堡茶、云南普洱茶、湖南茯砖茶等。这种分类方法已为我国茶叶科技工作者广泛应用，是最常见的分类。

需要说明的是，发酵是茶叶进行氧化的一种方式，它是茶叶加工的一道重要程序，首先对茶青造成颜色的改变。未经发酵的茶叶是绿色的，发酵后会产生茶黄素、茶红素，所以叶片往往会变红，发酵愈多颜色变得愈红。生活中，我们只要看泡出茶汤的颜色是偏绿还是偏红，就可大体知道该茶发酵的程度。其次，发酵造成茶香气的改变：未经发酵的茶，是属清香型；让其轻轻发酵，就会变成花香型；让其重一点地发酵，就会变成果香型，让其再加重一点地发酵，会变成成熟果香型；若其全部发酵，则变成糖香型。再次，发酵造成茶滋味的改变：发酵愈少的茶，愈接近自然植物的风味，发酵愈少，就越保留了自然植物的风味，发酵愈多，离自然植物的风味愈远。

（2）按季节分，可分为春茶、夏茶、秋茶等。人们一般把 2—5 月采制的茶称为春茶。其中清明节前采制的茶称为明前茶；谷雨前采制的茶叫雨前茶。春茶一般芽头肥硕、色泽翠绿、叶质柔软、滋味鲜爽。夏茶一般指 6—7 月采制的茶叶。这个阶段的茶叶，由于温度高、雨水多，茶树生长快，茶叶节间较长，且茶多酚、花青素、咖啡因含量相对较高，所以苦涩味较重。秋茶是指 8—9 月采制的茶叶。秋茶由于气温下降、营养消耗，造成叶色稍偏黄、滋味较为平淡，但由于昼夜温差较大，且白天气温不高，使得秋茶香气较好，其中 9 月秋茶适逢谷花时期，故又称谷花茶。

(3)按生长环境分,可分为高山茶、平地茶。平地茶一般芽叶较小,叶色黄绿,光润欠佳,香低味淡,叶底较薄。而高山茶生长良好,芽叶肥壮、叶质柔软、白毫显露,鲜爽浓郁。古往今来,我国的历代贡茶、传统名茶以及当代新创制的名茶,大多出自高山,所谓"高山云雾出好茶"。高山茶园,由于森林茂密、覆盖度大,气候温和湿润、雨量充足,土壤深厚肥沃,形成了独特的生态条件。再加上海拔较高,茶园处于群山环抱之中,终年云雾缭绕、相对湿度大,日照时间短、漫射光多,故茶叶的品质良好。

二、六大茶类

(一)绿茶

绿茶是我国生产历史最久,品类也最为丰富的茶叶类型。绿茶的制作,一般是将鲜嫩的芽叶,通过高温杀青、揉捻、干燥而成,其中杀青是制作绿茶的主要工序,通过高温破坏了茶叶的氧化酶的活性抑制了茶多酚的氧化,避免产生红梗红叶,保证了绿茶的基本品质特征,同时也较多地保留了鲜叶内的天然物质如茶多酚、咖啡因、叶绿素等。

绿茶的外形多样,不同的制作工艺造就不同的外形。有长条形、扁平形、针形、螺形、珠形、花朵形、曲形、蝌蚪形等,可谓丰富多姿。一般形容绿茶的品质特点为"清汤绿叶"。根据绿茶杀青和干燥方法的不同,可分为炒青绿茶、烘青绿茶、蒸青绿茶和晒青绿茶四类。

(1)炒青绿茶就是将鲜叶杀青、揉捻后利用高温锅炒干燥制作而成的绿茶。此类型茶叶具有锅炒高香味。按外形可分为长炒青、圆炒青和扁炒青三类。长炒青形似眉毛,又称为眉茶。圆炒青外形如颗粒,又称为珠茶。扁炒青又称为扁形茶。炒青绿茶是品类最多的茶叶类型,包括西湖龙井、洞庭碧螺春、涌溪火青、老竹大方、蒙顶甘露、竹叶青、平水珠茶、庐山云雾茶等。

(2)烘青绿茶就是将鲜叶杀青、揉捻后烘干的绿茶。此茶芽叶较完整、条索疏松、清香或花香,由于条索疏松,有利于花香味的吸附,常用作熏制花茶原料。如黄山毛峰、六安瓜片(见图 5-2)、太平猴魁、信阳毛尖等。

(3)蒸青绿茶就是利用蒸汽将鲜叶杀青,然后揉捻、干燥而成的绿茶。此茶清香、滋味醇厚,有"色绿、汤绿、叶底绿"的特点。日本的蒸青茶产量最高。诗仙李白曾写诗赞叹湖北的仙人掌茶,该茶也是蒸青绿茶。如恩施玉露茶、宜兴阳羡茶。

(4)晒青绿茶就是将鲜叶杀青、揉捻后直接利用日光晒干的茶,此茶色

图5－2 安徽绿茶·六安瓜片

泽灰绿或墨绿，汤色浅绿或黄绿，日晒味明显。如云南的滇青茶。

（二）红茶

红茶属于全发酵茶类，其基本加工工艺为萎凋、揉捻、发酵、干燥等程序。由于在加工过程中发生了以茶多酚酶促氧化为中心的化学反应，产生了茶黄素、茶红素等新成分，故其品质特征为“汤红叶红”。红茶的干茶色泽黑褐油润，略带乌黑，冲泡后，汤色红艳、甜香，滋味鲜爽，叶底红润明亮。

红茶是目前世界上生产和消费量最大的茶类，它具有很好的兼容性，既可以清饮，也可以调饮，比如与牛奶、果汁、糖、柠檬、蜂蜜等物质互相交融，相得益彰，成为时尚饮品。因此深得欧美茶人的喜爱。红茶按其制造方法不同，分为小种红茶、工夫红茶和红碎茶三种。

（1）小种红茶：有正山小种和外山小种之分。前者产于崇安县星村乡桐木关一带，也称“桐木关小种”或“星村小种”。后者是指政和、坦洋、古田、沙县等地所产的小种红茶，统称“外山小种”。在小种红茶中，以正山小种的条索最为肥厚，色泽乌润，茶汤红浓，香高而长，带松烟味，滋味醇厚。

（2）工夫红茶：也称“条形茶”，是我国特有的红茶品种，也是我国的传统出口商品，因其制作技艺精细而得名。常见工夫红茶以地方命名，主要有：福建闽红（包括政和工夫、白琳工夫、坦洋工夫）、安徽祁红、云南滇红

(见图5－3)、湖北宜红、四川川红、江西宁红、浙江越红等。

(3)红碎茶:也称“红细茶”,鲜叶经过萎凋、揉捻后,用机器切碎,再经过发酵制作而成。有叶茶、碎茶、末茶、片茶等形态,冲泡时茶汁浸出快,浸出量大。品质特点是香高味浓、滋味鲜爽、汤色红艳明亮。红碎茶是具有国际规格的商品茶。

图5－3　云南红茶·琥珀金针

(三)白茶

白茶属于轻微发酵的茶类,是我国特有的茶类之一,因其成品茶多为芽头,满披白毫,如银似雪而得名。在日光下将鲜叶摊晾进行萎凋,再将萎凋好的茶叶在阳光下直接晒干,即为白茶。白茶无须揉捻,其工艺与绿茶存在区别。由于日晒茶往往香气不足且稍带青气,现在常进行低温烘干处理。白茶为福建特产,主要产区在福鼎、政和、松溪、建阳等地。品质特点为干茶多以淡绿色为主,披满白色绒毛;汤色浅淡或杏黄,滋味醇爽清甜。

白茶按照鲜叶采摘嫩度的不同,传统上分为芽茶和叶茶两类:芽茶如福建的白毫银针(见图5－4),采用大白茶的肥壮芽头制作而成,其芽头肥壮,挺直如针;叶茶指采用一芽二三叶或用单片叶按照生产工艺制成的,如白牡丹、寿眉、贡眉等。随着新工艺的发展,现在也有将白茶压制而成的饼茶。在适当的条件下,白茶可以长期存放达七年或者更久。

图5－4　福鼎白茶·白毫银针

（四）青茶

青茶，也叫乌龙茶，它属于半发酵茶，是中国茶叶中具有鲜明特色的茶叶品类。其加工工艺是鲜叶采摘后，经晒青萎凋、反复摇青，然后高温火炒、揉捻、干燥而成。冲泡后，叶片有“绿叶红镶边”的美誉。其品质独特，汤色黄红，滋味醇厚，既有绿茶的清香和花香，又有红茶的甜醇。制作程序则比较复杂，有晾青、摇青、杀青、包揉、揉捻、烘焙等环节。需要注意的是，青茶作为半发酵茶，其发酵程度，因茶而异，有的发酵程度偏重，有的发酵程度偏轻。

根据其产区不同分为：福建乌龙茶（包括闽北与闽南乌龙）、广东乌龙茶、台湾乌龙茶等。

（1）闽北乌龙。是指出产于福建北部武夷山一带的乌龙茶，主要有武夷岩茶闽北水仙、武夷肉桂、武夷奇种等。闽北乌龙做青时发酵程度较重，揉捻时无包揉工序。茶树中部分优良的单株茶树采制而成的茶，称为单丛，单丛中品质特优的为名丛，比如四大名丛：大红袍、铁罗汉、白鸡冠、水金龟等。

（2）闽南乌龙。是指出产于福建南部的乌龙茶，以安溪产量最多，也最有代表性。所产铁观音，外形独特，条索卷曲，呈蜻蜓头状，重实如铁，被誉为“美如观音重如铁”，其香气滋味，具有别样韵致。另外还有黄金桂、毛蟹、奇兰等品种。

(3)广东乌龙。主要产于广东汕头地区,品种有凤凰水仙和梅占等。以凤凰乡所产乌龙茶最具代表,一般以水仙的品种结合地名称之为凤凰水仙。凤凰单丛则是选育出来的优异单株所制作出来的茶(见图5-5)。

图5-5 广东乌龙茶·凤凰单丛

(4)台湾乌龙。是指我国台湾地区所产之乌龙茶。根据萎凋和做青程度分为“乌龙”和“包种”两类。前者发酵程度较重,汤色金黄明亮,香气浓郁带果香,滋味醇厚润滑,主要有白毫乌龙(“东方美人茶”)、冻顶乌龙等。后者发酵程度较轻,汤色黄绿,香气清新持久,滋味甘甜鲜爽,以文山包种为代表。

(五)黑茶

黑茶为后发酵茶,其制茶工艺一般包括杀青、揉捻、渥堆和干燥等工序。传统上,黑茶成品的颜色以黑褐、青褐为主,因此被人们称为“黑茶”。黑茶的品质特点为干茶色泽黑褐油润、汤色橙黄或橙红、香味醇和持久、滋味醇厚顺滑,叶底黄褐油亮。黑茶根据其产区和工艺的不同,可分为云南普洱茶、湖南黑茶、湖北老青茶等。

(1)云南普洱茶。普洱茶是云南大叶种晒青茶为原料,并采用特定的加工工艺制成,具有独特品质的茶叶。普洱茶历史悠久,文化底蕴深厚,在近代是重要的外销茶,也是边销茶,以西双版纳勐海县等所产为代表。主要有生茶和熟茶两种类型。生茶和熟茶的主要区别在于,生茶的茶饼主要以青绿色为主，用传统制作手法，未经过渥堆工序，泡出的茶汤颜色比较透亮；而熟茶（见图 5－6）经过发酵，茶饼呈现深黑色，且泡出的茶汤为红褐色，在夏日饮用可以很好地清热消暑。在产品形态上，则有散茶和紧压茶两种，以紧压茶为主，包括砖茶、饼茶、沱茶、方茶、金瓜茶等。普洱茶具有减肥降脂之功效，可品饮也可收藏，且有越陈越香的特点，在适当条件下可以长期存放。

图 5－6　云南普洱熟茶·金针白莲

（2）其他黑茶。湖南黑茶花色品种繁多，成品有"三尖""三砖""一卷"之称。三尖茶又称为湘尖茶，指天尖、贡尖、生尖；"三砖"指黑砖、花砖和茯砖，以安化茯砖具代表性；"一卷"是指花卷茶，现统称安化千两茶。湖北黑茶，一般采的茶叶都比较粗老，含有较多的茶梗，多蒸压成砖形，称为"老青砖"。另外，还有广西的六堡茶，其品种花色也具有明显的地域特点。

（六）黄茶

黄茶的发酵程度较低，基本工艺流程与绿茶接近，区别在于其制作过程中增加了一道闷黄的工序。其品质特点为香气清悦、汤色金黄、味厚爽口，总体特点为"黄叶黄汤"。黄茶按照采摘鲜叶的嫩度和芽叶大小，分为黄芽茶、黄小茶和黄大茶三类。

（1）黄芽茶，采摘最为细嫩的单芽或者嫩的一芽一叶制作而成。其特点为单芽挺直、冲泡后直立杯中，外形茁壮挺直，色泽金黄、光亮，汤色杏黄明亮，滋味甘醇爽口，观赏价值极高。如君山银针、蒙顶黄芽、霍山黄芽等为其代表。

（2）黄小茶，采摘较大一些的一芽二三叶加工而成，外形微卷，色泽黄亮油润，白毫显露，汤色橙黄，明亮滋味醇厚鲜爽。代表性的有湖南北港毛尖、沩山毛尖，浙江平阳黄汤（见图5－7）等。

图5－7　浙江黄茶·平阳黄汤

（3）黄大茶，采摘一芽二三叶甚至一芽四五叶为原料制作而成，外形梗壮叶肥，叶片成条，梗叶金黄显褐，色泽油润，汤色深黄显褐，滋味浓厚醇和。主要包括安徽霍山黄大茶及广东韶关、肇庆、湛江等地的广东大叶青。

三、再加工茶

再加工茶是在六大茶类的基础上，经过各种工艺制作而成的具有特定形态、品质与功效的茶类。主要包括花茶、紧压茶、萃取茶、保健茶等。

（一）花茶

花茶是根据茶叶容易吸附异味的特点，以茶叶和鲜花为窨料加工而成。生产上主要是将茶叶与鲜花进行拼合窨制，让花香融入茶中，制成的花茶既有茶的味道，又有花的香气。一般用绿茶做茶坯，少数也有用红茶或乌龙茶做茶坯。所用的花，品种有茉莉花、桂花、珠兰、玫瑰花等，以茉莉花为最多。

茉莉花茶是花茶中最为典型的代表，产量大，销路广，品种多，属于大众化饮品。大宗茉莉花茶以烘青绿茶与茉莉鲜花为主要原料，经特定工艺制成，称为茉莉烘青。茉莉鲜花洁白高贵，香气清幽，近暑吐蕾，入夜放香，花开香尽。茶叶饱吸花香，成品既有花朵的香气又有茶叶的清新，是口感香甜、受大家欢迎的饮品。

（二）紧压茶

紧压茶是将已经制成的红茶、绿茶、黑茶毛料等进行蒸压做成特定形状的再加工茶，以黑茶紧压茶为代表。从外形看，目前所生产的紧压茶可谓丰富多样，包括饼茶、沱茶、方茶、米砖、花砖、青砖、竹筒茶、金瓜茶、圆柱茶等。下面简要介绍几个代表性品种：

图5－8　七子饼茶

（1）饼茶。以云南七子饼茶为代表，分生、熟茶两种。以大叶种晒青茶为原料，经拼配、发酵、蒸压等工艺制作而成的圆饼形紧压茶。七子饼（见图5－8）通常是七个饼包装成一筒，重2.5公斤，寓意多子多福，也是方便快捷的计量方式。云南七子饼茶具有越陈越香的特点，既可以品饮，有益身体健康，也可以长期收藏，还可以作为礼品赠送朋友。

图5－9　普洱沱茶

（2）沱茶。沱茶的外形呈厚壁碗形或蘑菇形，重量从100克到250克不等。主要产地在云南勐海、下关以及重庆等地。沱茶（见图5－9）的外形紧结，色泽褐红，有独特的陈香，滋味浓郁醇厚，回甘较为明显，降脂功效良好。

（3）砖茶。砖茶形态似砖（见图5－10），大小依据砖茶包装及外形重量的不同而区别。传统上来说，砖茶多为销往西藏、青海、内蒙古等地，品类也比较多，代表性的有：米砖，即产于湖北的红茶紧压茶；茯砖，即产于湖南、四川的黑茶紧压茶，存放过程中会产生“金花”（学名“冠突散囊菌”）；青砖，产于湖北咸宁，以老青茶为原料制作而成；康砖，产于四川雅安等地，呈圆角枕形等。

图5－10　普洱砖茶

（三）萃取茶

这是以成品茶或者半成品茶为原料制作而成的再加工茶。采用一定的技术手段萃取茶叶的可溶物所制成的液态或固态茶。主要有速溶茶、浓缩茶等。

（1）速溶茶。一般呈粉末状或者颗粒状，其水溶性好，可溶于热水或者冷水，冲泡方便快捷，且无茶渣。但其香气滋味不及普通茶汤浓醇。速溶茶必须密封包装，防止吸湿变潮。

（2）浓缩茶。这是将成品或者半成品的茶叶，经科学方法萃取、浓缩而成的茶类。这种浓缩茶可以直接饮用，也可以加水稀释后饮用。通常作为制作灌装茶或者果味茶的原料。

（四）保健茶

保健茶是将茶叶与某些具有保健功效的中草药配合而成的合成茶。这种茶具有一定的养生保健功效，但不同于药品，不能替代药品。随着人们养生意识的增强，以茶为原料，传统中草药为主要成分的保健茶已成为社会关注的亮点。

保健茶因加入的配料不同，而存在许多种类，比如绞股蓝茶、杜仲茶、清音茶、减肥乌龙茶、柑普茶、柠檬普洱茶等。其名称多种多样，保健功效各异，较为繁杂，有部分保健茶的宣传有夸大之嫌，选购时要格外注意。

（五）袋泡茶

袋泡茶又称茶包（Tea Bag），是将加工后的茶叶装入透水材料制成的网袋所制成的茶饮。袋泡茶的优势是携带方便，冲泡省时省事，又比较雅致时尚。根据茶叶原料的不同，袋泡茶可以分为绿茶、红茶、乌龙茶、黄茶、白茶、黑茶、花茶袋泡茶和保健类袋泡茶等。根据包装的不同，袋泡茶可以分为四角包、吊线四角包、三角包、M 包、双囊包和单囊包。根据茶叶性状不同，袋泡茶可以分为原叶、碎叶和颗粒。当然，袋泡茶也可以根据市场需要，制成药茶或其他保健茶的形式，其产品形态可谓灵活多样。

第三节　选购与储藏

在茶叶的选购方面，要注意外形、色泽、香气、滋味等因素。在储藏方法上，要注意引起茶叶劣变的主要因素有光线、温度、湿度、微生物、异味污染等。

一、茶叶的选购方法

茶已经成为我们日常生活中不可或缺的健康饮料，品茶也是人们的一种休闲的生活方式。但是由于中国茶叶门类众多，形态多样，品质不同，市场销售情况可以说是比较复杂的。如何在茫茫茶海中甄别茶品的好与坏，自然就成了一门需要用心对待的学问。

茶叶的选购不是易事，我们需要掌握相关的知识及技能，如各类茶叶的基本特征、等级标准、价格与行情，以及茶叶的常用审评标准、检验方法等。掌握科学的方法，并在实践中学习锻炼，普通人也可以成为鉴茶能手。一般来说，茶叶的好坏，主要从色、香、味、形等方面予以鉴别。

（一）从外形上判断

茶叶形状是人们看得见又摸得着的，既可区别茶色品种，又可区分等级，因而是判断茶叶品质的重要项目。主要有三看：

（1）看匀整度。匀整度要求茶的色泽、大小、长短、粗细、形状基本一致，做到整齐、匀净。如果茶叶外形长短不同，大小各异，或者含有杂质，或者碎末过多，很可能是制作粗糙、工艺简陋所造成的，茶叶的等级就不会太高。除了用眼看，也可以用手轻握茶叶，如果微感刺手，轻捏会碎的话，表示茶叶干燥程度良好，茶叶含水量较少；如捏茶叶而不碎，则茶叶可能受潮回软，品质会打折扣。

（2）看嫩度。一般而言嫩度好的茶叶，芽头比较多，外形上看会显白毫。但是，以多茸毛做判断依据，只适合于毛峰、毛尖、银针等“茸毛类”茶，因为各种茶的具体情况不同，如极好的狮峰龙井是体表无茸毛的。实际上，不同的茶叶品类，对嫩度的要求不同。有的是用纯芽头做成，有的则是一芽一叶或两叶。目前茶叶市场不提倡单纯为了追求嫩度而只用芽头制茶，因为芽心生长不完善，内含成分不全面，而且采制成本高。追求后期转化的普洱茶更是如此，一芽二三叶更适合后期的转化。

（3）看条索。条索是各类茶具有的一定外形规格，不同品类的茶叶，有不同的外形特征。一般来说,条索紧、身骨重、圆(扁形茶除外)而挺直,说明原料嫩,做工好,品质优;如果外形松、扁(扁形茶除外)、碎,并有烟、焦味,说明原料老,做工差,品质劣。扁形茶以平扁光滑者为好,粗、枯、短者为次;条形茶以条索紧细、圆直、匀齐者为好,粗糙、扭曲、短碎者为次;颗粒茶以圆满结实者为好,松散块者为次。细实、芽头多、锋苗锐利的茶叶嫩度高;粗松、老叶多、叶脉隆起的茶叶嫩度低。

(二)从色泽上判断

干茶的色泽是茶叶原料与加工技术共同作用的结果。六大茶类均有一定的色泽表现,如红茶乌黑油润、绿茶翠绿、乌龙茶青褐色、黄茶黄绿色、白茶白毫色、黑茶黑油色等。但是无论何种茶,好茶均要求色泽一致,光泽明亮,油润鲜活。如果色泽不一,深浅不同,暗而无光,说明原料老嫩不一,做工差,品质劣。抓住色泽因素,便可从不同的色泽中推知茶叶品质优劣的大致情况。实际生活中,要注意茶叶外包装对颜色的影响。一般应该在自然光条件下直接接触茶叶。透过包装看茶叶,有时无法看到真实的茶叶色泽。

(三)从香气上判断

茶叶的香气是由不同芳香物质以不同浓度组合而成的。香气的形成受到许多因素的影响,如品种、地域、栽培条件、鲜叶质量、加工方法等等。茶叶香气是构成茶叶感官品质的重要组成部分。不同的茶类,香气差异较大,总体情况比较复杂。从干茶的香气上辨别,绿茶有清香、豆香等;乌龙茶则具特有的花香如兰花香,还有果香如水蜜桃香等;红茶通常带有一种甜香;普洱生茶有花香或花果香,熟茶则有焦糖香、枣香或荷香,老茶则有陈香、樟香等;花茶则较为特别,它兼有茶香和窨花的花香两种香气。

一般情况下,凡是好茶,其香气或清雅或浓烈,或高扬或长久,但一定是令人心情愉悦的。如果气味让人不悦或者不舒服,则必然存在一些问题,比如有霉味、油臭味、焦味、菁臭味、陈旧味、火味、闷味或其他异味。

(四)从滋味上判断

作为一款饮料,滋味的好坏是决定茶叶品质的关键要素。茶叶是神奇的饮料,不同的茶类,其味觉体验存在很大区别。但有一些体验却是共同的,比如《茶经》说,“啜苦咽甘,茶也”,茶是苦后回甘的。好的茶叶,在味觉刺激后,通常是有回味和余韵的,给人带来比较舒适的感受,从物质上和精神上满足饮茶者的追求。清朝的梁章钜提出的“香、清、甘、活”,虽是对岩茶的评判,但也具有很好的参考价值。

在实践中从滋味上看茶叶品质,宜结合茶类来评判,诸如绿茶口味浓厚而鲜爽,含香有活力;红茶滋味浓厚、强烈、鲜醇,有一定的刺激性;乌龙茶入口有清鲜醇厚感,过喉甘爽醇厚,回味略甜醇和;白茶入口感觉清鲜爽快,有甜味醇爽,茶味淡而青草味重:都有各自的风味。相反,绿茶味淡、涩口者;红茶味平、粗淡者,当属粗老茶之列。而不同年份的普洱茶品鉴比较复杂,通常有甜、苦、涩、酸、鲜等数种味感,也有滑、爽、厚、薄、利等口感,同时还有回甘、喉润、生津等感觉。此类感觉体验组合成普洱茶之滋味,各种感觉可能单独存于某一泡普洱茶中,也可能并存,在滋味品鉴过程中就需要细细品味,予以鉴别。

(五)从叶底来判断

茶叶叶底,即指干茶经开水冲泡后所展开的叶片。叶底是对茶叶鲜叶状态的复原。可将泡过的茶叶倒入叶底盘或杯盖中,并将叶底拌匀铺开,观察其嫩度、匀度、色泽等。

在嫩度上,主要看芽头所占的比例,未发酵的芽头为白色,发酵过的芽头呈金黄色。还可以观察叶形的整碎,叶底形状以整齐为佳,碎叶多、不匀整的为次级品。要注意茶叶的弹性,可以用手指捏叶底,一般以弹性强者为佳,表示茶菁幼嫩,制造得宜。叶脉突显,触感生硬者,为老茶菁或陈茶。在叶片色泽上,颜色应该正常,即具备某种茶类应有的颜色。如发酵程度高的红茶,叶底应呈鲜艳红色为佳;乌龙茶属半发酵茶,包括重发酵的乌龙茶,其颜色为红褐色、深褐色,轻发酵的乌龙茶颜色为青绿色或深绿色;白茶,叶底的颜色多为黄绿色、嫩绿色;黄茶的叶底颜色多为浅黄色等。普洱熟茶,品质好的叶底依然有光泽,干净无尘杂,叶片可以舒展,并且同样有一定柔韧度;如果从叶底中可以看到茶叶以外的杂质,叶底光泽暗淡,茶叶失去韧性,揉捏后如同腐泥,则说明这款熟茶品质一般。另外叶底可以看出工艺上的痕迹,比如绿茶的叶底,如果加工过程中杀青温度过高,而发生焦变,就会在叶底上留下细小的黑色焦斑;如果摊晾时间太长或者杀青温度过低,可能会有红变现象。红茶的制作中如果发酵程度不足,就会夹杂青绿色。这都是品质不佳的表现。

总而言之,虽然各人喜欢的茶类不一,追求的侧重点各异,或重色,或重香,或重味,或重形,或兼而有之,但在茶的品质方面,应该综合各方面的因素进行比较分析。选购茶叶时,还要与饮茶者的习惯和嗜好结合起来考虑,选择性价比高的产品,这样才能选购到满意的茶叶。

二、茶叶的储藏方法

中国的六大茶类，多数茶叶以新为贵，比如各种名优绿茶等，明前茶深受推崇，口感鲜爽。有的茶叶则以陈为好，比如黑茶（普洱茶）。因为新制出来的普洱生茶属于寒性，而且茶味苦涩感会比较强烈，刺激性强，所以需要存放一段时间，茶性转温，茶味醇厚甘甜，出陈韵再喝是普洱茶的魅力所在。

无论哪种类型都会涉及储藏问题。优质的成品茶，一般都色、香、味俱全，但如果不妥善保存，茶叶会变得枯黄，渐渐失去香味，汤色会变得浑浊，严重的情况下还会变质。我们知道，干茶极易吸湿吸异味，阳光照射、高温与高湿的情况，会加速茶叶的氧化，从而降低茶叶的品质。可见，合适的储藏方法，是确保茶叶品质的必要手段。导致茶叶劣变的主要因素有光线、温度、湿度、微生物、异味污染等。要防止茶叶劣变必须对光线、温度、水分及氧气加以控制。总体而言，茶叶储藏有四防原则：

一防光照：茶叶中含有叶绿素等色素与脂类物质，光照会促进这些物质的氧化，使其颜色改变或失去光泽。如果用玻璃容器或透明塑料袋来贮藏茶叶，容易受日光照射，其内在物质会加速氧化，使茶叶品质改变。

二防高温：同等条件下，温度越高，氧化速度越快。茶叶中的氨基酸、糖类、维生素和芳香性物质则会被分解破坏，使质量、香气、滋味都有所降低。所以，绿茶类适合低温密封保存，最佳保存温度为0℃—5℃。黑茶、乌龙茶、花茶等茶叶，其保存温度可以是常温。

三防潮湿：茶叶具有很强的吸湿还潮性，这是因为它疏松多孔的内部结构。存放茶时应保持干燥，一般相对湿度不超过60%。如果超过70%就会因吸潮而出现霉变。无论何种茶类，一旦发生霉变，都不能饮用。这一点在南方区域梅雨季节尤其需要注意，应采取必要措施防护。

四防异味：加工后的干茶是一种疏松的多孔体，类似活性炭具有吸附性，能够吸收各种异味。因此，茶不要放在厨房或者有香皂、樟脑丸、调味品的柜子里，与有异味的物品混放贮存时，会吸收异味而且无法去除。当然，从另外角度看，如果房间有异味，则可以用茶渣或过期的茶叶来去除。

具体来说，各种茶叶的储存方法如下：

（1）绿茶与黄茶。绿茶很容易氧化，尤其是高温加工过的炒青绿茶。因此，比较好的绿茶保存方法是装入密度高、强度好、无异味的食物包装袋或者镀铝复合袋置于冰箱中保存。温度不超过5℃。如果需要随时饮用,可将茶叶用多个小包分装放进冷藏室,每次饮用取一包即可,不会影响其他茶叶的品质。如果打算长期保存(一年以上),则应严格密封后,放入冷冻室。需要注意,绿茶包从冰箱拿出来后,先让其渐渐升温,待升至常温后再打开包装袋,否则容易吸收水分而回潮,并且最佳的饮用时间为半个月内。

如果条件允许,家庭贮藏名优绿茶可采用生石灰吸湿贮藏法。即将生石灰块装于白细布做的袋内,置于密封的容器(如瓦缸、瓷坛或无异味的铁桶等)中,将绿茶装入白棉纸袋内,外套牛皮纸袋,将容器口密封,放置在阴凉干燥的环境中。此后要经常检查保存情况,石灰潮解后要及时更换。黄茶与绿茶的保存方法基本相同,不再赘述。

(2)乌龙茶。总体来说,乌龙茶作为半发酵茶,是比较容易贮藏的。基本原则是放在干燥、避光、密封、无异味的地方。干燥是防止回潮发生变质;避光是防止光照氧化;无异味则是防止吸收其他类型的气味。家庭储藏时,可以使用密闭不透光的容器,比如锡罐、铁罐、瓷罐(紫砂罐)、双层盖的马口铁茶叶罐来装茶。要注意,为了减少氧化,在装罐的时候,最好把茶叶装满,最后加盖密封。

(3)红茶。作为全发酵茶,红茶的保质期比绿茶要相对长一些。红茶的保存,同样需要做好防潮措施,避开光照、高温及有异味的物品。注意应避免与任何其他类别茶叶混合存放,防止串味。一般可放置在密闭干燥容器内,避光避高温,用锡箔纸或锡罐装茶。在红茶放入之前,用塑胶袋包装,排除袋中空气,能够更好地保留茶叶香气。红茶不同于绿茶,不必放在冰箱内保存。在低温条件下保存会抑制其活性,使其在品饮时色香味等不能很好地呈现。

(4)白茶。白茶可以放进冰箱冷藏保存,具体的要求与绿茶相同;也可以常温保存,通常是把它放在密封性好的茶叶罐中,防止压碎,可取适量的木炭装入小布袋内,放在茶叶罐的底部,然后将包装好的茶叶分层排列在罐里,再密封坛口。如果条件允许,还可采用生石灰防潮法,即用一个干净的小布袋把生石灰装进去,注意白茶也要密封好,生石灰是强效干燥剂,可以持久保持白茶的品质。

(5)黑茶。以普洱茶为代表的黑茶是可以长期保存的茶叶,如果保存得当可以达到数十年甚至百年之久。保存的环境,基本的要求是适当通风、避光、相对干燥、无异味等。普洱茶作为"有生命"的后发酵茶,具有越陈越香的特点,其后期存放有利于茶叶品质的提升,使其口感与滋味更加醇厚顺滑。所以普洱茶的储藏与其他茶叶不同,需要一定的湿度,并与空气有接触。如果湿度不够,则茶叶转化比较慢;但湿度不能过大,如果湿度过大,将使得茶叶发霉而变质。最好是用牛皮纸、皮纸等通透性较好的包装材料(一般不建议使用塑料袋)将其密封进行保存。保存的容器可以选择透气性好的紫砂陶罐,这样既不会吸收杂味又能够透气,而且用紫砂罐存放普洱茶,茶香也会保持得比较好。可以用小罐子存储,每一个罐子放置一种茶叶。应该做到生茶与熟茶分开,避免气味混杂。茶叶放置在罐子之后,一定要将罐子封口,防止茶味消散。

要注意的是,普洱茶不同于绿茶,不宜放在冰箱冷藏。它在存储过程中会不断变化,如果放置在冰箱中,茶叶中的内含物质的转化会被遏制,自然不可能"越陈越香"。除此之外,冰箱长期放置各种食物,普洱茶放置在冰箱中容易吸附异味。对于即将饮用的饼茶、沱茶或者砖茶,可将其整片拆为散茶,放入陶罐中(勿选不透气的金属罐),静置半月后即可取用。经过上述"醒茶"处置后,我们即可享受到较高品质的茶汤。

第四节　饮茶与健康

饮茶与人体健康之间有着密切的关系,茶叶的功效与其所具有的营养成分、药用成分直接相关。研究表明,茶叶对于抗衰老、抗辐射、预防心脑血管疾病、降脂减肥等方面有着一定的辅疗保健作用。

一、茶的营养价值

茶叶是非常理想的天然保健食品,它既可以为人体供应营养和水分,又有非常明确的保健功效,这正是茶之魅力所在。研究人员使用现代科学手段,从茶叶中分离出对人体有益的各种营养成分和矿物质元素多达700余种。[①] 包括蛋白质、氨基酸、类脂类、糖类、维生素类及矿物质元素等,这些对人体有较高营养价值。有些是对人体有保健和药用价值的成分,如茶多酚、生物碱、脂多糖等。而且这些成分互相之间也能协同起到增效反应,如茶多酚与维生素C、维生素E有协同增效作用,使其抗氧化的能力大大加强;茶叶中的维生素A、维生素C、维生素E有助于人体对锌、硒等元素的吸收,有助于提高身体的免疫力等。

① 宛晓春主编:《茶叶生物化学》,中国农业出版社2003年版,第8页。

（1）补充多种维生素。维生素是维持人体新陈代谢及健康的必需营养成分。茶叶中含有丰富的维生素成分，包括脂溶性维生素和水溶性维生素两大类。维生素A、维生素D、维生素E、维生素K等属于脂溶性维生素；B族维生素和维生素C则属于水溶性维生素。水溶性维生素溶解在水中，所以人们可以通过饮茶直接吸收利用。研究证明，茶叶中的维生素C含量很高，而维生素C有很强的还原性，在体内具有抗细胞氧化、解毒等功能。它能防治坏血病、增加机体抵抗力、促进伤口愈合等。饮茶也可以补充B族维生素，其中的维生素B_1又称硫胺素，维生素B_2又称核黄素，维生素B_3又称泛酸，维生素B_5又称烟酸，维生素B_{11}又称叶酸，这些都有益人体健康，以维生素B_2最为重要，缺乏它会患上代谢紊乱及口舌疾病。

（2）补充蛋白质和氨基酸。蛋白质的重要性不言而喻，它是生命的物质基础，是组成人体细胞、组织、激素、酶、抗体等的重要成分。氨基酸是蛋白质的基本组成单位，是与各种形式的生命活动紧密联系在一起的物质。

茶叶的蛋白质含量很多，其蛋白质含量占茶叶干物质总量的20%左右，但在茶叶制作过程中蛋白质与茶多酚结合，加热后会凝固，剩下能直接溶解于水的蛋白质在茶叶干物质总量中不到2%。氨基酸是茶叶中重要的含氮物质，是形成茶叶鲜爽味的主要组成物质。茶叶中的氨基酸种类丰富，包括茶氨酸、谷氨酸、天门冬氨酸、蛋氨酸、色氨酸和精氨酸等，对防止早衰、促进生长和发育、提高造血功能有重要作用。而茶氨酸功效尤为突出，它为茶叶所特有，占茶叶干物质的1%—2%，约占所有氨基酸含量的50%，它有助于大脑运行，对人的思维、记忆、学习等脑力活动具有良好的辅助作用，还可以抑制由咖啡因引起的人体兴奋，使人镇静，促使注意力集中。

（3）补充矿物质元素。矿物质是维持人体营养和机能所必需的无机化合物，对身体的很多机能有辅助作用，如果缺乏的话，会表现出不良的症状。茶叶中含有人体所需磷、钙、钾、钠、镁、硫等矿物质元素，也含有铁、锰、锌、硒、铜、氟和碘等微量元素。茶叶中锌的含量为20mg/kg—60mg/kg，有的高达100mg/kg；硒的含量为0.017mg/kg—6.590mg/kg；铁的含量为100mg/kg—400mg/kg，但溶出率不高，约为10%；成品茶锰的含量一般不低于300mg/kg，有的可高达2500mg/kg。[①] 各种茶叶中含有硒元素，茶叶中的硒为有机硒，易于人体吸收。这些元素对人体生理机能有着重要作用，经常饮茶，是人体获得这些矿物质元素的重要渠道之一。

---

① 杨晓萍主编：《茶叶营养与功能》，中国轻工业出版社2018年版，第38—40页。

二、茶的药理作用

从古至今,中外著名的医学家、营养家、保健专家都将茶叶作为养生保健的良方。东汉的《神农本草》、唐代的《新修本草》《本草拾遗》、宋代的《本草别说》、明代的《本草纲目》等书籍,均从不同角度记载了茶叶的药用功效。《食疗本草》云:"茗叶:利大肠,去热解痰。煮取汁,用煮粥良。"①陆羽在《茶经》里提及《神农食经》所言"茶茗久服,令人有力,悦志"。唐代的《新修本草》中曾说:"茗:苦荼。味甘苦。微寒,无毒。主瘘疮,利小便,去痰热渴,令人少睡。秋采之苦,主下气消食。"②明代李时珍的《本草纲目》更形象地总结了茶的药理作用,书中说:"叶:气味苦甘,微寒,无毒。主治瘘疮,利小便,去痰热,止渴,令人少睡,有力悦志。下气消食……破热气,除瘴气,利大小肠,清头目,治中风昏愦,多睡不醒,治伤暑……治热毒赤白痢……止头痛。""茶苦而寒……最能降火,火为百病,火降则上清矣……温饮则火因寒气而下降,热饮则茶借火气而上升散,又兼解酒食之毒,使人神思闿爽,不昏不睡,此茶之功也。"③

大文豪苏轼喜爱饮茶,并从中受益,他在诗中称赞,"何须魏帝一丸药,且尽卢仝七碗茶"(《游诸佛舍,一日饮酽茶七盏,戏书勤师壁》)。欧阳修也说,"论功可以疗百疾,轻身久服胜胡麻"(《[尝新茶呈圣俞]次韵再作》)。日本荣西禅师也在《吃茶养生记》中赞叹茶为养生之仙药、延年之妙术。从预防疾病的角度,茶有着清热解暑、消食化痰、去腻减肥、清心除烦、解毒醒酒、生津止渴、降火明目、止痢除湿等保健功效。陈宗懋院士曾在《中国茶经》中将茶的传统保健功效概括为"茶的二十四功效",包括:少睡、安神、明目、清头目、止渴生津、清热、消暑、解毒、消食、醒酒、去肥腻、下气、利水、通便、治痢、祛痰、祛风解表、坚齿、治心痛、疗疮治瘘、疗肌、益气力、延年益寿及其他。④ 可以说是比较全面系统的概括。

现代科学鉴定发现,茶叶具有药理作用的主要成分是茶多酚、生物碱、脂多糖等。茶多酚俗名茶单宁、茶鞣质,是多种酚类衍生物的总称,约占茶叶干物质总量的20%—30%。茶多酚根据化学结构划分为四类:儿茶素

---

① 孟诜原著,张鼎增补,郑金生、张同君译注:《食疗本草译注》,上海古籍出版社2007年版,第39页。

② 苏敬等撰,尚志钧辑校:《唐新修本草》,安徽科技出版社1981年版,第334页。

③ 李时珍:《本草纲目》卷三二"果部·茗",山西科学技术出版社2014年版,第850页。

④ 陈宗懋主编:《中国茶经》,上海文化出版社2011年版,第115—122页。

类、黄酮及黄酮醇类、花白素及花青素类、酚酸及缩酚酸类。其中儿茶素类约占茶多酚总量的80%,包括:表没食子儿茶素没食子酸酯(EGCG)、表没食子儿茶素(EGC)、表儿茶素没食子酸酯(ECG)、表儿茶素(EC)等。茶叶中的生物碱有咖啡因、茶碱和可可碱三种形式,是茶叶滋味构成的重要元素,其中咖啡因含量最多,有兴奋大脑中枢神经、强心、利尿等多种药理功效。茶叶脂多糖在茶叶中的含量约在20%,是茶叶中的一种单糖、双糖及多糖的混合物。茶叶脂多糖的药理功能包括:降血糖、降血脂、增强机体免疫功能等。[①] 具体而言,茶的药理功能包括以下方面:[②]

(1)有助于延缓衰老。人体自然衰老与疾病的发生过程,都伴随着细胞氧化自由基的氧化损害,造成组织器官和生物大分子的损伤。茶叶中的儿茶素类化合物具有明显的抗氧化活性,具有阻断脂质过氧化反应、清除活性酶的作用,而且活性强度超过维生素C和维生素E,是人体自由基的天然清除剂,可有效地保护生物细胞免受自由基的攻击和氧化损伤,延缓生物体的衰老速度。茶多酚是含有多个酚羟基的化学物质,极易被氧化为醌类,具有很强的抗氧化作用,可抑制自由基的生成,并直接清除自由基。茶多酚及其氧化产物的抗氧化能力是人工合成抗氧化剂(BHT、BHA)的4—6倍,是维生素E的6—7倍,是维生素C的5—10倍。[③] 陈宗懋、刘仲华、高立志等学者2019年2月在国际权威期刊《自然》(*Nature*)上发表研究报告,阐述了茶叶所具备的延缓衰老的功效及其内在机制。[④]

(2)有助于抑制心血管疾病。心血管疾病是一种严重威胁人类身体健康的疾病。高胆固醇与高血脂(主要是甘油三酯含量高)等,会造成人体血管内壁脂肪沉积,形成动脉粥样化斑块等,最后导致动脉粥样硬化。动脉粥样硬化是中老年人的常见病和多发病,是形成心脏和脑缺血病症的主要原因。茶多酚对人体血管有保护作用,尤其是其中的ECG和EGC及其氧化产物茶黄素、茶红素等,有助于降低血凝黏度增强的纤维蛋白原,从而抑制

---

① 宛晓春主编:《茶叶生物化学》,第9页。

② 主要参考陈宗懋主编《中国茶经》,上海文化出版社1992年版,陈宗懋、杨亚军主编《中国茶叶词典》,上海文化出版社2013年版;王岳飞、徐平主编《茶文化与茶健康》,旅游教育出版社2014年版;杨晓萍主编《茶叶营养与功能》,中国轻工业出版社2018年版;屠幼英编《茶与健康》,世界图书出版公司2011年版。

③ 杨晓萍主编:《茶叶营养与功能》,第54页。

④ Zhonghua Liu, Lizhi Gao, Zongmao Chen, et al. Leading progress on genomics, health benefits and utilization of tea resources in China. *Nature*. 6 February 2019. DOI:https://www.nature.com/articles/d42473-019-00032-8. 访问时间2020年7月15日。

动脉粥样硬化。2020年1月9日,发表在欧洲心脏病学会(ESC)期刊《欧洲预防心脏病学杂志》上的一项研究中,来自中国医学科学院北京协和医学院的研究团队证明,习惯性饮茶的人突发心脏病和中风的风险相对更低,饮茶习惯具有减少患上动脉粥样硬化性心血管疾病的可能性。①

茶叶中的儿茶素类、茶黄素和茶红素具有抗血小板聚集、血液抗凝和促进纤溶的作用。儿茶素通过抑制肠道中的消化酶来减少肠道组织对碳水化合物、脂类的吸收,进而起到抗肥胖的作用;茶多酚可通过抑制体内脂肪沉积和促进多余脂肪的分解,实现对抗肥胖的目的。尤其是普洱茶、乌龙茶等,其降脂的功效非常独特,法国、德国、日本、中国都有正式学术报告予以证实。上海交通大学附属第六人民医院贾伟教授课题组和上海中医药大学李后开教授,在《自然·通讯》中发表文章,首次系统揭示了普洱茶减肥降脂的作用机制。研究人员给正常饮食的小鼠和高脂饮食的小鼠两组实验对象饮用普洱茶26周。对照研究发现,在小鼠饮食量不变或增加的情况下,普洱茶可明显降低小鼠体重,而且可显著降低血清和肝脏总胆固醇及甘油三酯水平。②

(3)有助于降血压和降血糖。高血压和高血糖都是威胁人类健康的常见现代疾病,近年来出现年轻化的趋势。高血压是以动脉血压持续增高为主的慢性疾病。茶叶中的茶多酚物质(特别是ECG和EGCG)和茶黄素,对血管紧张素Ⅰ转化酶活性有明显的抑制作用。茶叶中的γ-氨基丁酸可以扩张血管使血压下降,还能抗焦虑、改善大脑血液循环、增强脑细胞的代谢能力。糖尿病是一组以高血糖为特征的终身性代谢性疾病。长期血糖高,会造成大血管、微血管受损并危及心、脑、肾、眼睛、足等身体器官。茶多酚具有降低血糖水平和改善肝肾功能的作用,改善糖尿病病情。而茶叶脂多糖可提高机体抗氧化能力,保护胰岛β细胞免受自由基的侵害,从而起到预防作用。研究还发现,茶叶脂多糖能增强肝脏葡萄糖激酶活性,能够起到一定的胰岛素作用,改善糖代谢,降低血糖。

---

① Xinyan Wang, et al. Tea consumption and the risk of atherosclerotic cardiovascular disease and all-cause mortality: The China-PAR project. *European Journal of Preventive Cardiology*, DOI: https://journals.sagepub.com/doi/full/10.1177/2047487319894685. 访问时间2020年7月15日。

② Fengjie Huang, Xiaojiao Zheng, et al. Theabrownin from Pu-erh tea attenuates hypercholesterolimia via modulation of gut microbiota and bile acid metabolism; Nature Communications 10, 1-17. 31 October 2019 DOI: https://www.nature.com/articles/s41467-019-12896-x. 访问时间2020年7月15日。

(4)有助于预防和抵抗癌症。茶的抗癌、抑癌、抗突变的作用得到社会各界的日益关注。如前所述,茶多酚具有很强的抗氧化活性,能够提高人体的免疫力,自然有利于防癌。茶多酚主要通过抑制对肿瘤具有促发作用的酶类活性,同时促进具抗癌活性的酶类活性,增强机体的免疫力,来实现上述功能。据有关资料,茶多酚(主要是儿茶素类化合物)对胃癌、肠癌等多种癌症的预防和辅助治疗均有裨益,对诸如乳腺癌、直肠癌、肝癌、肺癌的癌细胞都有显著的抑制作用。

(5)有助于预防和治疗辐射伤害。在互联网时代,防止各类辐射对于维护人体健康是必要的。茶叶中的茶多酚、多糖类物质等,可以吸附放射性物质,与其结合后排出体外。有关研究表明,茶多酚及其氧化产物具有吸收放射性物质锶-90和钴-60毒害的能力;茶叶提取物治疗对血细胞减少症的有效率达81.7%;对因放射辐射引起的白细胞减少症治疗效果更好。①

(6)有助于消炎杀菌。茶叶中的茶多酚对病原菌、病毒有明显的抑制和杀灭作用,可以抑制痢疾和伤寒杆菌、白喉杆菌、绿脓杆菌等的增殖,还能够治疗多种炎症如膀胱炎、支气管炎、肾炎等。茶叶中的黄烷醇类具有直接的消炎效果并促进肾上腺体的活动。在临床中已有医疗机构使用茶叶制剂治疗急性和慢性痢疾、阿米巴痢疾,效果良好。

(7)有助于美容护肤。茶叶中蕴含着丰富的营养成分,美容护肤就是重要的功效之一。茶叶中的维生素、矿物质等营养元素可以调节皮肤机能,使皮肤更有活力。茶多酚具有消毒、灭菌、抗皮肤老化、减少日光中的紫外线辐射对皮肤的损伤等功效。用茶叶煮水洗头,可以清洁头皮、止痒并抑制头皮屑的生成。

(8)有助于醒脑提神。众所周知,饮茶既可以解渴,也可以醒脑提神,令人不眠,所谓“发当暑之清吟,涤通宵之昏寐”(顾况《茶赋》)。能令大脑兴奋、提神益思的成分,主要是茶叶中的咖啡因。咖啡因是一种中枢神经的兴奋剂,能促使中枢神经兴奋,增强大脑皮层的兴奋过程。对于神经衰弱的人来说,晚上不宜饮茶。所有茶类都含有咖啡因,但经过发酵后的茶叶比如普洱熟茶,其咖啡因含量会降低,对睡眠的影响相对较少。

(9)有助于利尿通便。当摄入了一定量的茶水,其中的咖啡因、可可因以及芳香油之间综合作用,可刺激肾脏,促进尿液从肾脏中加速过滤出来,减少有害物质在肾脏中的滞留时间;还可排除尿液中的过量乳酸,防止痛风

---

① 吴亮宇、林金科:《茶多酚抗辐射研究进展》,《茶叶》2011年第4期,第213—217页。

等病症。茶有助于通便,主要是茶多酚可增强大肠的收缩和蠕动;茶叶中含有微量的茶皂素也具有促进小肠蠕动的作用。

(10)有助于护齿明目。龋齿是人类的常见病之一,尤其是儿童。而氟化物是预防龋齿的有效成分。饮茶能够预防龋齿,并且护齿、坚齿,这是因为其中含有氟化物;另外,茶叶中的茶多酚可杀死在齿缝中的乳酸菌及其他龋齿细菌,可以清洁口腔,保护牙齿。而维生素C等成分,能降低眼睛晶体的浑浊度,经常饮茶,对减少眼疾、护眼明目均有积极的作用。

三、科学的喝茶方法

要做到科学饮茶,首先要能够正确地选择茶叶。要根据季节、气候及个人体质来选择相应的茶叶,在选购时还应注意尽量选择品质优良同时又安全卫生的茶叶产品,如绿色食品或天然有机茶。其次是用正确的冲泡方法泡茶。通过学习茶叶冲泡技艺,掌握泡茶的用水、投茶量、温度、冲泡时间、泡茶茶具和冲泡流程等基本要素。最后是正确地品饮。我们可以从茶汤的色、香、味,从叶底的姿和形来欣赏一杯茶的全部,获得美的体验。具体而言,可以从以下方面做到科学饮茶:

1. 根据个人情况饮茶。人的性别、年龄、身体状态、生活习惯、所住区域等不同,对茶的需求和喜爱程度也不同,应结合自己的情况,选择适合自己的茶叶。有些人追求数量稀少、价格昂贵的茶叶,实际上未必是正确的选择。

不同年龄阶段和体质的人,对茶的需求也不同。总体而言,不发酵、轻微发酵的茶,寒性相对重;半发酵、全发酵的茶,相对比较温和。所以燥热体质的人,宜喝不发酵、轻发酵的茶;寒凉体质的人,宜喝发酵过的茶。青年人身体发育旺盛,可以多喝绿茶和普洱生茶,补充维生素、氨基酸等营养成分。中老年人,以及脾胃较弱的人,推荐饮用红茶和普洱熟茶,茶性比较平和。妇女在经期前后以及更年期,可以适当饮用花茶、柑普茶(大红柑)等。身体肥胖以及常年食用牛羊肉较多的人,可以多喝乌龙茶和普洱熟茶等,有助于消化和分解脂肪。手足易凉、体寒的人,不宜饮用寒性比较重的绿茶、黄茶或者新的白茶。抽烟喝酒比较多的人,应该多喝各种茶叶,可以一定程度上减少烟酒对身体的伤害。

2. 根据季节饮茶。一年四季,气候变化不一,寒暑有别,干湿各异,在这种情况下,人的生理需求有所不同。因此从人的生理需求出发,结合茶的品性特点,可根据四季的不同选择不同的茶叶饮用,使饮茶达到更好的效果。

具体说来，在春季，气温回暖，大地回春，这时宜饮些花茶、绿茶；夏天，天气炎热，可饮绿茶、白茶、普洱生茶，可收到降温消暑之效；秋天，天高气爽，可饮乌龙茶，不凉不热，取红、绿两种茶的功效；冬天，天气寒冷，可饮红茶和普洱熟茶。

3. 日常生活中饮茶的注意事项。茶叶虽是健康饮料，但与其他任何饮料一样，也得冲泡有法、饮之有度，否则可能有负面作用。在饮茶时应注意的几个问题：

(1)一般不提倡空腹饮茶。空腹不宜饮茶，尤其是浓茶。因为空腹饮茶会使茶叶中的咖啡因直接进入脘腹，导致肠道吸收过多的咖啡因。这样的结果便是致使肠胃产生暂时性的肾上腺皮质功能亢进症状，出现心慌、尿频、头晕、出虚汗等不良反应，即"茶醉"。此时，只要停止饮茶，喝些糖水，吃些茶点或水果，即可缓解。

(2)不能用茶水服用含铁剂、酶制剂药物。多数情况下不宜用茶水服药，因为茶叶中的多酚类物质会与某些药物的有效成分发生化学反应，影响药效，诸如补血糖浆、蛋白酶、多酶片等。茶叶中含有咖啡因，具有兴奋作用，因此，服用镇静、催眠、镇咳类药物时，也不宜用茶水送服，避免药性冲突、降低药效。

(3)饮用浓茶要有所节制。所谓浓茶是指泡茶用量超过常量的茶汤。浓茶对不少人是不适宜的，如夜间饮浓茶，易引起失眠。心动过速、胃溃疡、神经衰弱、身体虚弱者都不宜饮浓茶，否则会使病症加剧。当妇女在孕期、哺乳期、经期时一般也不宜过多饮茶，尤其忌讳喝浓茶。

(4)神经衰弱患者要节制饮茶。失眠是神经衰弱患者的主要病症，而茶叶中含有咖啡因，有醒脑提神的效果。所以对神经衰弱患者来说，不宜饮浓茶，也不宜睡前饮茶。从改善神经衰弱症状的角度看，喝淡茶为好。淡茶能提神醒脑，恢复体力，使人保持清醒，而且不会影响睡眠，一些比较平和的发酵茶也是可以喝的。

(5)脾胃虚寒者的饮茶选择。如前所述，偏寒的茶叶如绿茶，对脾胃虚寒患者是不利的。如果饮茶过多、过浓，茶叶中含的茶多酚，会对胃部产生强烈刺激，影响胃液的分泌，从而影响食物消化，进而产生食欲不振，或出现胃酸、胃痛等不适现象。所以，脾胃虚寒者，可在饭后喝杯淡茶，以红茶和普洱熟茶为主。

(6)注意饮茶的温度与冲泡时间。喝茶不能太烫，太烫会伤害口腔黏膜；一般情况下不宜喝冷茶(炎热夏季除外)。冲泡时间过久的茶叶不宜饮用，比如隔夜茶，因为茶叶中的茶多酚、芳香物质、维生素、蛋白质等会发生氧化变质，而且茶汤中还会滋生细菌。因此，茶叶以现泡现饮为上。

（7）每日饮茶适度。饮茶量的多少决定于饮茶习惯、年龄、健康状况、生活环境、风俗等因素。一般健康的成年人，平时又有饮茶习惯的，一日宜饮茶12克左右，分3—4次冲泡。体力劳动量大、消耗多、进食量也大的人，尤其是高温环境、接触毒害物质较多的人，一日饮茶20克左右也是适宜的。油腻食物较多、烟酒量大的人也可适当增加茶叶用量。孕妇、儿童以及老年人，饮茶宜淡，且饮茶量应适当减少。

拓展训练

一、思考论述

1. 中国的六大茶类有哪些，各具有什么基本特征？
2. 试述茶叶的选购与储藏方法。
3. 饮茶的药理作用有哪些？

二、学术选题

1. 1824年，驻印度英军少校布鲁斯（R. Bruce）在阿萨姆发现了一些野生茶树，并且于1838年印发一本小册子，宣称印度是茶树的起源地，由此而引发了近200年的茶树起源地之争。1877年英国人贝尔登（S. Baidond）出版《阿萨姆之茶叶》，论证茶树起源于印度，得到英国学者勒莱克（J. H. Blake）、博朗（E. A. Blown）、易培逊（A. Ibetson）、林德莱（Lindley）以及日本加藤繁等人的认同。中国学者吴觉农1922年撰写《茶树原产地考》对此观点系统驳斥。请收集此论证的相关论述，研究原产地之争背后的学术话语权问题。

2. 19世纪以前，西方一直无法掌握中国茶叶的制作过程，不了解红茶和绿茶的区别，甚至认为这两种茶叶来自不同的植物。请搜集相关文献，研究早期西方国家对中国茶叶的命名和分类，以及这种分类对当今茶叶分类术语的影响。

三、实践训练

搜集不同类型的茶叶，了解六大基本茶类的区别，并品鉴。

四、拓展阅读

1. Boris P. Torgasheff, *China as A Tea Producer*，上海商务印书馆1937年版。

2. Joseph M. Walsh, *Tea, Its Hisory and Mystery*, Philadelphia: Published by the Author, 1892.

3. Isaiah L. Hauser. *Tea: Its Origin, Cultivation, Manufacture and Use*, Chicago: Rand, McNally & Company, Publishers, 1890.

4. Samuel Ball, *An Account of the Cultivation and Manufacture of Tea in China*, London: Printed for Longman, Brown, Green, and Longmans,1848.

5. 陈宗懋主编:《中国茶经》,上海文化出版社 1992 年版。

6. 屠幼英、乔德京主编:《茶学入门》,浙江大学出版社 2014 年版。

7. 余悦:《中国茶与茶疗》,中央编译出版社 2016 年版。

第六章　当代茶艺

茶艺是以沏茶技艺为基础的茶叶品饮艺术。在空间环境和弥漫于其中的气味、声音等的烘托下，沏茶者运用自己的学养和经验，用水和各种茶具最大限度地展示各种茶叶的滋味、香气乃至形态，让客人获得身心的享受和精神的愉悦。各种元素的组合搭配，见仁见智，变化无穷，体现了每位沏茶者的素养。“志于道，据于德，依于仁，游于艺。”（《论语 · 述而》）茶艺教学以传授沏茶技艺的基本范式为中心，虽然分为杯、壶、盖碗等沏茶方式，但是茶叶与茶具的最终选择搭配由沏茶人决定。

第一节　茶艺诸要素

茶艺的基础是茶叶，茶叶离不开水的激发、器具的使用，茶、水、器三者融于一体。而品茗又离不开一定的空间场所，这就是茶艺的环境。环境可以提升茶艺的层次，是茶艺不可缺少的居所和依存。

一、茶叶

对于茶味的追求也是中华茶文化发展的基本动力，同一种原材料的茶树叶片加工出丰富多彩的茶叶产品就是其成果之一。茶叶按照加工工艺中的氧化特征分成六个基本种类，所有茶叶种类的加工技术都是中国人开发的，茶叶加工技术是中华茶文化发展的一条主线，各产茶地都有自己独特的茶叶产品，数量不胜枚举，准确数量也难以统计。因此《中国名茶志》把收录范围限定在“名茶”上，立条目较详细地介绍了 309 种，列表简单介绍了 708 种，两者合计 1017 种。[1] 丰富多彩的茶叶产品由地方文化培育，是一方

---

① 王镇恒、王广智主编：《中国名茶志》，中国农业出版社 2000 年版，第 15 页。

水土的精华凝聚于茶叶的综合体现,因此即便在现在国际化、标准化的发展浪潮之下,地方文化还是顽强地坚持着茶叶的本土化,真正落实了民族化就是国际化的理想。

茶叶鲜叶采摘后适当地摊放贮青,然后高温杀青,彻底破坏酶的活性,阻止茶叶的酶性氧化。之后湿热作用引起非酶性自动氧化导致多酚类化合物氧化,并产生一些有色物质,其他化学物质也产生相应的变化。因为工艺条件不同,湿热作用的程度各异,多酚类化合物氧化的深度和广度也不同。基于这些变化的深浅程度,从制茶工艺和品质特点入手,人们将所加工的茶叶分为绿茶、黄茶和黑茶。

鲜叶萎凋使叶细胞组织脱水,细胞液浓缩,蛋白质理化特性改变;细胞膜透性增强,细胞器(线粒体、叶绿体、液泡体等有形体)的结构和功能发生改变;酶由结合状态变为溶解状态,酶系反应方向强烈地趋向水解,酶的活力增强;一些贮藏物质和部分结构物质如淀粉、多糖、蛋白质、果胶、酯类物质等,开始分解成简单物质。叶绿素破坏,芳香物质比例改变等,这一系列变化导致鲜叶萎凋,叶色、香、味相应改变。从茶叶品质上看,茶叶加工工艺通过促使细胞组织、细胞特征变化,使原本不溶于水的成分溶于水,在化学反应中产生更多氨基酸等让味觉、嗅觉感官愉悦的成分,增加茶叶的浸出物。萎凋的形成主要取决于温度、湿度、通风量和时间等技术因素,这些要素的调整促成了白茶、青茶、红茶的产生,其中氧化程度是最基本的差别。

绿茶、黄茶、黑茶、白茶、青茶、红茶是基本茶类,以这些基本茶类为原料再加工的产品被称为再加工茶。再加工茶的品目繁多,而最主要的产品是花茶和紧压茶。

二、水

中国人饮茶在魏晋时代就表现出对于水的诉求,杜育在《荈赋》中特别提到水要使用岷山的涌流,汲取其清澈的流水,所谓"水则岷方之注,挹彼清流"。绵延于四川、甘肃两省边境的岷山是长江与黄河的分水岭,《尚书·禹贡》说"岷山导江,东别为沱",视岷山为长江的源头。岷江支流白龙江即发源于此,而岷江为长江上游支流,纵贯四川中部,亦称汶江。

《茶经·五之煮》曰:"其水,用山水上,江水中,井水下。其山水,拣乳泉、石池漫流者上;其瀑涌湍漱,勿食之,久食令人有颈疾。又多别流于山谷者,澄浸不泄,自火天至霜降以前,或潜龙蓄毒于其间,饮者可决之,以流其恶，使新泉涓涓然，酌之。其江水，取去人远者，井取汲多者。”可见在煎茶用水的选择上，陆羽与杜育在以山水为上的认识方面一致。

陆羽曾在广德二年（764）应宣抚山东、淮南的李季卿的要求，将他探寻过的水做了一个总结。在“楚水第一，晋水最下”的前提下，陆羽将今中国8个省市的19种水加上雪水，区分为20个等级，其中江苏省占6种，湖北与江西各3种，陕西与浙江各2种，河南、安徽、湖南各1种。唐代笔记中还有一个故事更把陆羽的辨水能力描绘得神乎其神：

> 代宗朝李季卿刺湖州，至维扬，逢陆鸿渐。抵扬子驿，将食，李曰：“陆君别茶，闻扬子南濡水又殊绝，今者二妙千载一遇。”命军士谨慎者深入南濡，陆利器以俟。俄而水至，陆以杓扬之曰：“江则江矣，非南濡，似临岸者。”使者曰：“某掉（棹）舟深入，见者累百，敢于有绐乎？”陆不言，既而倾诸盆。至半，陆遽止之，又以杓扬之曰：“自此南濡者矣。”使者蹶然驰白：“某自南濡赍至岸，舟荡覆过半。惧其鲜，挹岸水增之。处士之鉴，神鉴也。某其敢隐焉！”（温庭筠《采茶录》）

此二事似发生在同一时期。陆羽的排行榜收录在中国第一篇讨论煎茶用水的论著——张又新的《煎茶水记》里。之后张又新提出的一个非常中肯的观点：“夫茶烹于所产处无不佳，盖水土之宜也。所谓离其处，水功其半者邪。”时至今日，也有使用本地水沏本地茶的认识。

苛求煎茶用水可说是中华茶文化的一大特征。明代许次纾认为蕴藏在好茶中的香气借助于水才能释放出来，所以“精茗蕴香，借水而发，无水不可与论茶也”（《茶疏》）。张源的观点如出一辙：“茶者水之神，水者茶之体。非真水莫显其神，非精茶曷窥其体。”（《茶录》）古人在强调“精茶”的同时，又提出用“真水”，就是说水的质量也至关重要。今天人们根据可溶性钙、镁化合物的含量将水分为软水和硬水。但是，仅仅依据这个标准选择沏茶用水是远远不够的，所以在知识的学习以外，经验的总结非常重要。

三、茶器

茶器是饮茶的必要条件，人们对于茶器的关注方面往往超出其作为饮茶工具的范畴。早在晋代，长江上游四川地区人们饮茶，偏偏热衷于长江下游浙江的茶碗。四川是茶文化的发祥地，蒙顶茶享有盛名。浙江是中国瓷器的发祥地，越窑青瓷代表了汉唐瓷器独特的艺术成就。饮茶综合众美而成为美的生活标志。茶器包括瓢的使用,都在强调自然、朴素,茶器成为饮茶生活意识形态的物化体现。陆羽通过制定“茶具二十四事”完成了茶器的专用化与体系化,保证了饮茶生活文化符号意义的实现,易于全社会所接受。对于茶器的高度重视也成为茶文化的传统,不仅为之后的中国茶人继承,也为世界饮茶人普遍接受。

作为江南文化要素的茶文化,在魏晋南北朝被传统中国文化的核心区域中原地区所接受,标志着中华茶文化的形成。尽管专用成套茶具尚未最终定型,但是因为饮茶独特的审美已经出现,人们开始了对于饮茶器具的独特追求,无论是作为物质载体,还是作为饮茶精神的形式体现,茶具都得到了充分开发利用。两晋之交的杜育在《荈赋》里全面描写、颂咏了西晋的茶文化,从现存残稿中仍然可以管窥其丰富的内容。关于茶器,其中也保存下来四句,就是所谓的“器泽陶简,出自东隅。酌之以匏,取式公刘”。金银本身就是财富,而且在文化认识上道教服食也以金银为贵,因此金银器皿在上层社会非常流行,但是杜育却选择了陶瓷和葫芦等日常饮食器皿。

世界上很多民族都有自己的陶器文化,唯独瓷器起源于中国,先民用他们的聪明智慧把泥土塑造成了美观的艺术品。中国的陶器制作分布很广,但是只有浙江东北部经历了从陶器到原始瓷器再到成熟瓷器的发展道路。越窑形成于汉代,自东汉时期人们在上虞发明了成熟瓷器加工技术,经历了三国西晋的鼎盛期和晚唐五代的全盛期,到北宋中期衰落。

如果说越窑青瓷是唐代最具代表性的茶具的话,建窑黑盏就是宋代茶具的代表。其实黑瓷的生产历史也很悠久,商周时期就已经有原始黑瓷。宋代发展到了顶峰,烧制黑瓷的窑也很多,如定窑黑瓷胎骨洁白,釉色乌黑光亮;吉州窑的玳瑁斑、木叶纹、剪纸贴花黑瓷以及河南、山西的黑瓷也都各有特色。北宋蔡襄《茶录》描述茶盏说,茶色白,适宜黑盏。建安所制造的茶碗天青发黑,纹路如兔毫,碗体稍厚,加热过后不容易冷却,最为茶人所重视使用。流传到日本的建盏精品被奉为国宝。

明代因为茶叶制作方式的变化,饮茶方式也随之改变,茶具受到最直接的影响。明人对于茶具有两项标志性的追求:一是紫砂壶,另一个是竹炉。紫砂茶壶的制作早在北宋就已经开始,主要是一些比较粗糙的汤瓶、水壶,在紫砂壶的发展史上处于草创时期。到了明代正德年间(1506—1521),金沙寺僧和供春这两位对紫砂有着深切理解的制壶人的出色创作将紫砂变成了现实。之后出现了董翰、赵梁、元畅、时朋并称的“四名家”,制作工艺日趋成熟，气度浑厚，协调稳重，朴实无华，仅以筋纹线的变化和开光度的差异作为装饰，简洁流畅，与明代家具的风格非常一致。从万历年间（1573—1620）到明末，制作紫砂壶的名家辈出，以时大彬、徐友泉为代表，壶式千姿百态，仍然特别重视筋纹器的制作，但是形制趋于小型化，这是饮茶方式变迁的结果。文人雅士的直接参与成为突出特征，大大提升了紫砂壶的文化品位。

清代紫砂壶从造型到加工技术都有充分的发展，在康熙、雍正、乾隆年间（1662—1722，1723—1735，1736—1795）进入了全面发展的繁荣时期。嘉庆、道光年间（1796—1820，1821—1850）的紫砂壶创作以文人的深度参与为第一特征，较之明代有过之而无不及。由此茶具给人们带来了审美情趣的变化，一言以蔽之就是返璞归真，由前一个时期的妍丽工巧向典雅古朴回归。

景德镇瓷器在宋代就以灵巧、典雅、秀丽的影青瓷（青白瓷）著称于世。元代景德镇成功地烧造出青花瓷和釉里红瓷，而明朝景德镇的陶瓷业进入了一个全面发展的时期，"有明一代，至精至美之瓷，莫不出于景德镇"（清代蓝浦《景德镇陶录》）。如今也到处可以看到景德镇瓷器的身影。

四、环境

高度发达的茶叶经济使得茶在中国成为全民性的饮料，高度发达的文化充实了茶文化的内容与形式，其中包括饮茶环境。和尚在寺院饮茶，道士在道观饮茶，文人在书房饮茶，市民在厅堂饮茶，而隐士就在野外饮茶。这林林总总的饮茶环境是饮茶人的身份地位、审美情趣的物化成果之一，是全民饮茶的真实反映。陆羽在《茶经・九之略》中不厌其烦地逐一列举器具及其使用方法，为制茶、饮茶制定了异常严格的法度，声称"二十四器阙一，则茶废矣"。这样的"立"与"破"，反映了中国饮茶环境的复杂性。

饮茶对于环境的要求有时借景，有时造景。在饮茶史料开始大量出现的唐代，利用现有环境展开的茶事颇为常见，如书房、僧舍、庭院、亭子等。野外煎茶借自然山水之景。吕温在三月三日上巳节以茶代酒举行了一个室外茶宴："乃拨花砌，憩庭阴，清风逐人，日色留兴。卧指青霭，坐攀香枝。闲莺近席而未飞，红蕊拂衣而不散。乃命酌香沫，浮素杯，殷凝琥珀之色。不令人醉，微觉清思，虽五云仙浆，无复加也。"（《三月三日茶宴序》）为了上巳节茶会专门搭建了花台，使得与会者得以坐在席位上摩挲花枝，花朵随风拂衣，即便是玉液仙浆也无法与这时的茶汤比拟。

到了宋代，随着各种艺术形式被吸收进茶会，茶会的环境更加丰富多彩，茶酒司等专业机构专门负责环境布置，专业固定的饮茶场所——茶肆也得到长足发展。三教九流杂处的饮茶场所是茶馆，挂画、插花是宋代茶馆环境的重要元素，挂画、插花、点茶、焚香的专业化为这些服务提高了水准，也折射了宋人的文化素养。

而明代茶人不仅在实践中继续借用丰富的自然、人文景观，还在茶书等著作中总结适合或者不适合饮茶的环境。同时积极建设茶室，高濂、许次纾等都在他们的著作中阐述了自己的茶寮构思，屠隆甚至把茶室定位为“幽人首务，不可少废”（《茶笺》），更加强调个人饮茶的环境要求。

今天的茶艺环境也无外乎这些要素，由此可见中国古代茶文化的影响。日本茶道也同样继承了中国古代茶文化，但日本古代茶文化也没有发展传承到全民的层面，传承至今的茶道挂画必须是禅僧的作品或禅宗的内容。相比之下，中国包括挂画在内的茶文化环境与精神诉求不是“茶禅一味”所能包容得下的。

第二节　杯沏茶法

杯子沏茶最常用于绿茶，黄茶、花茶也经常使用。杯子既是主泡器，又是饮器。透明的杯子便于欣赏茶的色彩与造型，尤其适合沏泡名优绿茶，这是中国饮茶审美的特征。下面以龙井茶为例介绍杯子沏茶的基本方法。

1. 备具（见图6－1）。

端茶盘和提梁壶放茶桌上，行礼，入座。茶盘内盛放着茶储、茶荷、茶具组、230ml 玻璃直杯、茶巾、水盂。

图6－1　备具

2. 列具(见图6-2)。

将茶具按照沏茶要求摆放到位,做好沏茶的准备工作。

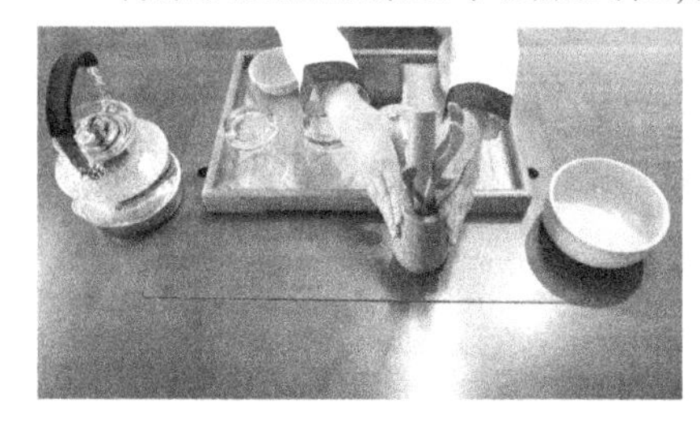

图6-2 列具

3. 温杯(见图6-3)。

杯中注入1/3开水,杯子倾斜45度转动一周后,倒入水盂。

图6-3 温杯

4. 置茶(见图6－4)。

从茶储中取3克龙井茶放入杯中。

图6－4　置茶

5. 浸润(见图6－5)。

杯中注入1/5开水,杯子倾斜30度转动三周。

图6－5　浸润

6. 冲泡(见图6－6)。

以“凤凰三点头”的方式提壶注入4/5杯开水。

图6－6　冲泡

7. 敬茶(见图6－7)。

将茶杯放到各位客人面前,一礼,请饮茶。

图6－7　敬茶

8. 品饮(见图6－8)。

客人一礼,端起茶杯观赏形状、色泽,嗅鉴香气,品尝滋味。

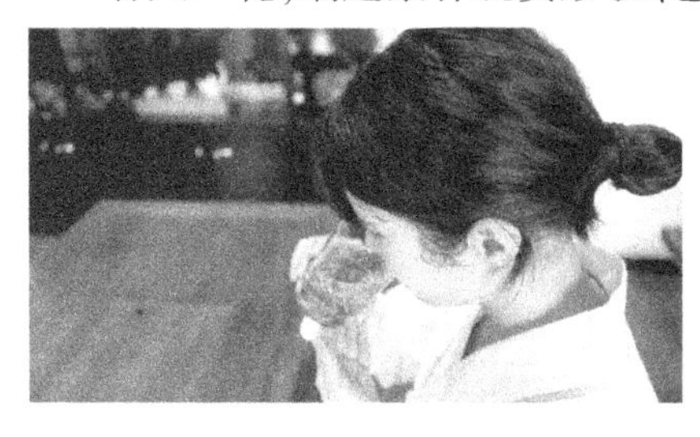

图6－8　品饮

9. 续水。

当杯中水只有1/5时,如果客人需要应该续水至杯4/5。

10. 收具(见图6－9)。

客人示意饮茶结束后,收拾茶具。

图6－9　收具

杯子沏茶可以根据茶叶种类和嫩度选择投茶方式,分为上投法、中投法和下投法。

第三节　壶沏茶法

使用茶壶是中国传统的沏茶法。壶的形制非常丰富，适合不同种类的茶叶，满足不同审美要求。现在青茶、黑茶、红茶更经常使用小壶沏茶法。下面以铁观音为例介绍紫砂小壶沏茶的基本方法。

1. 备具(见图6－10)。

端茶船放茶桌上，入座，行礼。茶船内盛放着茶储、茶荷、茶具组、130ml容量小壶、公道杯、茶漏、品茗杯、茶巾、水壶、奉茶盘、杯托。

图6－10　**备具**

2. 列具(见图6－11)。

将茶具按照沏茶要求摆放到位，做好沏茶的准备工作。

图6－11　**列具**

3. 润具(见图6－12)。

用开水把茶壶、茶杯淋烫一遍，倒入茶船。

图 6－12　润具

4. 置茶(见图 6－13)。

取出 5 克铁观音入茶荷,再倒入壶中。

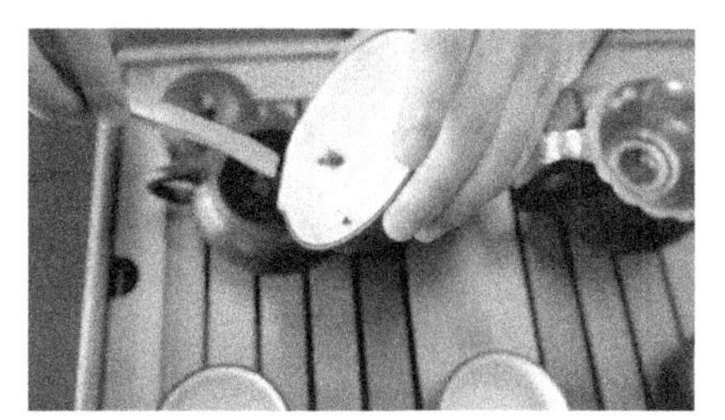

图 6－13　置茶

5. 洗茶(见图 6－14)。

开水注入茶壶后旋即倒入公道杯,洗去燥气。

图 6－14　洗茶

6. 冲泡(见图 6-15)。

壶中注入开水,刮去浮沫,加盖。用公道杯里的热水淋壶、注入品茗杯,再把品茗杯里的水倒入茶船。

图 6-15　冲泡

7. 出汤(见图 6-16)。

将茶汤倒入公道杯。

图 6-16　出汤

8. 斟茶(见图 6-17)。

将茶汤均匀斟入品茗杯。

图 6-17　斟茶

9. 敬茶(见图 6-18)。

将品茗杯放到各位客人面前,一礼,请饮茶。

图6－18　**敬茶**

10. 品饮(见图6－19)。

客人一礼,端起品茗杯观赏汤色,嗅鉴香气,品尝滋味。

图6－19　**品饮**

11. 续杯。

续杯注水,加盖浸泡时间根据口味要求调整。

12. 收具(见图6－20)。

客人示意饮茶结束后,收拾茶具。

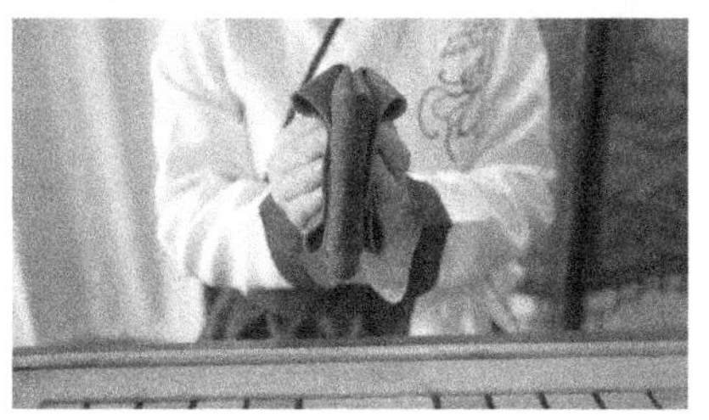

图6－20　**收具**

第四节　盖碗沏茶法

青茶、黑茶、红茶、白茶都普遍使用盖碗沏泡，花茶的盖碗沏泡特点是主泡器与饮器合一，与其他种类茶叶使用的盖碗相比，形制上也有一些差异。下面以花茶为例介绍盖碗沏茶的基本方法。

1. 备具（见图 6－21）。

端茶盘和提梁壶放茶桌上，行礼，入座。茶盘内盛放着茶储、茶荷、茶具组、100ml 容量盖碗、茶巾、水盂。

图 6－21　备具

2. 列具（见图 6－22）。

将茶具按照沏茶要求摆放到位，做好沏茶的准备工作。

图 6－22　列具

3. 温具（见图 6－23）。

开水注入倒置的碗盖，翻盖，开水注入茶碗，斜转茶碗温烫一遍，倒入水盂，轻拭茶针。

图 6－23 温具

4. 置茶(见图 6－24)。

从茶储取出 9 克花茶,均匀分入茶碗。

图 6-24　置茶

5. 浸润(见图 6-25)。

茶碗中注入 1/5 开水,端起茶碗倾斜 45 度旋转三圈。

图 6-25　浸润

6. 冲泡(见图 6-26)。

高冲注满开水,加盖。

图 6-26　冲泡

7. 敬茶(见图 6-27)。

将茶杯放到各位客人面前,一礼,请饮茶。

图 6-27　敬茶

8. 品饮(见图 6－28)。

客人一礼,端起茶杯观赏汤色,嗅鉴香气,品尝滋味。

图 6－28　品饮

9. 续杯。

续杯注水加盖浸泡时间根据口味要求调整。

10. 收具。

客人示意饮茶结束后,收拾茶具。

其他茶类的茶叶使用盖碗时,在冲泡之后,还有出汤和斟茶。

(1)出汤

移盖迁出一道缝,拇指、中指端起盖碗,食指压住碗盖,将茶汤倒入公道杯。

(2)斟茶

将茶汤均匀斟入茶杯。

拓展训练

一、思考论述

1. 茶艺由多少种要素构成?
2. 各种要素在茶艺中的作用是什么?
3. 认真实践一次茶艺,思考自己为什么会打造这样的茶艺。

二、学术选题

1. 茶艺的使命是什么? 如何实现这个使命?
2. 思考茶艺的性质。

三、实践训练

1. 参加茶艺实践,并且尽量去除流程中不必要的元素。

2. 编制一套茶艺流程。

四、拓展阅读

1. 郭孟良:《游心清茗——闲品〈茶经〉》,海燕出版社 2015 年版。
2. 丁以寿主编:《中华茶艺》,安徽教育出版社 2008 年版。
3. 朱红缨:《中国式日常生活:茶艺文化》,中国社会科学出版社 2013 年版。
4. 张琳洁:《茗鉴清谈——茶叶审评与品鉴》,浙江大学出版社 2017 年版。

第七章　茶具珍赏

俗话说“水为茶之母，器为茶之父”。自古茶人，不仅注重择茶择水，更注重茶具的选用，以尽展茶的色香味形之美。器与茶、水三者均为中华茶文化不可分割的重要组成部分。茶器、茶具深深渗透着时代生活方式、饮茶习尚、审美态度，承载着中华茶文化的发展变迁史。沿着中国茶具的发展脉络，可以窥见中华茶文化的基本走向。

第一节　茶具常识

茶具又称茶器，古代与现代所指的范畴有所不同。现代茶具主要指茶壶、茶杯、公道杯、茶道组等饮茶、品茶的器具。但古代茶具的概念除饮茶的器具外，也包括采茶、制茶的工具。唐代陆羽的《茶经》就在“二之具”和“三之造”中把采制茶叶的工具称为茶具，烧茶泡茶的器具则在“四之器”中被称为茶器。

唐代诗歌中对茶具和茶器都有表现。如白居易的《睡后茶兴忆杨同州》诗在“此处置绳床，旁边洗茶器”中用的是“茶器”；皮日休在《褚家林亭》诗中则有“萧疏桂影移茶具”的说法。到了宋代以后，茶器与茶具在生活中基本可以通用。《宋史・礼志》有“皇帝御紫宸殿，六参官起居，北使见毕，退赴客省茶酒……是日，赐茶器、名果”的记载，说明当时茶具较为珍贵，皇帝常将“茶器”赏赐送给文武百官和外国使节。元代画家王冕的《吹箫出峡图诗》说“酒壶茶具船上头”，明初“吴中四杰”之一的诗文名家徐贲写过“茶器晚犹设，歌壶醒不敲”。这些诗中茶具几乎与茶器通用，也说明茶具是茶文化不可分割的重要部分。[1]

---

① 吴远之：《大学茶道教程》，知识产权出版社 2013 年版，第 54 页。

一、茶具的历史

(一)唐以前茶具

茶具的出现及发展经历了从无到有,从混用到专用,从粗糙到精致的漫长的演变过程。这个过程一般以唐朝为界,此前茶具常与酒具、食具混用,自唐采用清饮法,饮茶开始有了专用器具,且日益讲究。

人类对茶叶的最早发现和认识,是从野生的大茶树上采摘嫩叶,直接咀嚼开始的,基本无须茶具。秦汉以前,人们把茶叶当作食物,类似于现今云南基诺族凉拌茶的食用方法,或者像煮蔬菜汤一样进行混煮羹饮,这一时期人们常用的陶罐、陶钵以及商周时期用来盛放物品的青铜器皿等,均可被当成茶具。所以此时还谈不上专用的茶具,茶器基本与酒具、食具混用。

我国真正对茶进行品饮,是在秦汉时期。顾炎武在《日知录》中说:"自秦人取蜀而后,始有茗饮之事也。"指出饮茶之事是在秦灭掉蜀国以后,由此可以推断,川蜀一带至少在战国中期已有饮茶习俗。[1] 而东晋常璩的《华阳国志·巴志》中载:"武王既克殷,以其宗姬封于巴,爵之以子……丹漆、茶、蜜……皆纳贡之。"说明西汉时期,成都及其附近一带是我国茶叶的消费中心或最早的茶叶集散地。而我国文献最早提到"茶具"一词则在汉代,西汉王褒的《僮约》中就有"烹茶尽具,已而盖藏"之说,但这种"具"的材料、式样和用途都不是很清晰。1972年长沙马王堆三号墓出土过一些竹笥木牌,主要用于悬挂标志食物的种类,其中有一个刻着"槙(槚)笥"(见图7-1)二字的木牌,说明西汉初年贵族喜欢饮茶,并有专门盛放茶叶的器物。因此,"槙(槚)笥"可视为我国最早的专用茶叶罐。[2]《汉书·地理志》则记载"荼陵"(今湖南茶陵)地名在西汉已出现,反映了茶树种植在秦汉时已向东南转移到荆楚一带,并逐渐向长江中下游转移。

图7-1 马王堆汉墓出土的竹笥木牌

魏晋南北朝时期,江南和浙江一带都已种茶。饮茶人群也已不限于贵族阶层,而是逐步

---

① 郑培凯、朱自振主编:《中国历代茶书汇编校注本》,第Ⅶ页。

② 宋伯胤:《品味清香:茶具》,上海文艺出版社2002年版,第12页。

扩展到江南文人士大夫。当时的饮茶方式在三国时期张揖的《广雅》中有较详细的记载："荆巴间采茶作饼，成以米膏之，若饮，先炙令赤色，捣末置瓷器中，以汤浇之。"说明当时的茶是饼状的，鲜叶加工成饼的过程中需放入米膏之类的食物，烘干备用。若要饮用时，须先把茶饼烤成赤红色，捣成粉末状，放置在瓷器中，注水冲饮。从文字记载来看，制茶、烤茶到碾茶直至饮用的过程，都有相应的器具。西晋左思《娇女诗》中有"心为茶荈剧，吹嘘对鼎鑡"。与左思所处年代相近的杜育，在其所写的《荈赋》中说的"器泽陶简，出自东隅。酌之以匏，取式公刘"。这些均为文人作品中关于饮茶器具的记录，实际上，东汉时期浙江东部的温州、永嘉一带已有著名窑场，开始烧制青瓷。唐代陆羽在《茶经·七之事》中关于茶器的记载有两则。一则是引用《广陵耆老传》的记载："有老姥每旦独提一器茗，往市鬻之。市人竞买，自旦至夕，其器不减。"一则引述西晋八王之乱时晋惠帝司马衷蒙难，回到洛阳后有侍从"持瓦盂承茶"敬奉之事。这些史料说明，专用茶具虽已在隋唐以前出现，但仍与食具、酒具等区分不严格，可能都是混用的。

（二）唐五代茶具

唐代饮茶之风盛行，饮茶方式基本定型，茶具也正式独立出来。中唐时期，陆羽《茶经》的问世标志着茶具已走向成熟。书中不仅系统地记述了唐以前及唐代茶业发展的状况，还专辟章节完整地记述了唐朝煎茶技艺所需要的整套茶具，对其后的茶具发展具有深远的意义。20 世纪 80 年代后期，陕西扶风法门寺地宫出土了成套唐代宫廷茶具，材质讲究，制作异常精美，唐代茶具制作工艺可见一斑。

陆羽被尊为"茶圣"，是因为他全面系统地总结和普及茶的生产知识，使茶叶生产从此有了较完整的理论依据，同时，正是因为陆羽提出清饮法的饮茶方法，提出了品评鉴别之道，开创了茶饮的雅致生活范式，将饮茶及茶具制作等物质层面的过程，赋予美的享受及寻求大道的精神层面的高度，树立了茶饮的文明范式，成为中国茶道的源头。《茶经》详尽记述了因茶择具的原则，制作、选择茶具不仅要讲究实用功能，令其有助于提高茶的色、香、味，而且还须讲究审美价值。一套精致高雅的茶具，本身就含有很高的艺术性与欣赏价值。下面具体列出陆羽在《茶经》中所记载的二十多种茶具，根据器具的用途，可大致归为九类。

一是生火器具，主要包括风炉、筥、火筴、炭挝四种；二是煮茶器具，主要包括鍑、交床、竹筴三种；三是炙茶器具，主要包括夹、纸囊二种；四是碾茶器具，主要包括碾、罗合、则三种；五是贮水器具，包括水方、漉水囊、瓢、熟盂四种；六是存盐器具，主要包括鹾簋一种；七是饮茶器具，主要包括碗、畚、札三种；八是洗涤、清洁器具，主要包括涤方、滓方、巾三种；九是存放器具，主要包括具列、都篮二种。陆羽的《茶经》说明，饮茶可视不同场合省去一些茶具，以上二十余种器具并非每次饮茶时必须件件具备。

值得一提的是，陆羽花费如此大量篇幅一一列举烹茶煎茶的器具，表面上看为单纯技术性的陈述，而实质是通过器具的规范，建构饮茶的特殊流程，规定使用器具的仪式，全面规范了饮茶的基本流程及品尝鉴别的审美标准，所以说，陆羽可谓中国茶道的开山祖师。《封氏闻见记》特别指出陆羽“造茶具二十四事，以‘都统笼’贮之”，说的就是陆羽对饮茶范式的建立。所谓“茶道大行，王公朝士无不饮者”，也显示陆羽创制的茶道仪式，在唐代上层社会已较为通用。就质地而言，唐代的茶具已种类日益丰富，金银茶具、瓷器茶具、琉璃茶具等一应俱全。

（三）宋元茶具

宋代是中国历史上的文化繁荣期，饮茶风尚在宋代达到了顶峰。点茶法在唐朝晚期出现，到宋代成为时尚。宋代流行的茶依然以蒸青团饼茶为主，制作更加精细，其贡茶苑由唐朝太湖边上的顾渚及阳羡转移至福建建瓯凤凰山一带，每年出产“龙团凤饼”进贡皇宫。宋代茶饼精细讲究，品饮方式也更加优雅。点茶法不再用锅烧水，而改用瓶；茶粉不是放在锅里，而是直接放在碗中，以瓶中烧水，微沸时即冲点碗中茶粉，用茶筅击拂泡沫，直接品饮。其中茶碗十分重要，既是点茶的器具，又是饮茶的器具。

由于品饮方式的改变，宋代的饮茶器具形制愈来愈精巧，质地更为讲究，且制作更加精细，整体追求内敛、含蓄之美。从器型上看，最大的变化是唐代煎茶器具在宋代逐渐被点茶的瓶所替代；从材质上看，宋代以瓷器茶具为主，金银茶具、漆器茶具均有大的发展。宋代是我国陶瓷史上最为繁荣的时期，南北窑场林立，其中汝窑、官窑、哥窑、定窑、钧窑，号称五大名窑。瓷器茶具中又以碗、盏、瓶三种器物为主，它们都是点茶法中最重要的器具。漆器茶具经过秦汉到唐代的发展，到宋代已从宫廷走向民间。与唐朝漆器艳丽富贵的特色相比，宋朝漆器多以素色为主，尤其以黑色居多，也有紫色、朱色，漆器茶具以盏托为主，包括碗、盘、盒、罐、勺等，大多体轻胎薄，使用方便。

宋代茶具的发展系统，不少茶书都有详细记载，如北宋蔡襄在《茶录》中，专门写了“论茶器”，说到当时的茶器有茶焙、茶笼、砧椎、茶钤、茶碾、茶罗、茶盏、茶匙、汤瓶。宋徽宗在《大观茶论》中所列出的茶器有碾、罗、盏、筅、钵、瓶、杓等。值得一提的还有南宋署名为审安老人的《茶具图赞》。他用单线勾勒出十二件茶具的图形，画笔简练准确，对器物的形态、构造和使用都做了细致而具体的描绘。器身还画出花饰纹样，十分生动逼真，可以视为宋代茶具以及茶事习俗的珍贵史料。有意思的是，审安老人还按宋时官制给茶具冠以职称，赐以名、字、号，将十二件茶具称为十二位“先生”，并逐一“宠以爵，加以号”，每幅茶具图后还写出有情有理、表达着造化自然的赞词，足见当时上层社会对茶具的钟爱。最有趣的是这十二位先生的姓氏，基本是用做成该茶具的材料而定的。它们是韦、木、金、石、胡、罗、宗、漆、陶、汤、竺、司等。如茶碾被称为“金法曹”，金，表明碾子是用金属做的，“法曹”原是掌狱讼刑法的官吏，与碾茶毫无关系，但作者在赞词中做出了回答：“柔亦不茹，刚亦不吐，圆机运用，一皆有法，使强梗者不得殊轨乱辙，岂不韪欤？”[①]将茶碾的功用写得淋漓尽致，无论是嫩嫩的叶片、小芽，或是“容貌如铁，质资刚劲”的粗枝，只要一放入茶碾，都会在一轮之下“粉身碎骨”，供人饮用。[②]

宋代以斗茶为风尚，大力推动了茶叶和茶具的发展，名茶较多，茶具亦极为普遍。《宋史·礼志》记载，宋代皇帝常将茶具赐给大臣：“皇帝御紫宸殿，六参官起居北使……是日赐茶器、名果。”文人雅士更是饮茶成风，“惟携茶具赏幽绝”成为文人雅士品茗风尚的写照。且在宫廷贵族中受欢迎的茶具很快也在民间流行，城市中也有不少出售茶具的店铺。

这一风尚一直延续到辽金时代。在河北宣化发掘出的一批辽代墓葬中，就有一幅《童嬉图》（见图7-2）置于壁画当中，展现了辽金时期人们点茶的生活场景。画面上共有八人，右前方四人，其中一位似为女主人，其他三人似为茶僮，在女主人的指点下，正在为点茶做准备，中间有一个茶碾子，欲将饼茶碾成细末；图的左上方方盘中，置有饼茶、茶锯（锯饼茶用）、茶刷（刷茶末用）、团扇（烧水生火时用来扇风）、茶炉（用来生火），在主人的右侧有一把执壶，以备烧水点汤时所用。图左后方有四个幼童，正在好奇地窥看点茶的方法。

① 审安老人：《茶具图赞》，杜绾等《云林石谱 外七种》，上海书店出版社2015年版，第90页。

② 宋伯胤：《品味清香：茶具》，第26页。

图 7－2 《童嬉图》[1]

元代茶具上承唐宋，下启明清，是我国茶具发展史上的一个过渡时期。且由宋入元时期，民间通俗的饮茶方式，开始呈现两个倾向：一是在茶中加果加料，一是散茶的饮用。尤其是北方喝茶习俗，多有加果加料。吴自牧的《梦粱录》中说南宋临安城的茶馆里，不但卖各种奇茶异汤，到冬天还卖“七宝擂茶”。南宋赵希鹄的《调燮类编》列举各种茶品：“木樨、茉莉、玫瑰、蔷薇、兰蕙、橘花、栀子、木香、梅花，皆可作茶。”还有脱俗的莲花茶。元代忽思慧的《饮膳正要》（成书于1330年），载有各种花样的茶。如枸杞茶，是用茶末与枸杞末入酥油调匀；玉磨茶，是用上等紫笋茶，拌和苏门炒米，镒入玉磨内磨成。这类茶在契丹、女真、蒙古所统治的北方地区，一直流传下来。[2]条形散茶开始兴起，人们用沸水冲泡散茶，这样直接导致茶具变革，煎茶和点茶所使用的炙茶、碾茶、罗茶、煮茶的茶具全部舍弃。元代冯道真墓壁画中，已经看不到茶碾。

（四）明清茶具

明太祖废团饼茶，地方以芽茶散茶入贡，制茶工艺因炒青与烘焙工艺发

① 图片为河北宣化辽代张文藻墓出土的壁画《童嬉图》。画面右下方有船形茶碾一只，茶碾后有一黑皮朱里圆形漆盘，盘内置曲柄锯子、毛刷和茶盒。该壁画真切地反映了辽代晚期的点茶用具和方式。

② 郑培凯、朱自振主编：《中国历代茶书汇编校注本》，第XVII页。

展起来后，到明中期后，名茶辈出。到清代，茶类品种日益丰富，出现了六大茶类，但就形状而言仍属于条形散茶。茶饮的品饮强调茶叶的本色真香，以追求茶饮的清灵之境，注重性灵境界的质朴天真，追求品茶过程心灵超升的修养，以期融入天然，达到天人合一之境。相对唐宋品茶烦琐的程序和讲究的器具，明代的茶饮大大减少了复杂的仪式与道具，顺应品茗者的心性与兴趣，讲究一种清风朗月的情趣和高洁的情操。

明代茶具出现了一次较大的变革，简化为普遍使用的烧水沏茶和盛茶饮茶的两种器具。直到今天，人们使用的茶具基本上没有太大的变化，变化的也仅仅是茶具的造型或是材质，茶具材质异常丰富，出现了脱胎漆茶具、竹编茶具、生物（如椰子、贝壳等）等材料制作的茶具，异彩纷呈。明代文震亨的《长物志》记录，“吾朝”茶的“烹试之法”“简便异常”。明代最具有开创性的便是小茶壶的出现，同时茶碗也有不断的改良，由大变小，由崇尚厚重青黑的建窑，转而崇尚青花白瓷，此后又出现了宜兴紫砂茶具。

清代的茶盏、茶壶，通常以陶或瓷制作，到了康熙、乾隆时期达到顶峰。当时，“景瓷宜陶”被广为传颂，指的就是江西景德镇的陶瓷和江苏宜兴的紫砂陶具，也由此成就了景德镇在中国陶瓷史上的地位。清代瓷制茶具除青花瓷、五彩瓷茶具外，还创制了粉彩、珐琅彩等茶具。而宜兴紫砂茶具受到了众多文人的喜爱，出现了许多文人壶，如工匠文人合作的“曼生壶”，可谓其代表。

二、现代茶具的分类

现代茶具的类别众多，造型千姿百态，纹饰百花齐放，可以依据不同的标准来分类。通常有两种分类方法：一是按饮茶方式的不同和茶具的用途分；二是按材质的不同划分。

（一）按照不同的用途划分

1. 烧水器具。

（1）烧水壶：常见的有随手泡、电水壶，也有的茶友使用铁壶。

（2）炭炉：常见的有炭炉或电炉等。

2. 备茶用具。

（1）茶荷：盛放待泡干茶的器具，用来置茶或赏茶。

（2）茶叶罐：用来存放干茶的器具，避免茶叶变质，茶香挥发等。

3. 主泡用具。

（1）盖碗：应用最广的茶叶主泡器，适合各类茶叶冲泡。一般上有盖、下有托，中有碗，盖为天、托为地、碗为人，又称“三才碗”“三才杯”。

(2)茶壶:材质多为瓷质、紫砂或者玻璃。

(3)飘逸杯:便捷的现代泡茶用具。同一杯组可使茶叶、茶汤分离,并自动过滤,多在办公室等场合使用。

4. 品茶用具。

(1)品茗杯:品饮茶汤的杯皿。材质多样,形状各异。

(2)闻香杯:冲泡乌龙茶时常用的品杯,与品茗杯搭配着使用,主要用于闻香,使用时双手掌心夹住闻香杯,靠近鼻孔,边搓动边闻香。

(3)公道杯:分茶器,茶叶冲泡完一般倒入公道杯中,然后平分到各个品茗杯中,以使每杯茶的浓度均匀,也是"茶汤面前人人平等"精神的体现。

5. 辅助用品。

(1)过滤网:用于过滤茶渣的器具,又名茶漏,使用时一般置在公道杯上,滤去茶汤多余的渣滓。

(2)茶针:用来疏通壶嘴的器具。

(3)茶匙:帮助投茶或从泡茶器中掏出茶渣的器具。

(4)茶则:主要用来量取茶叶,把茶从茶罐取出置于茶荷或泡茶用具中。

(5)茶夹:常用来夹着茶杯进行清洗的器具。

(6)杯垫:用来放置品茗杯、闻香杯等,防止杯里或杯底的茶汤溅湿茶桌。

(7)茶巾:用来擦拭水渍和茶渍的器物。

(8)茶盘:茶盘又称茶船,是盛放茶壶、茶杯、茶道组、茶宠等的浅底器皿。材质广泛,款式多样。

(二)茶具的分类按材质分

1. 陶土茶具:早在北宋初期就已崛起,明代大为流行,首推宜兴紫砂,因其特殊的双气孔构造而独树一帜,受到古今茶人喜爱。

2. 瓷质茶具:瓷器是中华文明的一种象征,瓷质茶具与茶的完美搭配,让中国茶传播到全球各地。瓷器无吸水性,造型美观独特,装饰小巧精致,釉色丰富绚烂。主要品种有白瓷茶具、青瓷茶具(见图7-3)、黑瓷茶具和彩瓷茶具等。

3. 漆器茶具(见图7-4):中国是世界上最早使用漆器的国家。漆器茶具最早出现于清代,制作精细复杂,古朴典雅,福建福州的脱胎漆茶具和北京的雕漆茶具可谓漆器茶具的代表。脱胎漆茶具通常是同色一壶四杯,存放在圆形或长方形的茶盘内,轻巧美观,且不怕水浸,能耐温、耐酸碱腐蚀,并融书画于一体,极具文化底蕴,常为收藏好物。

图7-3　汝窑品茗杯

图7-4　漆器茶盘

4. 玻璃茶具(见图7-5):玻璃古时被称为"琉璃"。玻璃质地透明,可塑性强,用其泡茶极富品赏价值,故颇受市场青睐。其缺点是容易破碎,易烫手。

5. 金属茶具(见图7-6):青铜器、金银等金属器具是我国最古老的日用器具之一,南北朝时期出现了包括饮茶器皿在内的金银器具,隋唐时期制作达到高峰,陕西法门寺出土的"五哥茶具",可以说是金属茶具中的珍宝。在元明清时期,随着饮茶方式的改变,以陶瓷材质为主体的茶具兴起,金属茶具逐渐淡出,但由于金属防潮避光,利于散茶贮存,锡制茶叶罐等储存茶叶的器具至今都很流行。

图7-5　琉璃品茗杯

图7-6　金属茶则

6. 搪瓷茶具(见图7-7):搪瓷起源于玻璃装饰金属。铸铁搪瓷则始于19世纪初的德国与奥地利,元代时传入我国。明清时期流行出现景泰蓝茶具,20世纪初以后,我国才真正开始生产搪瓷茶具。搪瓷茶具坚固耐用,使用轻便，但传热较快，易烫手。

7. 竹木茶具（见图7-8）：竹木制茶器在隋唐以前民间就已使用较多，陆羽的《茶经》所列茶具，多由竹木制成的。竹木茶具用料广泛，制作简便，且无污染，从古至今受到茶人喜爱。清代四川一带的竹编茶具较为有名，所制茶杯、茶盅、茶托、茶壶、茶盘等，既有趣，又实用。但因竹木制茶器无法长久保存，故现存文物很少见。

图7-7　搪瓷茶壶

图7-8　竹制茶叶罐

第二节　瓷质茶具

中国是瓷器的国度，中国的英文名 China 就是瓷器的意思。青瓷茶具是中国最早的瓷质茶具，早在东汉就已出现。唐代瓷业工艺精湛，形成了"南青北白"的格局。宋代则有五处著名窑口：官窑、哥窑、定窑、汝窑和钧窑。元代中国瓷业又有更大的进步，景德镇窑元青花瓷开辟了由素瓷向彩瓷过渡的新时代。清代中国瓷器的生产以康熙、雍正、乾隆三朝最盛。

一、瓷器茶具简介

中国瓷器在国际上有很高的声望。早在唐代就通过海路的"丝绸之路"传播到世界各国。五代后梁贞明时期（915—921），我国的烧瓷方法传播到高丽。公元9世纪，中国瓷器出现在中东大陆。南宋嘉定十六年（1223），日本"陶祖"加藤四郎来到中国，在福建学习制瓷方法，回国后在尾张、濑户依法烧制黑釉瓷，成为"濑户烧"的原型。欧洲学造瓷始于15世纪，其技术间接学自阿拉伯。

瓷器茶具是应用最广的茶具之一。一般认为,瓷器有四个特征:一是用瓷石或瓷土为原料,经过扬碎、淘洗作胎;二是经1200℃以上高温烧制;三是瓷石由石英、绢云母、高岭土等组成,烧制的瓷器质地坚致,总气孔率和吸水率小;四是坯体表面施有光泽的色釉,胎釉结合较好。器具光洁透亮,薄者可呈半透明状,敲击时声音清脆响亮。

瓷器源于陶器,是在总结、继承制陶工艺的基础上发展起来的。在由陶向瓷的长期过渡时期,最为关键的是胚体原料的选取。在总结制陶经验的基础上,在长期的选料、研磨、陶洗过程中,人们发现了瓷土和高岭土的特性,用这种料土烧造器物,需要更高窑温,烧出来的器物器表无釉,但已不同陶器。而瓷土和高温两个条件同时达到后,人们渐渐又发现了釉料,并可以控制相当高的窑温,才烧出瓷器来。而在后来的发展中,瓷大大异于陶而胜于陶,最后终于发展成为两个独立的手工业系统。①

我国最早的陶器,出土于黄河流域新石器早期遗址,较为著名的是河北武安的磁山和河南新郑的裴李岗出土的陶器,距今8000多年,器形简单,烧成温度在700℃—800℃。② 而我国最早的瓷器是在商代前期和后期的遗址和墓葬中发现的,即我国的制瓷的历史至迟应从商代写起。也就是说,瓷器的产生,体现了制陶手工业质的飞跃。这个带有转折性的创造,在商代就已完成了。

虽然早期瓷器在商代已经出现,但是“瓷”字却不见于东汉许慎编纂的《说文解字》,这本书收录汉字达9300多个。而在长沙马王堆西汉初年辛追墓里,有25根用墨笔隶书写有“资”字的竹简,指盛放各种日用品的器具。考古发现,这些器具均为高岭土之类作胎,火候较高,器表施有褐色或黄色釉的“印纹硬陶”器。1972年,考古学家唐兰指出这个“资”就是“瓷”的古字。③

二、瓷质茶具发展历史

我国瓷器发展的历史,从商代出现瓷器生产早期和低级阶段的“原始青瓷”算起,经过春秋、战国、秦汉的发展,到了东汉时期,青瓷烧制相对成熟了,瓷器与陶器从此便分道扬镳。青瓷的烧成,是陶瓷发展中的重要里程

① 宋伯胤:《宋伯胤说陶瓷》,上海古籍出版社2003年版,第22页。
② 同上书,第6页。
③ 同上书,第16页。

碑。青瓷发展后,北方出现白瓷,在隋唐之后得到空前发展,唐朝南北青瓷相互融合和发展,并在唐朝出现“南青北白”的局面。宋代出现许多著名窑口,宋代以黑釉盏为代表的黑瓷得到前所未有的发展。元代北方瓷窑开始衰落,全国设立唯一的“浮梁瓷局”,并在景德镇窑成功地烧制出青花瓷器,同时大量红釉、蓝釉等彩釉高温瓷都取得突破性进展。清朝前期是我国瓷器的鼎盛时期,青花彩、斗彩、粉彩等彩瓷达到了制造高峰。

(一)青瓷茶具

青瓷茶具是中国最早的瓷质茶具。青瓷是我国瓷器的传统品种,一般指的是瓷器表面施有青色釉的瓷器。但颜色青并非就是青瓷,颜色不青也不一定不是青瓷。因为青瓷的色调主要是由于胎釉中含有氧化铁,在高温下还原成亚铁呈青色。若含铁不纯或还原不充分,釉的呈色就可能由青色变成黄色或黄褐色。

青瓷的形成和发展几乎贯穿我国陶瓷史的整个过程。青瓷的出现可以追溯到商汤时期,史称“原始青瓷”,主要产于浙江、四川等地。早在东汉时期,浙江上虞一带的制瓷工匠烧出了成熟的青瓷,色泽纯正、透明发光,广泛应用于日常生活中,大大提升了人们的生活质量,具有划时代的意义。

两晋至南北朝时期,浙江的青瓷发展迅速,出土的大量文物显示,当时越窑、婺窑、瓯窑的青瓷生产已具相当规模。六朝以后受佛教发展影响,许多瓷茶具都有莲花纹饰。

唐代有许多著名的青瓷窑,有越州窑、鼎州窑、婺州窑、岳州窑、青州窑和洪州窑六大瓷窑。陆羽在《茶经》中把越州窑放在首位,以越州窑烧制的茶碗最好。唐代最具神秘色彩的秘色瓷,就是由越窑特别烧制,供皇家专用。唐诗人徐夤有《贡余秘色茶盏》诗云:“捩翠融青瑞色新,陶成先得贡吾君。功剜明月染春水,轻旋薄冰盛绿云。古镜破苔当席上,嫩荷涵露别江渍。中山竹叶醅初发,多病那堪中十分。”极赞茶瓯釉面晶莹润泽,有如湖水一样清澈透明、碧绿。唐代瓷业发展迅速,常有“南青北白”之说,而从衬托茶汤的颜色着眼,陆羽认为“邢不如越”、白不如青,这主要因为越瓷接近玉,而玉在古代有君子的寓意,寄托着文人的人格理想和美学情趣。

宋元时代,青瓷的烧造达到了鼎盛。宋代著名的窑口还有五处:官窑、哥窑、定窑、汝窑和钧窑。汝窑在北宋后期约有二十年时间被垄断专为宫廷烧制御用瓷器,即汝官窑瓷器,为“五大名窑”之首。汝窑瓷胎体较薄,釉层较厚,有玉石般的质感,釉面有很细的开片。官窑主要烧制青瓷,造型往往带有雍容典雅的宫廷风格。官瓷胎体较厚,釉层普遍肥厚,釉面多有开片,且多为大块冰裂纹。哥窑主要特征是釉面有大小不规则的开裂纹片，细小如鱼子的叫“鱼子纹”，开片呈弧形的叫“蟹爪纹”，开片大小相同的叫“百圾碎”，其开片纹理呈金黄色或铁黑色，故有“金丝铁线”之说。钧窑瓷的釉色千变万化，红、蓝、青、白、紫交相融汇，灿若云霞，这是因为在烧制过程中，配料掺入铜的气化物造成的艺术效果，为中国制瓷史上的一大发明，被称为“窑变”。定窑为民窑，以烧制白瓷为主，瓷质细腻，胎薄有光，釉色润泽如玉，器底常有刻“奉华”“聚秀”“慈福”“官”等字。明代青瓷茶具更以其古朴典雅、端庄秀丽的器型，以及釉色青莹、流畅细腻的做工而蜚声中外。

（二）白瓷茶具

白瓷的出现晚于青瓷，且先出现在北方。北方青瓷由于胎质不如南方的致密，颗粒较粗，含砂子和杂质较多，釉色往往青中泛黄。为提高青瓷质量，弥补不足，人们常在胎上先施一层白色化妆土，然后施釉入窑烧制。在长期的发展过程中，人们逐步降低胎和釉中的含铁量，成功烧制了白瓷。

白瓷的出现是中国陶瓷发展史上的重要里程碑。考古资料显示，北方青瓷的出现不会晚于北魏晚期。唐代河北邢窑附近贾村发现有隋代白瓷窑，证明隋代就已成功烧制，为唐代白瓷的发展打下了良好的基础。在唐代出现了“南青北白”的局面，白瓷作为北方一种独特的产品与青瓷形成了鲜明的对比，以河北邢窑生产的白瓷最为著名，自古有“天下无贵贱通用之”的美誉。邢窑白瓷茶具大多表面没有纹饰，主要以简洁优美的造型和晶莹剔透的釉色取胜，茶具形态多以传统金银器皿为原型，并且胎釉堆积处常略微泛有青绿色，有玉润的美感。到了元代，白瓷已经广泛生产于全国各大瓷区，像江西景德镇的白瓷茶具在当时已远销国外。明代永乐白瓷茶具颇负盛名，世称“甜白”，以变化多姿的造型、纤细古朴的手法和晶莹白润的釉色等高超的制瓷技艺称绝。

白瓷茶具胎质致密，上釉透明，无吸水性，音清而韵长，且色泽洁白，更能反映出茶汤的色泽，且传热和保温的性能适中，适合冲泡各类茶叶，故在所有茶具中，白瓷的使用是最普遍的。

（三）黑瓷茶具

黑瓷茶具产于我国浙江、四川和福建等地，始于晚唐时期，宋代到达鼎盛，但之后便逐渐开始衰落。宋代斗茶之风盛行，斗茶贵白，黑瓷茶盏古朴雅致、瓷质厚重且保温，广泛应用于斗茶。北宋蔡襄的《茶录》中有详细记载：“茶色白（茶汤色），宜黑盏。建安（今福建建瓯）所造者，绀黑，纹如兔毫，其坯微厚，熁之久热难冷，最为要用。出他处者，或薄，或色紫，皆不及也。其青白盏，斗试家自不用。"又载："视其面色鲜白，著盏无水痕为绝佳。建安斗试以水痕先者为负，耐久者为胜。"由此可见，宋代斗茶的衡量标准，一看汤花色泽，贵"鲜白"、均匀；二看汤花与茶盏相接处有无水痕和水痕出现的时间，以"盏无水痕"为上。

宋代黑瓷茶具的主要产地集中在福建建窑、江西吉州窑、山西榆次窑等地，其中建窑生产的建盏最为人称道。宋时崇尚斗茶之风，建宁府瓯宁县（今福建省南平）在宋时不仅出产许多贡茶，如建瓯北苑贡茶、武夷山御茶等，而且生产出了最适于斗茶所用的茶具——建盏。建盏是铁含量高的坯体经1300℃以上的高温焙烧而自然形成结晶釉，釉面呈现兔毫条纹（见图7－9）、鹧鸪斑点、日曜斑点，一般口沿的釉层较薄，而器内底聚较厚的釉。一旦茶汤入盏，釉彩即能放射出点点光辉，大大增加了斗茶的情趣，深受宋代文人墨客的喜爱，他们留下许多诗句，如"鹧鸪班中吸春露"（惠洪《无学点茶乞诗》），"松风鸣雪兔毫霜"（杨万里《以六一泉煮双井茶》），"鹧斑碗面云萦字，兔褐瓯心雪作泓"（杨万里《陈蹇叔郎中出闽漕，别送新茶，李圣俞郎中出手分似》）等。

宋代建盏当时已由留学中国的日本禅僧们传回日本。15世纪以后，日本茶人把建盏及黑釉器讹称为"天目"，传世的建盏以日本最多，其中宋代的"油滴"（见图7－10）、"曜变"（见图7－11）等四只建盏已被定为日本国宝，是稀世之珍。明代后，茶饮方法与宋代不同，黑瓷建盏"似不宜用"，黑瓷日渐退出。

图7－9　兔毫盏[①]

图7－10　油滴盏[②]

① 建阳窑黑釉兔毫盏，高9.6厘米，口径16.2厘米，足径4.9厘米。现藏于故宫博物院。这种茶盏的黑色釉面上有呈放射状的黄褐色条纹，似兔身上的皮毛，俗称"兔毫纹"。

② 建窑油滴盏，现藏于日本大阪东洋美术馆。这种茶盏在黑釉面上散布着具有银灰色金属光泽，大小不一的小圆点形如油滴，故称"油滴釉"。

图7－11　曜变天目盏[1]

(四)彩瓷茶具

我国彩瓷茶具的历史可以追溯到东晋的青瓷点彩。唐代以长沙窑为代表的彩瓷发展迅速,采用褐、绿、蓝彩在瓷胎上绘画的方法,以圆点组成图案,纹饰内容多以花鸟、人物、走兽、诗词为主;宋金时期彩瓷从胎、釉、彩三个方面有了新的突破,像磁州窑的白釉黑彩、白釉酱彩、绿釉黑彩、白釉红绿黄彩等,定窑的白釉红彩、白釉金彩、黑釉金彩,吉州窑的白釉褐彩等,品种变得格外丰富,风格各异。这个时期的彩绘构图新颖活泼,画风清新自然。

彩瓷茶具的品种繁多,尤以青花瓷茶具最引人注目。我国元代最早在景德镇成功烧制青花、釉里红瓷器,使彩瓷茶具的发展步入一个新的时期。到了明清时期,彩瓷更是得到了突飞猛进的发展,大量彩瓷品种不断出现。

青花瓷茶具,为元代景德镇首创烧制的新品种,即白地蓝花瓷器的专用名称,其主要是指以氧化钴为呈色剂,在瓷胎上直接描绘图案纹饰,再涂上一层透明釉,尔后在窑内经1300℃左右高温一次烧制而成的器具。古人将黑、蓝、青、绿等诸色统称为"青",其花纹蓝白相映成趣,令人赏心悦目,色彩淡雅清幽,华而不艳,加之在彩料之上上釉,显得更加滋润明亮,有"永不凋谢的青花"之称。其制作精美而传世极少,异常珍贵。元青花瓷茶具开辟了茶具由素瓷向彩瓷过渡的新时代,元代中后期,青花瓷茶具开始成批生产,特别是景德镇,成为我国青花瓷茶具的主要生产地,一跃成为世界制瓷业的中心。

明代景德镇生产的茶壶、茶盏等青花瓷茶具,花色品种越来越多,制瓷

---

① 建窑曜变天目盏,现藏于东京静嘉堂文库美术馆。这种茶盏在黑釉中浮现着大大小小的斑点,且这些斑点四周围绕着红、绿、天蓝等彩色光晕,在不同方位的光照下闪耀,随着观察角度的不同而出现大面积的色彩变幻。曜变天目盏的烧成具有极大的偶然性,非常珍贵。

技术日益提高，产品质量愈来愈精。宣德年间是明代青花烧造的黄金时期，宣德时期青花茶具胎细釉润，纹样用进口的苏麻离青绘画而成，色泽鲜丽浓重，蓝地白花折枝花果纹茶盘、茶炉等是明代景德镇御器厂的传统产品，后代各朝制品中尤以宣德青花为精美。

清代特别是康熙、雍正、乾隆时期，青花瓷茶具烧制进入高峰期，康熙年间烧制的青花瓷茶具被称“清代之最”。当时除景德镇生产青花茶具外，江西的吉安、乐平，广东的潮州、揭阳、博罗，云南的玉溪，四川的会理，福建的德化、安溪等地生产的青花瓷茶具，都有一定影响。如清青花瓷婴戏纹茶壶，为清雍正时期景德镇民窑的青花瓷茶壶，绘婴戏纹饰，造型小巧，画风严谨，人物面目清秀、细腻妩媚。

除了青花瓷之外，元代还创烧了成熟釉里红及各种单色釉品种茶具。釉里红瓷茶具是与青花同时出现的一种彩瓷茶具，是一种红色釉下彩，着色原料为氧化铜，由于氧化铜在高温下容易挥发，难以烧制。元代还出现过以氧化钴直接掺入釉料中作为釉施于茶具表面的钴蓝釉瓷茶具。这两个创新品种的出现，为明清颜色釉瓷器的发展奠定了技术和物质基础。

明代彩瓷茶具除青花、釉里红等釉下彩茶具外，还创制了釉上彩如青花五彩、斗彩、三彩、白釉红彩、白釉酱彩、白釉绿彩、青花五彩、黄釉青花、黄釉五彩等茶具，引人喜爱。洪武年间是明代釉里红茶具烧制最兴盛时期，明朝成化年间创烧的斗彩茶具闻名遐迩，主要是在釉下用青花勾勒纹样的轮廓线，釉上用红、黄、绿、紫等色填彩的彩瓷茶具，最具代表性的是明成化斗彩鸡缸杯。而明代晚期是青花五彩茶具烧制空前绝后的时代，其中尤以嘉靖、万历的数量为多，青花作为一种色彩与釉上多种彩结合，技法与斗彩不同。

清代的彩瓷茶具在品种、数量和艺术境界上都有新的突破，成功地创制出珐琅彩、粉彩两种釉上彩茶具，一改元明以来青花瓷主导的彩瓷茶具风格，使中国瓷器更加大放异彩。珐琅彩茶具是从铜胎画珐琅移植过来的一种釉上彩瓷茶具，又称为瓷胎画珐琅茶具。康熙时期出现的粉彩茶具，盛烧于雍正、乾隆时期，成为清代瓷业生产的一个主要品种，是在康熙五彩瓷的基础上，采用珐琅彩的进口色料绘制创烧而成。其最大特点是用“玻璃白”打底，“玻璃白”具有乳浊效果，画出的图案可发挥渲染技法的特性，呈现一种粉润的感觉，同一种色调的颜色有浓淡明暗之感，更柔和淡雅。其做法是用经过“玻璃白”粉化的各种彩料，在烧成的白釉瓷器的釉面上绘画，经第二次炉火烧烤而成。

传世的清道光粉彩瓷盖茶碗，造型隽秀，胎体薄轻，釉上粉彩绘梅花，边饰图案和梅花图案笔法十分精细，风格清秀柔和。盖茶碗最早为宋代景德镇的青白瓷，自清康熙以后大量烧造。盖碗可兼做泡茶器和饮茶器，是日常生活中招待客人最实用、最简便的饮茶用具。

三、瓷器茶具的鉴赏

从前文介绍来看，瓷器茶具自古以来就是品茶应用最广的器具，选择购买瓷器茶具需要人们具备一些基本的常识。总体说来，对瓷器茶具的鉴赏，主要可从胎质、釉色、造型、技艺、纹饰、主题及背景等几个方面进行。

一看胎质，瓷器均由高岭土烧制而成，质地优良的瓷器胎质细腻、洁白、匀薄，人们钟爱瓷器茶具，称其有“薄如纸、白如玉、声如磬、明如镜”的特点，一件茶具在手，拿着对光而视，有半透明感，轻轻扣之，质地坚硬，有清脆之音。

二看釉色，不管单色釉还是各种彩釉，好的釉色都晶莹剔透，匀润亮泽，用手触摸，润滑细腻。具体选择茶具时，可重点考虑所选釉色是否与将要泡的茶叶种类相配，是否符合当下的季节时令。一般来说，秋冬季多采用暖色调的釉色茶具，冲泡红茶、乌龙茶、普洱茶等，春夏季则多用冷色调的釉色茶具，冲泡绿茶、花茶、白茶等。

三看造型。茶具属于日常生活常用器具，所以需重点考虑茶具的实用性，其次考虑其艺术水准。理想的茶具都是实用和艺术的完美结合。如盖碗的选择，需看其碗口大小是否与使用者的手形大小匹配，为防止烫手，可察看其碗外沿向外伸展的距离，碗盖按钮需有一定高度。由于瓷质茶具不吸味，可适应各种不同茶类的冲泡，不至于串味，应用极为广泛。当然，个人的审美偏向也极为重要。如主人杯的选择，一定是自己喜欢的器型和绘饰，体现出购买者的审美情趣。

四是考察茶具的制作工艺。一件瓷器茶具的制作需经过几十道工序，主要是茶具的坯胎制作、工艺绘画及施釉等方面。坯胎的制作可以从拉坯、理坯、压印等方面考察，好的瓷器茶具拉坯厚薄均整，方圆规整，理坯精细，表面匀整光滑，压印用力匀整、线条清晰。工艺绘画方面，主要考察其美术刻画功力、绘画技巧功底以及刀法流畅度。施釉方面主要考察其施釉的匀整度、色彩协调度。最后还需看看器物烧制方面如窑炉火力及器物变形等方面。当然，所有制作技艺的考察都需以实用为前提。以瓷制壶为例，需看整体器型结构是否匀称，壶盖与壶口是否严丝合缝，座底是否能放置平稳，是否符合使用者的手，出水是否通畅圆润等。

五是考察茶具的纹饰、主题和背景等。这些属于较高层次的审美。一般来说，茶具的纹饰、主题和背景基本体现制作者创作的意图，不同时代的瓷器茶具有不同的纹饰，常常带着浓厚的时代特色和创作背景，鉴赏此类茶具时，需联系作者生活的时代、作者的审美情趣以及创作背景来判断欣赏。如清朝康乾盛世的瓷器茶具，所饰纹饰多用“福”“禄”等字，说明国泰民安之世，祥和安定的社会心理。又如明代中期的瓷器茶具中，常常流行八宝、八卦、云鹤、仙人等道教特色的装饰图案，是因为当时的皇帝都崇尚黄老之道。

第三节　紫砂茶具

明代出现的紫砂茶具凝结着厚重的文化内涵，明代茶道技法趋于自然简约，追求自然率真而又精深雅致的意境，讲究名茶、好水，尤其是饮茶用壶的艺术鉴赏和品茶玩壶的情趣。紫砂土质细腻，透气性和吸水性好，其形状和材质平淡、端庄、质朴、自然、温厚、闲雅，有很高的审美价值，受到历代茶人喜爱。

一、紫砂茶具的特点

紫砂茶具是介于陶器与瓷器之间的一种陶瓷制品，原产地在江苏宜兴，特指宜兴蜀山镇所用的紫砂泥坯烧制后制成的茶具。其所采用的紫砂原料，属于含铁质黏土质粉砂岩，所制作的紫砂茶具内外均不施釉，制品烧成后大部分呈紫红色，故被称为紫砂。

紫砂茶具的特点是结构致密，接近瓷化，颗粒细小，但不具有瓷胎的半透明性，器物表面光挺平整，且有小颗粒状变化的砂质效果。由于紫砂茶具基本不施釉，尽显泥之本色，色泽温润，古朴雅致，这种质地古朴典雅的特点，深受文人笃好，吸引众多文人雅士以坯当纸，篆刻诗文书画作为装饰，或撰壶铭，或书款识，或刻以花卉、印章，托物寓意，成为一种具有高雅气质和浓厚文化传统的实用艺术品。

宜兴紫砂之所以受到茶人们的喜爱，一方面是由于其古朴优美的造型、丰富多样的风格，另一方面是由于独具特色的材质，成就了紫砂壶在泡茶时所具有的许多优点：

1. 紫砂是一种双重气孔结构的多孔性材质，气孔微细，密度高。紫砂壶以粗砂制之，正取砂无土气耳，用紫砂壶泡茶，明代《长物志》说“既不夺香，又无熟汤气”,茶不失原味,色、香、味皆蕴。有人曾选用宜兴紫砂壶、宜兴朱泥壶、白瓷壶、玻璃杯四种茶具,冲泡绿茶、红茶、乌龙茶,来评鉴茶汤中的色、香、味和测定水浸出物,即茶多酚、咖啡因、还原糖、茶氨酸、茶乳酪等含量的测定。结果发现,前两种壶优于瓷壶、玻璃杯,紫砂壶的实用功能最为理想。

2. 紫砂壶双重气孔结构使其透气性能好,用其泡茶不易变味,暑天越宿不馊。同时,便于洗涤,若日久不用,壶内难免有杂气异味,可倒完茶渣后,即倒满开水烫泡两三遍,再倒冷水,使其快速除去杂味,泡茶原味不变。由于紫砂壶成品口盖严实,含霉菌的空气不易侵入壶内,且紫砂壶的多气孔结构能吸收茶汁,壶内壁不刷,沏茶亦无异味,这是其独具的品质。

3. 紫砂壶的材质是一种介于陶和瓷之间的材质,可塑性及延展性较好,传热缓慢,冷热急变性能好,即使寒冷的天气往壶内注入沸水,也不会因温度突变而胀裂。同时紫砂壶砂质保温性强,直接提握不易炙手,且紫砂陶质耐烧,即使直接将壶置于小火上温水炖烧、烹烧,也不易胀裂。

4. 紫砂壶使用时间长久,或每日用茶水淋壶,或每日加以擦拭,壶身会因茶水的浸润和养护,由内而外自然发出黯然之光,气韵温雅,入手可鉴。明人闻龙在《茶笺》中就曾说道:“摩挲宝爱,不啻掌珠。用之既久,外类紫玉,内如碧云。”周高起《阳羡茗壶系》载:“壶入用久,涤拭日加,自发暗然之光,入手可鉴。”

5. 紫砂壶本身也是茶道艺术的传承者。由于紫砂茶具基本不施釉,以泥之本色,展示质地古朴典雅的特点,加之紫砂砂泥色彩丰富,吸引众多文人雅士以坯当纸,在壶身题诗、作画,创作出种种缤纷斑斓的色泽、变化无穷的纹饰来,大大增添了壶的艺术性与人文性。

二、紫砂壶的历史

根据对古窑址的发掘研究,宜兴紫砂陶器的起源可追溯到北宋中叶,距今约有一千年的历史。当时紫砂泥矿和其他品类泥矿石都一同开采,被陶工们做成陶罐等日常生活器皿,例如煮水、盛物的器皿等。北宋梅尧臣在《依韵和杜相公谢蔡君谟寄茶》中所写“小石冷泉留早味,紫泥新品泛春华”,即是北宋百姓日常生活中已用紫砂茶具的例证。而从出土实物来看,紫砂壶始创于明正德至嘉靖年间,目前唯一有确切纪年可考的实物是明嘉靖早期紫砂壶——吴经墓提梁壶。该壶 1966 年出土于南京市中华门外马家山的明代太监吴经墓中,虽是初创时期的紫砂壶,但工艺技术已经相当成熟。该壶造型简洁,气韵沉稳,在壶流与壶身的连接处采用柿形泥片贴花装饰,一方面起到加固黏合的作用,另一方面也寓意事事如意,吉祥安康。这把壶与明代嘉靖年间的画家王问《煮茶图》上放在竹炉上的提梁壶一样,是紫砂壶早先用作煮水或煎茶的例证。

而最早记载宜兴紫砂壶的文献资料是明末江阴人周高起的《阳羡茗壶系》,它在“创始”篇中提到,传闻金沙寺僧是用细缸土制造茶壶的第一人,但因为身处偏远而没有留下姓名。

(一)初创时期

周高起在《阳羡茗壶系》“正始”篇中论及艺人供春,他生活于明正德年间,是在制壶历史上第一个留下姓名的工匠。供春本是提学副使吴仕的书童,曾在宜兴金沙寺侍读,在侍读之余偷学了寺内老和尚的炼土制陶技艺,随后供春用手指按捏自制茶壶。由于供春常年随吴仕生活,深受其文化教育熏陶,所制紫砂壶在造型、工艺上都渗透了文化意蕴,在当时极负盛名,被世人称为“供春壶”。供春壶的出现使紫砂壶从简单的饮茶器具纵身一跃,获得了艺术的生命,具有划时代的意义,《阳羡茗壶系》称其“栗色暗暗,如古今铁,敦庞周正”,短短 12 个字,令人如见其壶。

在紫砂壶的创始时期,紫砂壶器较原始。紫砂泥料带有缸料的质地,不够纯正。在制作工艺方面,紫砂壶与众多粗陶的制作手法相近,也常与陶缸等粗陶放在一起烧制,壶的外壁易沾染缸坛的釉点,显得不够精致。器物的造型朴质大方,多为圆器,容量较大,大概在 300—400 毫升。

(二)发展时期

茶文化发展到一定时期,饮茶方式发生改变,饮茶所用的器皿也在不断地适应这种变化。明初太祖朱元璋下令废止“龙凤团茶”,冲泡法开始盛行,但饮茶方法从煮到沏泡的改变,当在明嘉靖早期到万历中期。[①] 这是一个漫长的过程,饮茶还经历了煮、泡两种方式共存的过渡,最后人们在长期生活实践中,紫砂宜茶的优良的物理性能被人们发现,紫砂壶器型逐渐由大变小,成为雅俗共赏的实用器皿。“壶黜银锡及闽豫瓷,而尚宜兴陶……以本山土砂,能发真茶之色香味”(《阳羡茗壶系》),说的是宜兴紫砂壶泡茶之佳,在于能尽得茶之色香味。

万历年间紫砂壶从砂壶中独立出来,自成一门独特的艺术。这一时期,时大彬、李仲芳、徐友泉三人脱颖而出,并称为“三大紫砂妙手”,其中时大彬最负盛名,将紫砂壶推向了一个高峰。时大彬从最早仿做供春大壶到做

---

① 徐秀棠:《中国紫砂》,上海古籍出版社 1998 年版,第 14 页。

成独树一帜的小壶,创制了许多新型的方法和工具,实现了制壶工艺的重大突破,标志着紫砂壶艺的成熟。时大彬先是成功突破了紫砂壶成型工艺,改进了将圆器拍打成型和方器泥片裁接成型的方法,不再用模具,创制了一套用泥片围筒、拍打收口镶接的方法,也就是现在紫砂制作通用的"打身筒"和"镶身筒"法。同时创制了大量的实用工具,如"搭子""拍子""转盘""明针"等,一直沿用至今。再者,时大彬还创新了紫砂泥料,"壶之土色自供春而下,及时大初年,皆细土淡墨色,上有银沙点点,迨硇砂和制,縠绉周身,珠粒隐隐"(《阳羡名陶录》),增加了泥土的强度,减少制作与烧成过程中的开裂现象,突出了紫砂泥的肌理。时大彬壶整体造型优美,工艺严谨精致,同时意境高雅,渗透着文人的美学思想和品赏情趣,是艺人和文人合作的成功典范,世人评价其为"前后诸家并不能及"。

总之,万历至明末的紫砂器泥质较嘉靖以前更为纯正,一改以前的粗气,更加注重原料色泽的调配,手工成型改用拍子拍打成型,制器造型更加浑厚,朴雅大方。器型主要是仿青铜器、瓷器,同时还吸取原生态自然形、明式家具等日常生活用品的造型特点。壶形比例协调,富于变化,"不务妍媚,而朴雅坚栗"(《阳羡茗壶系》)。另外还改进了烧成工艺,成型后装入匣钵内烧成,避免受到其他釉面器物的影响。

(三)鼎盛时期

清康熙中期起,国泰民安、经济繁荣,尤其是康熙、雍正、乾隆三朝,紫砂呈现出全新的艺术风格,品种增多,形制丰富多彩、泥料配色更加成熟,制壶技艺、装饰手法都有新的突破创造,并逐渐成为皇室贡品。

陈鸣远是这一时期最重要的代表人物,后人称其为继供春、时大彬之后成就最高的一大宗师。陈鸣远制壶极富创造性,作品题材和形制之广大大超越前人,构思脱俗,设色巧妙,制作技巧娴熟,其紫砂制作的成就主要体现在以下几个方面:一是突破了明代几何器形和筋纹器形的局限,多以自然形体入壶,是"花货茶壶"的宗师,并使之蔚然大观。其作品模拟生活中常见的栗子、核桃、花生、菱角、荸荠等,形象逼真,栩栩如生,充满了自然情调和生活情趣,将传统的紫砂壶变成更有生命力的雕塑艺术品。二是除以仿生作品入壶外,还创制出紫砂蟠桃、荔枝、石榴、老姜等仿生作品,让人真假难辨。三是扩大了紫砂陶艺术品类的外延,将青铜器皿、文房雅玩也融入紫砂创作当中,诸如笔筒、瓶、洗、鼎、爵等,使其达到了相当高的艺术水准。四是发明了在壶底书款、壶盖内盖印的形式,到清代形成了固定的工艺程序,对紫砂壶的发展产生了重大影响。

清康熙、乾隆时代，紫砂大家除了陈鸣远外，还有邵玉亭、陈荫千、许龙文等，紫砂艺术风格从明代的简练朴雅逐渐转化为繁缛纤靡，装饰纹样愈发精细、复杂。清初也偏重花货造型。

清嘉庆至光绪时期，紫砂发展的最大特点就是文人的参与，文人与紫砂艺人的合作使紫砂壶造型简练，带有文人气息，推动紫砂艺术发展进入黄金时期。文人紫砂的典范非嘉庆、道光年间的紫砂壶大师陈曼生和杨彭年兄妹合作的"曼生壶"莫属。陈曼生爱好紫砂壶，精于书法、绘画、篆刻，对壶艺有超众的审美能力和艺术修养。结识制壶艺人杨彭年、杨宝年、杨凤年兄妹后，陈曼生开始尝试把铭文绘画镌刻在壶上。由陈曼生设计、杨氏兄妹成型，再由陈曼生及诸友题字刻铭的壶，后世称之为"曼生壶"。其壶取材多样，以自然形象、植物形态、实用器物和古代器物变化入壶，力求简洁明快，壶身留有大块空白，以便题刻壶铭，大大拓展了光货壶的艺术空间及表现力。曼生壶开创了一种新的篆刻装饰手段，除了壶形、壶色、壶工外，还可欣赏到文学(铭文)、书画、篆刻、金石等，使文、书、画三位一体的艺术风韵内涵得到淋漓尽致的展现，使紫砂壶迈进了高雅的艺术殿堂，彻底摆脱了工匠式装饰的流俗习气。可以说，曼生壶的出现，才真正完成了紫砂承载的全部美学价值。曼生壶均在壶底有陈曼生署款，如"阿曼陀室""桑连理馆"等印记，壶把下有"彭年"小印章，此后，在壶身题款成为风尚。"字随壶传，壶随字贵"八个字，道明了陈曼生和杨彭年兄妹在紫砂壶合作上所产生的社会影响。

陈曼生之后，许多文人随后也加入到设计、装饰的队伍中，获得相当可观的成绩，其中有较大影响和较高成就的有瞿应绍、朱坚、梅调鼎等人。瞿应绍受陈曼生的影响，将他的书画题写在紫砂壶上，其合作者也是杨彭年。

(四)复兴时期

清末至民国初期，紫砂壶发展缓慢，主要是用以满足国内外市场对仿古壶的需求，壶式主要沿袭曼生壶等传统壶式，没有创新。一批商业经营者入主宜兴紫砂壶的生产，宜兴紫砂壶被大量销往国内各大城市及日本、东南亚等地，开始被商业化。20世纪20年代至30年代，宜兴、上海、无锡、天津、杭州等地开始出现专营陶器的商店，其中代表性的有汪裕泰汪庄茶叶行，利用、利永陶业公司等。新中国成立以后，政府为了重振紫砂事业，大力组织紫砂的生产与出口，紫砂行业迎来复兴。

当代的紫砂大师首推顾景舟老先生。顾老潜心紫砂陶艺六十余年，饱览历代紫砂精品，精研紫砂工艺，旁涉书法、绘画、金石、篆刻、考古等，其作品造型古朴典雅，器形雄健严谨，大雅而韵意无穷。此外，近代还出现了朱可心、高海庚、裴石民、王寅春、吴云根、徐秀棠、李昌鸿、汪寅仙等紫砂大家，风格各异。

三、泥料与分类

紫砂器的泥色有多种，俗称“五色土”，除去主要“五色”的朱泥、紫泥、段泥、黑泥、墨绿泥外，尚有白泥、乌泥、黄泥、松花泥等各种色泽。

（一）紫砂泥料

紫砂泥矿属于含铁质黏土质粉砂岩，属于单矿原产泥，是一种质地细腻、含铁量高的特种陶土，高温烧制后的分子排列呈鳞片状结构，具有双重气孔结构，通气性强。其烧制成品表面加工细密，光挺平整之中含有小颗粒状的变化，表现出一种砂质的效果，故称之为“紫砂”。一般不需施釉，极宜泡茶，不失茶的原味。紫砂泥是制作紫砂壶的主要原料，是紫泥、绿泥（本山绿泥）、红泥三种泥的统称，紫泥产于宜兴丁蜀镇黄龙山，深藏在黄石岩下，夹存于夹泥矿层中；本山绿泥则是紫泥层的夹脂；红泥是泥矿里的石黄，一般在嫩泥矿的下层。色泽各不相同的泥具有不相同的含铁量和化学成分，配合比例不一，再加上不同性质的火焰烘烤，就会呈现出不同的紫砂颜色。

图 7－12　紫泥原矿

1. 紫泥（见图 7－12）。古称青泥，深藏于甲泥之中，有“岩中岩，泥中泥”之称。紫泥的种类较多，有梨皮泥，烧后呈冻梨色；淡红泥，烧后呈松花色；淡黄泥，烧后呈碧绿色；密口泥，烧后呈轻赤色。

图 7－13　红泥原矿

2. 红泥（见图 7－13）。原矿呈橙黄色，埋于嫩泥矿的底部，按照矿料的材质结构可以分为紫砂红泥及朱泥两部分。需注意的是，紫砂红泥和朱泥虽同属红泥类，但原料的成型性能及烧成收缩性能等差异很大，朱泥成品一般胎质密度大，气孔小，结晶程度高，热传导性能比紫砂红泥要

图 7 – 14　绿泥原矿

好。而紫砂红泥一般在保温、透气性等方面比朱泥好。

3. 绿泥(见图 7 – 14)。也称本山绿泥,产于矿层石英岩板下部贴层,也有以泥中泥的形式产出,或在紫泥泥层中间,或为紫泥与其他泥层之间的一层夹脂,出产较为稀少。绿泥大多用作胎身外面的粉料或涂料,使紫砂陶器皿的颜色更为多样,如在紫泥塑成的胚件上,再涂上一层绿泥,可以烧成粉绿的颜色。

选料是决定紫砂泥料品质的关键环节,泥料的纯净与否将直接影响烧成后作品的色泽与质感。但每种泥料都有品质高低,相同泥料有优劣之分,只要利于成型和制作,皆可制壶。一块好的矿料,只要炼制方便成型,烧成颜色优秀,对茶有益,就是好泥。人们需要根据泡的茶品进行挑选,选出自己中意又实用的紫砂壶。

(二)紫砂壶的分类

从不同的角度,对紫砂壶可以做不同的分类。一般来说,按紫砂壶的器型归类,可分为三类:

图 7 – 15　井栏壶

图 7 – 16　绿泥四方壶

1. 光货类(见图 7 – 15、7 – 16):几何形体造型,根据球形、方形或其他几何形变化而来,讲究外轮廓线的组合,讲究器皿的立面线条和平面形态的变化,以及形体各部位之间的比例关系。圆器造型讲究“圆、稳、匀、正”,圆中要有变化,壶体本身以及附件的大小、曲直匀称,比例恰当。传统壶中的掇球壶、仿古壶和汉扁壶等,属于典型的紫砂圆器茶壶。方器讲究线面挺括平正,口盖规矩划一,轮廓线条分明。传统四方桥顶壶、传炉壶、僧帽壶等,属于紫砂方壶的典型器型。

2. 花货类(见图 7 – 17):自然形

体造型，取材于自然界中植物、动物的形态。如松、竹、梅、树藤、瓜果等，以造化为师，经取舍提炼，追求完美逼真，夸张变化，别具生趣，富有诗情画意，生活气息浓郁。也有的花货是在几何形体上运用雕镂捏塑的手法，在壶体上堆雕捏塑各种花枝、叶果等，将自然形态变化为造型的部件，如壶的嘴、把等。花货造型贵在表现仿生对象自然形态最美的部分，并符合视觉美观、触觉舒适和实用的原则。传统鱼化龙壶、松竹梅壶等，是花货造型的典型器型。

图 7－17　荷花壶

图 7－18　半菊壶

3. 筋纹器造型（见图 7－18）：就是将自然界中的瓜棱、花瓣、云水纹等形体规则化，纳入精确严格的设计中，使之盖口相吻，筋纹舒展，贯通一气的紫砂造型。筋纹器的筋纹常随造型形体的变化而深浅自如，线条纹理清晰，疏密变化得体，腴而不肿，转角钝而不圆，具有整齐感、节奏感和生动感。传统造型合菊壶、瓜菱壶、玉兰花壶、水仙花壶、葵花壶等，就是其典型器型。

四、紫砂壶的鉴赏

紫砂茶壶是实用与艺术结合的工艺品，鉴赏紫砂壶也主要从这两方面入手，且需要长期研习、不断提升。日常鉴赏紫砂壶，主要从“泥、形、工、款、功”五个方面找特点，其中前四字属艺术标准，最后一个字为功用标准。

（一）泥

一件好的艺术品，首选必须讲究选料，其中包括泥色与器型的结合，实用功能与形式美的结合。评价紫砂壶的优劣，首先是泥的优劣。判断优劣标准有二：一是本来的品质，一是烧炼的火候。有陶瓷研究专著分析，紫砂原料含氧化铁成分较高，但问题的关键不在于含有氧化铁，而在紫砂的“砂”。泥由分布的矿区、矿层不同，烧成时的温度稍有变化，其色泽就会有很大的差别，有紫色、紫褐色、红色、米黄色多种。[1] 泥料品质较差的紫砂壶，色泽相对闷暗，有种僵化、死板的感觉，注浆型的紫砂产品，泥料物理性能已被完全改变，不透气。可将热水浇注壶身进行检验，优质砂料制成的紫砂壶，因其良好的透气透水性，壶身上的水会慢慢挥发直至被壶自身吸收；伪劣壶身的热水则以珠状滚下。

通常而言，泥料的选择也决定了壶的功能、效用与手感的好坏。紫砂壶是实用功能很强的艺术品，鉴赏紫砂壶，很多人强调手感，甚至有人认为紫砂质表面的感觉比泥色更重要。紫砂行家闭着眼睛也能区别紫砂的优劣，好的紫砂物件如摸豆沙，细而不腻，劣质紫砂则会有粘手的感觉。

（二）形

紫砂壶之形可以说是“方非一式，圆不一相”，对于壶型的鉴赏，也是“仁者见仁，智者见智”。紫砂壶应茶文化而生，为宜茶之器，其古朴拙雅与“淡泊和平，超世脱俗”的茶道意境最为融洽。艺术品乃是作者心境之表露，修养之外观，非一日之功练就企及。

紫砂壶之形，是决定壶之美的一个重要条件，造型美，壶则美，反之则不美。我国许多传统造型的紫砂壶历经时代变迁而弥久不衰。但艺术讲究的是感觉和意境，紫砂壶的造型，讲究“等样”“等势”，造型的优劣需要鉴赏者用心体会，方能领会。

（三）工

紫砂壶成型技法十分严谨（见图 7 - 19）。在紫砂壶成型过程中，十分讲究点、线、面的起笔落笔、转弯曲折、抑扬顿挫。面，须光则光，须毛则毛；线，须直则直，须曲则曲；点，须方则方，须圆则圆，都不能有半点含糊。否则，就不能算是一把好壶。以壶盖为例，常能看出做工精湛与否。好壶的壶口与壶盖结合严紧，盖口间通转不滞，盖与口之间的间隙越小越好，用手压在壶盖上的气孔上，倾壶时滴水不漏。另外，壶嘴与壶把要绝对在一条直线上，且分量要均衡，这都是“工”的要求。

在审美上，紫砂壶讲究精气神，要求具备气质美、神韵美。气质美是指紫砂作品的气质，是最本质的美，是形象内涵的实质性表达。紫砂壶器是具有艺术品质的实用品和装饰品，其特殊的气质美足以表达出深厚的人文内涵。神韵美是指紫砂作品的神韵，一种能令人意会的精神韵味，也就是通过形象表达所散发出来的情趣。紫砂壶器的形象要具有强烈的内在冲击力，

---

[1] 徐秀棠：《中国紫砂》，第 16—17 页。

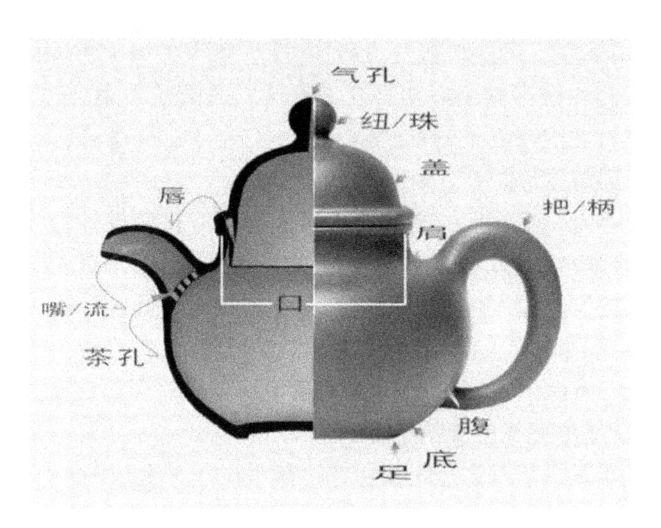

图 7－19　紫砂壶剖面图及各部位名称

这样的壶器才具有生命力和神韵。任何一件堪称艺术的作品，都是应该有思想的，否则就等于没有灵魂，而没有灵魂的作品，无论它的表面多么华丽，也不能算是一件好作品。

（四）款

款即壶的款识。瓷器常用帝王年号、堂名、人名、吉语、图案等做纪念款识，紫砂壶的款多以制作工匠镌刻和印记。瓷器的铭文直接刻在胎上或用釉彩书写，紫砂壶则不挂釉，直接用刀或竹划刻和印记在坯体上，有阴有阳。紫砂壶的装饰艺术是中国传统艺术的一部分，具有传统艺术诗、书、画、印四位一体的显著特点。一般来说，鉴赏紫砂壶款，一是鉴别制壶作者或题诗镌铭的作者，二是欣赏题词的内容、镌刻的书画以及印款（金石篆刻）。印章须大小相宜，风格协调，位置适当，茶壶多印在底部、盖内或壶把侧面。且每一家印章制作风格不尽相同，从文学、书法、绘画、金石诸多角度鉴赏，能给人带来多维度的美的享受。

（五）功

所谓"功"，是指壶的功能美。看好壶料、壶型、壶工及壶款后，即是审视其实用功能的步骤。一般须用手亲自拿起壶，检验是否称手好用。紫砂壶的价值在于艺术性与适用性并重，"艺"在"用"中品，如果失去"适用性"的价值，"艺术性"亦不复存在。一般来说，紫砂壶的功能美主要表现在以下六个方面：

1. 容量适度。以当前我国南方饮茶习惯为例，南方人饮茶一般二至五人会饮，采用茶壶容量180毫升为最佳，投茶量约8—10克（占壶身略小于三分之一），其冲泡容量刚好四杯左右。这样的茶壶大小合适，被称为“一手壶”。此外，冲泡普洱茶的紫砂壶容量不宜小于100毫升，否则非常不利于茶叶的舒展与浸泡。

2. 高矮得当。紫砂壶的高矮通常是按壶型有比例设计的，如高的有集思、圆柱等壶型，矮的有水扁、虚扁等壶型。壶身高矮各有优势，适宜泡不同类的茶品。按茶沏泡之理，通常高壶口小，宜泡红茶等发酵类茶，发酵茶通常不惧深闷，高壶沏泡更香浓；矮壶口大，宜泡绿茶、生普等不发酵类茶，未经发酵的茶不宜深闷，可保持澄碧新鲜的色、香、味。但须注意高矮适度，过高则茶失味，过矮则茶易从盖处溢出。

3. 口盖严紧。紫砂壶是既实用亦可陈设的工艺品，因此不能不考虑它的适用性、口盖严谨与否。对于大多数的圆形壶盖来说，盖与口之间的间隙越小越好，做到通转不滞。壶盖要求密封性好，用手摁住盖上气孔，以倾壶水不流出为准。另外，紫砂壶盖的子口（壶墙的泥圈）稍高者，倒水时壶盖不易外翻跌落。

4. 出水顺畅。鉴赏壶的适用性务必试水。壶嘴出水顺畅、有力，茶水呈圆柱形，光滑不散落，且这种不散落的圆柱形水柱越长越好。俗话“七寸注水不泛花”，就是说提起茶壶七寸高，往容器里注水不会四溅水珠，表明此壶出水顺畅有力。反之，从茶壶中倾倒茶水时，壶嘴茶水散落迸溅，或者壶嘴流涎，即倒茶或收水时壶嘴余沥不尽，则不可取。当然，直嘴、短嘴容易达到好的出水效果，造型复杂的壶顺畅出水难度就相对大一些。

5. 收水迅捷。倒茶一收嘴口就能迅速断流，这也是泡茶用壶特别讲究的。

6. 使用舒适。壶把端拿省力、舒适是鉴赏紫砂壶必须考虑的问题。紫砂壶讲究三平的造型标准，即壶口、壶把的最高点及壶嘴的制高点在一条水平线上。三点一线的造型不仅起着调节全壶均衡，且比例协调，助于壶的整体审美。若壶身、壶嘴、壶把三者之间失去均衡，嘴低于壶口，往壶里倒水时，壶水未满嘴就先流茶，或反之倒茶水时，嘴未出水壶口先出水，都极大地损害整体造型及实用性。

总之，对紫砂壶的鉴赏无外乎艺术性与实用性两个层次：一是面向收藏的壶讲究艺术层次，精品壶须形神兼备、制技精湛、引人入胜；二是面向市场的商品壶讲究适用性，此类壶须工技精致、形式完整、批量复制。两者价格亦相差悬殊，鉴赏者可按上述所讲要领，把握得当，选择适合自己的性价比高的壶,通过用与养的方法来把玩自己所爱好的壶。

拓展训练

一、思考论述

1. 何为茶具?请简要阐述中国茶具的发展历史。

2. 请说明青瓷、白瓷、黑瓷、彩瓷各自的主要特点。

3. 紫砂壶的主要特点是什么?

4. 请阐述从哪些方面来鉴赏紫砂壶。

二、学术选题

1. 近代以来,茶具最大的变化在于跟现实紧密联系在一起,茶具绘制的图案不再局限于传统文化意象,出现了纪念重要事件或人物的特制茶具,被称为“纪念茶具”。这类茶具既有以喜庆、奖励等为主题的图案,又有以政治事件为主题的图案,如辛亥革命纪念茶具、抗战纪念茶具等。请尽可能收集不同时期茶具的图案,研究其与时代及政治变迁的关系。

2. 从16世纪起,随着中西海上贸易的兴起,大量的中国茶具包括茶壶、茶杯、茶叶罐等被贩运至欧洲,是“中国风”(Chinoiserie)爱好者狂热追求的物件,成为异域想象的重要载体。除此之外,英国、德国等国家开始仿制中国的茶具,不仅催生了本土特色茶具的诞生,还造成世界陶瓷生产中心的转移。请搜集相关文献,研究茶具与“中国风”的关系、欧洲陶瓷仿造等方面的问题。

三、实践训练

1. 参加茶艺活动,了解不同茶具的名称、功能和使用方法等。

2. 参加陶艺活动,亲身体验茶具的制作流程和工艺等。

四、拓展阅读

1. [日]荣西撰,[日]田能村竹田绘:《吃茶养生记:附茶具图谱》,学苑出版社2016年版。

2. 陈文华主编:《中国古代茶具鉴赏》,江西教育出版社2007年版。

3. 胡小军:《茶具》,浙江大学出版社2003年版。

4. 李新玲、任新来编著:《大唐宫廷茶具文化》,中国农业出版社2017年版。

5. 廖宝秀:《历代茶器与茶事》,故宫出版社2017年版。

6. 罗文华:《趣谈中国茶具》,百花文艺出版社 2005 年版。
7. 佘彦焱:《中国历代茶具》,浙江摄影出版社 2013 年版。
8. 审安老人等:《茶具图赞(外三种)》,浙江人民美术出版社 2013 年版。
9. 王子怡:《中日陶瓷茶器文化比较研究》,人民出版社 2010 年。
10. 吴德亮:《台湾茶器》,台北,联经出版事业有限公司 2012 年版。
11. 吴光荣:《茶具珍赏》,浙江摄影出版社 2004 年版。
12. 姚国坤、胡小军编著:《中国古代茶具》,上海文化出版社 1998 年版。
13. 余悦主编:《图说茶具文化》,世界图书出版西安有限公司 2014 年版。

第八章　茶馆风情

自古以来,品茗场所有多种称谓。在古代,茶馆又称为茶肆、茶坊、茶社、茶店、茶楼、茶亭、茶寮、茶铺、茶园、茶室、茶居等,还有一些不常见的称呼,如茶谷、茶台、茶棚等。从地域来说,茶馆的称呼多见于长江流域,北京、天津、河北多称为茶亭,广东、广西多称为茶楼。千百年来,茶馆既是人们调理身心的休息之地,又是文化知识传承的物质载体;既是大众信息传播渠道,又是民事调解、行业互动的公共活动空间。随着社会生产力的发展和生活水平的逐步提高,茶馆的形式更加丰富多彩,茶馆的社会功能也得到完善和强化。

第一节　发展源流

茶馆的产生与发展源于饮茶的普及和风行,其起源可追溯到晋代的茶摊,唐代萌芽并有了初步发展,宋代初具规模,明清以降则成为消费风尚。

一、早期茶摊

茶馆最早产生于何时何地,至今尚无法考定。“茶馆”一词最早出现于明代的文献典籍中,张岱在《陶庵梦忆》中云:“崇祯癸酉,有好事者开茶馆。”但茶馆起源要远早于明代。

茶叶最早被当作药物使用,此时尚未有茶馆。西汉文学家王褒在《僮约》一文中,记载了“烹茶尽具”“武都买茶”,当时川蜀一带茶叶商品贸易已经有所发展,公共的饮茶场所或许已经诞生。陆羽在《茶经·七之事》中辑录西晋傅咸《司隶教》的一段记载:“闻南方有以困,蜀妪作茶粥卖,为廉事打破其器具,后又卖饼于市。而禁茶粥以困蜀姥,何哉?”讲述了西晋时期,洛阳的南部集市中,有位四川老妇因卖茶粥摊铺被一伙官吏破坏,后改为卖饼。这位老妇是以卖茶粥谋生的流动的摊贩,值得注意的是,她来自四川,这与《僮约》相印证,可以说明茶摊一类的经营形式或许最早出现在川蜀一带。

到东晋及南北朝时期,茶摊这一经营形式,颇受欢迎。《茶经》辑录了另一则有关茶摊的史料,南北朝时期的《广陵耆老传》记载:"晋元帝时,有老姥每旦独提一器茗,往市鬻之,市人竞买。自旦至夕,其器不减。所得钱散路旁孤贫乞人。人或异之,州法曹縶之狱中。至夜,老姥执所鬻茗器,从狱牖中飞出。"老妇人在集市卖茶粥、茶水,可以靠此谋生,这说明当时已经存在营业性茶摊,且从"竞买"一词可看出这种经营形式广受人们的欢迎。这种带有营业性和服务性的茶摊就是茶馆的雏形。

二、唐代茶馆

唐代诗风大兴,作诗列入科举考试科目,以品茶作诗为契机的聚会成为唐代文苑的风雅之事,饮茶在文人学士中很快普及开来。"贞观之治""开元盛世"时期国家统一、环境稳定、政治清明,为大规模的商品交换提供了条件,南北经济流通和融合的速度加快,官员、商旅、僧人等群体跨区域流动交通和流动频繁,带动了消费的需求特别是对餐饮、住宿业的需求,这些都为从流动性茶摊转变为固定性的茶馆提供了条件。这是茶馆形成的社会和经济基础,但当时茶馆主要经营业务是卖茶、饮茶,尚未体现出浓郁的文化氛围。唐代饮茶的场所名称繁多,如茶坊、茶肆、茶店、茗铺、茶棚、茶轩、茶阁、茶房、茶舍、茶亭等,以经营和盈利为目的的主要有茶坊、茶肆、茶店、茗铺等,其他多带有私人性质的饮茶空间。现仅举茶坊与茶肆予以说明。

茶坊。唐代宰相牛增孺所著《玄怪录》题为《掠剩使》的故事记载,主人公杜陵人(今陕西西安)韦元方,"出开远门数十里低(同'抵')偏店,将憩,逢武吏跃马而来,骑从数十,而貌似璞,见元方若识,而急下马避之,入茶坊,垂帘于小室中,其徒御散坐帘外"。该茶坊设置在旅店之内,茶坊内还有较为私密的茶室,且离城区有数十里远。此处所载茶坊情况,也可与敦煌文书王敷《茶酒论》相印证:"酒店发富,茶坊不穷。"此亦说明茶坊经营收入不低了。

茶肆。《旧唐书·王涯传》载:"李训事败……涯等苍惶步出,至永昌里茶肆,为禁兵所擒,并其家属奴婢,皆系于狱。"《太平广记》卷三四一载有题为《韦浦》的志怪小说,文中提到茶肆:"食毕,乃行十数里,承顺指顾,无不先意,浦极谓得人。俄而憩于茶肆,有扁乘数十适至,方解辕纵牛,吃草路左。”喝茶休息,是茶馆的一项重要功能,这里的茶肆自然是指卖茶水的茶馆。

真正的茶馆出现在唐代中期的开元年间(713—741)。唐代封演《封氏闻见记》记载:“开元中,泰山灵岩寺有降魔师大兴禅教。学禅务于不寐,又不夕食,皆许其饮茶。人自怀挟,到处煮饮。从此转相仿效,遂成风俗。自邹、齐、沧、棣,渐至京邑,城市多开店铺煎茶卖之,不问道俗,投钱取饮。”可见真正的茶馆已出现,且从山东、河北一直到京城长安,在黄河中下游的城镇都有煎茶出售的店铺棚点,亦称为茗铺。唐代中前期,茶馆主要分布于以长安、洛阳为代表的北方城市。安史之乱后,中国经济重心开始南移,茶馆也因南方盛产茶叶而得以长足发展。日本僧人圆仁曾到唐朝游历,撰有《入唐求法巡礼行记》,记录了唐代城市和乡村的风土人情,其中三处提到茶店。[①] 第一条史料的时间是 838 年,圆仁到江苏如皋的茶店休息。在当时较为中心的城市,已经有茶店,可以供旅人驻足停歇。第二条史料的时间是 840 年,圆仁提到在路边有提供茶水及住宿的店铺。第三条史料时间是 844 年,圆仁提到人们可以在“土店”中吃茶、畅聊。文中提到的“土店”,可能是在交通要道旁开设的比较简陋但可提供饭食、茶水的小店。

唐代茶馆发展的情况还可以与出土文物相印证。陕西省西安市东郊曾出土一件太和三年(829)的瓷壶,根据墓志记载,该墓的墓主为唐代王明哲。该瓷瓶瓶身较矮,肩以下微圆,口部作喇叭形,施墨绿色釉。肩的一侧装圆柱形短流,另一侧安一略显扁圆的曲柄,其上端与喇叭口缘相接,瓶底圈足稍稍外侈,通体施墨绿色釉。[②] 在瓶底墨书“老导家茶社瓶”“七月一日买”“壹”等 12 字。据此可知,这把瓷壶是在茶社里使用的茶瓶。茶瓶的用法是将茶粉或者茶末置于瓶中,将烧开的滚烫的热水冲入瓶中冲泡,与《十六汤品》对茶瓶的要求基本吻合。这种冲茶法可以短时间内冲泡出茶水,满足顾客对茶水的大量需求。另外,瓶底文字指出该瓶属于老导家,通过文字说明权属关系,这说明该时期的茶社已经树立了初步的品牌意识。[③]

唐代饮茶之风兴盛,茶馆已经出现并得到一定程度的发展,在中心城市甚至一些远离中心但交通便利且流动人口多的地方,都设有不同形式的茶

---

① [日]圆仁著,白化文、李鼎霞、许德楠校注,周一良审阅:《入唐求法巡礼记校注》,花山文艺出版社 1992 年版,第 16、267、472 页。

② 李知宴:《唐代瓷窑概况与唐瓷的分期》,《文物》1972 年第 3 期;孙机:《唐宋时代的茶具与酒具》,《中国历史博物馆馆刊》1982 年。

③ 宋时磊:《唐代茶史研究》,中国社会科学出版社 2017 年版,第 179—180 页。

馆。但唐代茶馆尚未普及，相对而言，数量还比较稀少，见诸文献的记载尚十分有限。有一些茶馆并非独立的经营业态，而是与旅店、饭店相结合，有一定的依附性。所以，唐代茶馆尚处于发展初期。唐代不同经营业者对茶馆的探索，为宋代茶馆文化的兴盛和繁荣奠定了必要的基础。

三、宋元茶馆

宋代中国城市发展进入转折期，城市化率大幅提升。学者赵冈、陈钟毅认为宋代是我国历史上城市化人口比例最高的时代，北宋城市人口所占比例为20.1%，南宋上升到22.4%；日本学者斯波义信对宋代人口做统计，发现州治所在的县有20%左右的人生活在城市里，这还不包括镇以下的短工、游民和坊廓户。[①] 宋代之后，城市化进程长期陷于停滞甚至下跌状态，到1980年初期中国城市化水平才与宋代相当。宋代城市化率的大幅提升，主要得益于商品经济的发展和繁荣。宋代打破了唐代住宅区和商业区分割以及商业区狭小、营业时间固定的限制，商业区的设置相对自由了很多。宋代鼓励商品贸易，以扩大财政收入，支撑国家的运转。因此，宋代城市经济尤为繁荣，民众消费能力提高，城镇的店铺作坊随处可见。商业的繁荣、人口的增长、城市化率的提升，直接刺激着饮食、娱乐、住宿等行业的发展，茶馆作为综合性的消费场所，满足了当时人们的日常生活及文化方面的需求。

宋代茶馆也叫茶坊、茶肆或茶楼。王安石在《临川集·议茶法》中云："茶之为民用，等于米盐，不可一日以无。"南宋吴自牧《梦粱录》亦有记载："盖人家每日不可缺者，柴、米、油、盐、酱、醋、茶。"这些都说明了茶在人民日常生活中的重要性。城市文化生活丰富，娱乐场所增多，茶馆亦是其中最为主要的内容之一。

宋代茶馆的数量明显多于唐代。《东京梦华录》记录了北宋都城开封的众多茶馆。皇宫附近的朱雀门外，街巷南面道路东西两旁有两个教坊，"余皆居民或茶坊。街心市井，至夜尤盛"。袄庙斜街、州北瓦子人口密集，建筑亦多，坊巷院落，纵横数里，有众多茶坊和酒店，到半夜三更时，仍有提瓶卖茶的商贩。南宋都城被迫迁移到临安（今浙江杭州），地处江南繁华之地，经济更加发达，茶馆业发展很快。《武林旧事》则记录了临安众多茶馆，

---

① 赵冈、陈钟毅：《中国历史上的城市人口》，台北，《食货月刊》1983年第13卷第3—4期；[日]斯波义信：《宋代商业史研究》，庄景辉译，台北，稻香出版社1997年版，第335页。

仅在平康坊较为有名的茶馆就有清乐茶坊、八仙茶坊、珠子茶坊、潘家茶坊、连三茶坊、连二茶坊等。临安西城清波门(宋时称“暗门”)外,有“茶坊岭”,因众多茶坊在此营业而得名。由于茶馆竞争较为激烈,故商家比较注重装饰,想方设法招徕顾客,《梦粱录·茶肆》:“今之茶肆,列花架,安顿奇松异桧等物于其上,装饰店面,敲打响盏歌卖。”《都城纪胜·茶坊》中记载:“大茶坊张挂名人书画……茶楼多有都人子弟占此会聚,习学乐器或唱叫之类,谓之‘挂牌儿’。”临安城内“夜市于大街,有车担设浮铺,点茶汤以便游观之人”,至于“巷陌街坊,自有提茶瓶沿门点茶,或朔望日,如遇吉凶二事,点送邻里茶水,倩其往来传语……僧道头陀,欲行题注,先以茶水沿门点送,以为进身之阶”(《梦粱录·茶肆》)。

宋代茶馆规模扩大,茶馆经营开始讲究策略,如使用雇工,招聘熟悉茶艺的“茶博士”;选址在风景优美之处,特别注重茶馆装潢,插四时花,挂名人画;安排说唱艺人说书,雇佣乐妓歌女,为茶客唱歌,还兼有博弈活动,提供茶点,冬天兼卖擂茶,或卖盐豆豉汤,夏天兼卖梅花酒等。茶馆更成为生意洽谈的重要场所,北宋孟元老《东京梦华录·潘楼东街巷》记载:“从行裹角茶坊,每五更点灯博易,买卖衣物、图画、花环、领抹之类,至晓即散,谓之‘鬼市子’。”

当时的茶馆还与曲艺相结合。客人聚会在茶馆弹奏乐器演唱曲艺,还有专门歌女演唱。周密《武林旧事》卷二:“诸处茶肆……莫不靓妆迎门,争妍卖笑,朝歌暮弦,摇荡心目。”洪皓《松漠纪闻》卷二云:“燕京茶肆设双陆局,或五或六,多至十博者蹴局,如南人茶肆中置棋具也。”张择端所画《清明上河图》,画中描绘的是北宋时的市井生活,从长卷中可以发现很多有趣的场景,如街边和桥上有很多小店铺,有点类似于小酒馆,又有点像茶馆,凉棚下有几个人一边喝茶一边闲谈(见图8-1)。这种市井茶馆,范祖禹在《杭俗遗风》中有记载。杭州城内,除固定的茶坊茶楼之外,还有一种流动的茶担。茶担摊主称为“茶司”。他们“每担一付”,“最为便当”,有两只锡炉、杯筷、调羹、瓢托、茶盅、茶托(茶船)、茶碗,一应俱全,“无不足用”。显见此类便当服务,惠及普通劳动人民。《水浒传》中也出现过茶馆,如西门庆和潘金莲幽会的地方,王婆开的茶馆,也正是这一时期茶馆规模的体现。

宋代茶馆的功能糅合进很多民间文化因素,并承载着社会上流阶层的文化休闲形式,人流量的增大汇集了更多的信息,带动了文化的交流和传播,特别是促使说书等民间艺术得以继承和发展,也使茶馆进入了一个迅速

图 8－1　宋·张择端《清明上河图》局部

发展的时期。宋末元初，因长期战乱，社会动荡，经济受到很大破坏，茶馆业自然受到影响。茶馆在元代又叫作茶房。元代杂剧《月明和尚度翠柳》第二折中的说白提道："师父，长街市上不是说话去处，我和你茶房里说话去来。"元曲作家李德载写有小令《阳春曲·赠茶肆》十首，其中四首直接或间接与茶有关，描写了元代茶肆。作者通过诗词来表达对于茶道的喜好和对烹茶师傅高超的茶艺之赞美。元代诗人王恽的茶诗词，反映了元代茶馆在市井中的生存状况。总的来看，元代茶馆业大不如宋代。

四、明代茶馆

"茶馆"一词，在明代文献中正式出现，这也标志着茶馆已经成为人们日常生活的重要组成部分。存世古籍资料中，明以前"茶馆"之名未正式登场，学者只是借此词指代有茶馆作用的场所。明代“茶馆”之名日益增多，清代及以后“茶馆”逐渐取代了其他称呼，成为普遍的称谓。这从一个侧面说明了茶馆文化日趋成熟、走向鼎盛也是在明代。比之前朝，明代的茶馆业得到恢复，到了明代中晚期，茶馆兴旺起来。特别是市民阶级不断成熟壮大，商品经济迅速发展，茶馆的数量大增。其分布更加广泛，功能也多种多样。

明代茶馆在数量上与酒馆相当，甚至大有超过之势。宋代南京可考的茶馆仅有五代南唐的文字训诂学家徐锴（著《说文解字系传》）的后人徐十郎在金陵（南京）摄山山脚下开设的“徐十郎茶肆”，方便到栖霞寺游访的行人歇脚休息。明朝中期以后，大量商人涌入南京，出现了外地人多于本地人的现象，所谓“客多而主少”。外地商旅人士的增多，带动了茶馆等消费场所的出现。据明代周晖《二续金陵琐事》载，万历癸丑年（1613），四川新都人在钞库街开设茶坊，很快就跟风出现了数家。凌濛初《初刻拍案惊奇》中也提到金陵：“酒馆十三四处，茶坊六七八家。端的是繁华胜地，富贵名邦。”这里的数量虽不是确数，但可客观说明茶馆已经与酒馆相颉颃。南京的茶馆不仅数量多，还比较讲究品质。明代散文家吴应箕在《留都闻见录》中记叙，万历戊午年（1618），有僧人在金陵栅口租赁房屋，开设茶舍，泡茶水用无锡惠山泉水，茶选用松萝茶，茶壶用宜兴紫砂，用锡做水瓶，将茶馆做到了极致，受到人们追捧“时以为极汤社之盛”。茶馆有了名气，很快打开了局面，前往消费者不仅人多，且多为文人雅士，“然饮此者，日不能数，客要皆胜士也，南中茶舍始此”。①

南京是茶馆业的后起之秀，宋代以来茶馆就比较密集的杭州，在明代亦发展十分突出。明代官员田汝成的《西湖游览志余》记载：“杭州先年有酒馆而无茶坊，然富家燕会，犹有专供茶事之人，谓之‘茶博士’……嘉靖二十六年三月，有李氏者，忽开茶坊，饮客云集，获利甚厚，远近仿之。旬日之间，开茶坊者五十余所，然特以茶为名耳，沉湎酣歌，无殊酒馆也。”②田汝成的记载为我们简要勾勒了明代杭州茶馆业的四个阶段的发展历程：早期富有之家有对茶消费的需求，但由于无专门的服务机构，只能在家中聘请专业人员“茶博士”奉茶；嘉靖二十六年（1547）以后，李氏开风气之先，率先经营茶馆；因李氏经营茶馆获利颇丰，故别人争相效仿，杭州茶馆数量急剧增多；在

---

① 吴应箕：《留都闻见录》，南京市秦淮区地方史志编辑委员会、南京市秦淮区图书馆编刊，1994年，第20页。

② 田汝成辑撰：《西湖游览志余》，上海古籍出版社2018年版，第245页。

激烈的竞争条件下，一些茶馆为吸引顾客，只得提供歌舞一类的娱乐。据《杭州府志》记载，到明代后期，全市大小茶坊已经增加到八百余所。南京人也追逐茶馆之利，吴应箕的《留都闻见录》中记有一事，在国子监附近有一家主人曾凿池种梅，辟为一园，梅开甚盛，不久之后主人去世，其子孙遂将其改为茶肆。

明代茶馆，亦受社会诸多方面的影响，注重时尚，特别讲究茶室的幽静，布置雅座环境，内部还精心点缀花木山石，店堂里的用品为考究上品。[①] 如文震亨的《长物志·茶寮》云："构一斗室，相傍山斋，内设茶具，教一童专主茶役，以供长日清谈，寒宵兀座。幽人首务，不可少废者。"就是指茶室的功能是品茗清谈，修身养性。陆树声所作的《茶寮记》可为典型，他主张园居小室，禅栖其中，中置茶灶，备一切烹煮器具，烹茶童子，供过往僧人路人，羽客而饮。可见中国文人雅士与风雅茶文化的不解情结。张岱的《陶庵梦忆·露兄》中亦有记载北京的茶馆："泉实玉带，茶实兰雪，汤以旋煮无老汤，器以时涤无秽器，其火候、汤候，亦时有天合之者。"可见茶馆泡茶法较之宋代亦有突破。明代不仅有较为讲究、提供优质服务的高档茶馆，还有一些中低档的茶馆。

为更便于冲泡，明代茶馆一改前人多使用茶饼、团茶的传统，开始兴用散茶。冲泡方法的改变也使唐宋时常用的釜筅等茶具不再适用。明代茶盏更多采用更具观赏性的白瓷和青花瓷，并且成为一种时尚，受到了人们的推崇。同时明代茶馆里，供应茶点、茶果，不仅种类繁多，还因时令季节而不断更换。如柑橘、苹果、红菱、金橙、松粟、橄榄、雪藕等丰富的果品，配上饽饽、火烧、寿桃、蒸角儿、冰角儿、橡皮酥、米面枣糕、果馅饼、荷花饼、玫瑰元宵饼、菊花饼、桂花饼、檀香饼等多样的点心，仅小说《金瓶梅》一书中所提及的茶点就有四十余种。加上各地方的特色食品，明代茶点种类繁多，花色可谓五彩缤纷。明代末年，在茶馆日益兴盛之时，茶文化也走向民间，街头巷尾出现了大碗茶摊铺和一些低档的茶馆，一张桌子，几条长凳，粗碗粗茶，"露天茶馆"也饶有风趣，这也是茶馆大众化的具体表现，是茶艺作为一门专门的艺术的开始。

明代的茶馆，在明代的世俗小说、话本中等都有表现。明代的《水浒传》《金瓶梅》及"三言二拍"等作品中，有很多表现茶馆的内容，有些作品背景虽然置于宋代，但涉及茶馆的细节实际上是对明代的茶馆生活的描写。

---

① 葛长森：《金陵茶文化》，东南大学出版社2013年版，第127页。

作者以茶代言、以茶传情、以茶说事、以茶说人,描写了多种茶馆面貌。小说《金瓶梅》被誉为"十六世纪后期社会风俗史","茶"字出现 789 次,涉及茶坊、茶肆、茶局等有数十处。其中,第二回标题为《俏潘娘帘下勾情　老王婆茶坊说技》,茶坊成为故事主人公的重要活动场所,也从一个侧面反映出明代山东的茶馆业有了很大发展。由于文人的聚集,明代茶馆成为民间艺术活动的理想场所,南方流行的说书,北方流行的大鼓书和评书被搬进了茶馆成为茶馆经营竞争的手段。茶馆的环境与文学艺术相结合,促进了文化的传播和南北特色文化的发展。

五、清代及近代茶馆

清代初期,明末繁荣发展的茶馆业受到压制。因为从明代晚期开始,茶馆逐渐演化成为公共活动的场所,清兵入主中原后,江南一带反清复明的力量在集结,而茶馆是结社集会的理想之地,故清朝统治者禁开茶馆。随着经济的恢复和发展,清廷的统治也日益巩固,政府逐渐放松了对茶馆业的管制。到康乾盛世之时,百姓闲来无事在茶馆小坐成了常事,茶馆业也进一步普及。清代徐珂的《清稗类钞・饮食类・茶肆品茶》载:"乾隆末叶,江宁始有茶肆,鸿福园、春和园皆在文星阁东首,各据一河之胜,日色亭午,座客常满。或凭阑而观水,或促膝以品泉,皋兰之水烟,霞漳之旱烟,以次而至。茶叶则自云雾、龙井,下逮珠兰、梅片、毛尖,随客所欲。"[①]不仅南京如此,北京也出现了"茶园"。

随着茶馆文化向社会各个阶层渗透,清代的茶馆遍布城乡,规模数量达到鼎盛。清代李斗的笔记《扬州画舫录》集中记载了乾隆年间的扬州茶馆盛况:"双虹楼,北门桥茶肆也。楼五楹,东壁开牖临河,可以眺远。""吾乡茶肆,甲于天下,多有以此为业者,出金建造花园,或鬻故家大宅废园为之。楼台亭榭,花木竹石,杯盘匙箸,无不精美。"[②]仅南京城就有上千家茶馆,如吴敬梓的《儒林外史》第二十四回描写道:"大街小巷,合共起来,大小酒楼有六七百座,茶社有一千余处。不论你走到一个僻巷里面,总有一个地方悬着灯笼卖茶,插着时鲜花朵,烹着上好的雨水,茶社里坐满了吃茶的人。"[③]

---

① 徐珂编:《清稗类钞》第四十七册,商务印书馆 1918 年版,第 109 页。

② 李斗:《扬州画舫录》卷一,中国画报出版社 2014 年版,第 20 页。

③ 吴敬梓:《儒林外史》,凤凰出版社 2011 年版,第 190 页。

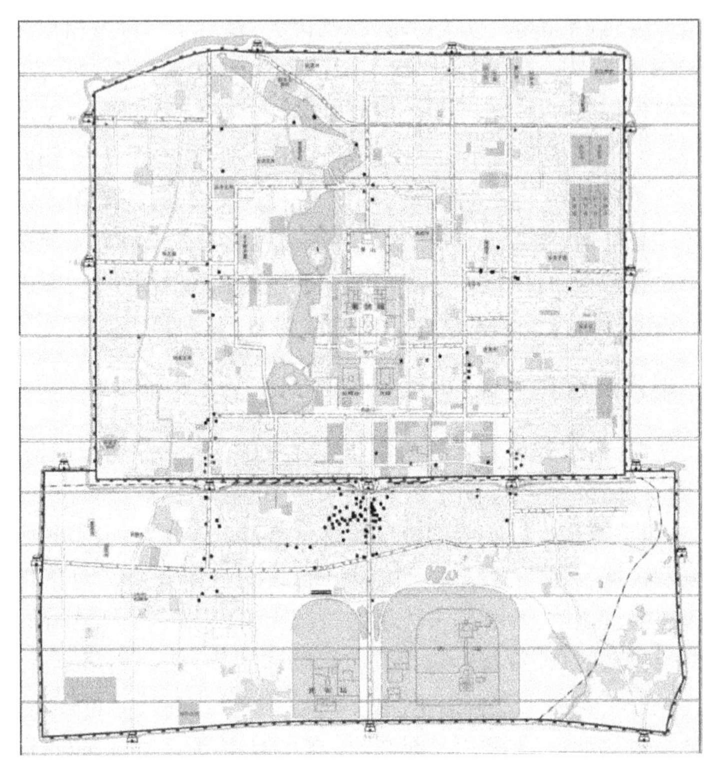

图 8－2　清末北京茶馆分布图[①]

李斗和吴敬梓所说都是概数，经学者梳理相关文献可知，清末北京外城的清茶馆、书茶馆、棋茶馆等类别的茶馆有 233 所，根据《北京旧事》《香厂茶棚一览表》等史料，名称可考的茶馆有 87 家，主要分布在外城西区，占京城全部茶馆的六成多，且在分布上有向市场聚集的特点。[②]

上海茶馆开设较晚。商埠开通后，租界日益壮大，清末上海的休闲娱乐业尤为兴隆，茶馆业在同治年间后来居上。据黄协埙《淞南梦影录》记载，港埠内“舞榭歌楼，戏园酒肆，争奇斗艳，生面独开”。租界吸引了广东人在虹口开设茶馆，1876 年春棋盘街北新开设了一家广式茶馆“同芳茶居”，“楼虽不宽，饰以金碧，器皿咸备，兼卖茶食糖果。侵晨鱼生粥，晌午蒸熟粉面各色佳点，入夜莲子羹、杏仁酪，视他处别具风味”。[③] 上海另一家开设较早的

① 吴承忠：《清代北京茶馆的空间分布特征》，《邯郸学院学报》2011 年第 3 期。

② 同上。

③ 葛元煦：《沪游杂记》，上海书店出版社 2009 年版，第 125 页。

茶馆是三茅阁桥沿河的丽水台，徐珂《清稗类钞》有记载：“其屋前临洋泾浜，杰阁三层，楼宇轩敞。南京路有一洞天，与之相若。其后有江海、朝宗等数家，益华丽，且可就吸鸦片。福州路之青莲阁，亦数十年矣，初为华众会。”[①]茶馆经营，获利颇丰，甚至吸引日本人1879年在苏州河旁开设名为“三盛楼”的东洋茶社，一度曾吸引上海周边的苏州、杭州等地的居民前往消费。[②]

清代的茶馆功能已经实现多样化，一些规模较大的茶馆，往往集品茗、餐饮、社交、娱乐多种功能为一体，茶园、酒馆、戏园往往融合在一起，相互兼营，亦茶园亦戏园。清代文人的《竹枝词》诗中，对京城的茶馆戏园之乐歌颂颇多，清醉春山房主人《都门虫语・倒茶》诗云：“相邀观剧甚欢娱，入座回头左右呼。香片几包拿得去，斟来皮纸盖茶壶。”茶馆中设有戏曲表演环节，吸引了大量茶客，韩又黎《都门赘语・观剧》诗云：“春台喜庆号徽班，脚色新添遍陕山。怪道游人争贴坐，长庚明日演《昭关》。”由于观戏人数众多，茶馆只得发放称为“茶票”的入场券，据李虹若《朝市丛载・都门吟咏・茶票》诗云：“十青铜一吊三，付来观剧也怡然。”茶馆戏园的快意，魅力无穷，得舆辑《草珠一串》竹枝词称：“茶园楼上最销魂。”茶馆热闹非凡，一些京城的高官也乐此不疲，徐珂的《清稗类钞》记载北京茶馆的情况是：“京师茶馆，列长案，茶叶与水之资，须分计之。有提壶以往者，可自备茶叶，出钱买水而已……八旗人士，虽官至三四品，亦侧身其间，并提鸟笼，曳长裾，就广坐，作茗憩，与圉人走卒杂坐谈话，不以为忤也。”[③]四川成都的情形同样如此，清末傅崇矩的《成都通览》记载，当时成都的茶馆，“省城共计四百五十四家”，街市坊间，随处皆有。

清代茶馆上承晚明，集前代之大成，在发展史中又呈现出新的气象和风貌，茶馆的数量、种类、功能皆蔚为大观，超越了前代。饮茶之风亦遍及大江南北，长城内外，沿海内地，乃至社会各角落。诸联在《明斋小识》中记述：“茶肆为游手好闲辈聚集之所。余少时，记邑中有二，一在南门外茅姓家，一在城隍庙口东楼上。价以两文为率。今则添至二十余处，并每碗有索价五十余文者，侈荡之风伊于何底？”嗜茶者，将茶馆视为安身立命之所，终日泡在其中，瘾性极大，“乃竟有日夕流连，乐而忘返，不以废时失业为可惜

---

① 徐珂编：《清稗类钞》第四十七册，第109—110页。

② 谢薇：《清末上海中文报纸中的日本广告研究》，上海三联书店2016年版，第306—308页。

③ 徐珂编：《清稗类钞》第四十七册，第109页。

者”(《清稗类钞·饮食类·茶肆品茗》)。在这些极端的事例中,人们在茶馆中耗费大量钱财和时间,足可以看到清代茶馆的风气之盛。

清末民初,封建统治阶级日趋荒淫、腐朽,社会环境变得污浊不堪,政局动乱,国家凋敝,经济衰退,百姓贫困;另一方面,人们关心国家前途和自己的命运,茶馆历来都是信息集中传播地,因此,茶馆兴盛起来,但同时茶馆内三教九流,鱼龙混杂,严重冲击茶馆原有的清新雅致、休闲娱乐的茶文化及市民文化。

近代的中国茶馆的环境变得复杂起来,各种新旧文化在茶馆中轮番上演。如上海的茶馆,已经集茶馆、鸦片烟馆、妓院为一体,这实是半封建半殖民地社会的一个缩影。上海出现可容纳一千多人的大茶馆,规模最大者当数四马路的“阆苑第一楼”,黄协埙《淞南梦影录》:“洋房三层,四面皆玻璃窗,青天白日……计上、中二层,可容千余人。另有邃室数楹,为呼吸烟霞之地。下层则为弹子房。初开时,声名藉藉,远方之初至沪地者,无不趋之若鹜。近则包探捕役,娘姨拼(姘)头,及偷鸡剪绺之类,错出其间。”与传统茶馆相比,“阆苑第一楼”的环境有了很大改观,改用新式的建筑材料,显得窗明几净、气派无比,但其中的新式消费如香烟、弹子房等也纷至沓来,而包探捕役、娘姨姘头等杂处其间,又让其中气氛显得污浊不堪。

在上海,茶馆是比较早的充当卖笑市场的地方之一。一些生活在社会最底层的破产人家的少女,或是自外地流向十里洋场无以为生的姑娘,借兜售瓜子、糖果在茶楼卖唱、卖身,强颜欢笑,帮茶楼招揽顾客。如青莲阁茶肆,“每值日晡,则茶客麇集,座为之满,路为之塞。非品茗也,品雉也。雉为流妓之称,俗呼曰野鸡。四方过客,争至此,以得观野鸡为快”(《清稗类钞·饮食类·茶肆品茶》)。上海的江海、朝宗等茶馆,装饰华丽,为茶客提供鸦片吸食。这样的茶馆一般人是不敢进入的,它助长了中国人的恶性劣习,使茶馆业走向了末路。

再有一些茶馆,甚至用从西方传入的汽水泡茶,可谓是与众不同的新吃法。清代吴趼人所著小说《新石头记》中描写宝玉进了家茶馆,要喝茶,茶童送来一杯茶,如清水一般,但喝到嘴里,又有茶味。原来这家茶馆用汽水泡茶。还有一种是用茶叶做成汽水,只存茶叶的香味,一点茶叶的颜色也没有。更有甚者,在一些高档茶馆的单间,往往一律设西式沙发,挂西洋油画,有的还放爵士音乐的流行歌曲。与此同时,西方的茶点、饮料也大量进入中式茶馆,如咖啡、可可、汽水、啤酒、蛋糕等。模仿西方咖啡馆的音乐茶座、公园露天茶室应运而生。

晚清民国时期，茶馆业出现了一些新的气象，其中较为突出的是面向女性消费的茶馆的出现，以及雇佣女性作为服务人员的大量出现。从近代社会开始，大量女性工作者开始出现在公众娱乐业谋求生计。她们的身影闪现在茶馆、戏院、书场等地，这是重大进步，为中国社会的公共娱乐生活乃至茶馆业注入了清新的气息。以汉口为例，作为通商口岸，早在19世纪，就有女性消费者出现在当时汉口最大的茶馆聚集地——后湖。在传统的以男性为消费主体的茶馆中，女性逐渐有了一席之地。不仅如此，女性逐渐成为开办茶馆、从事茶馆服务业的重要主体。20世纪20年代，广州麦雪姬女士在永汉南路(今北京路)附近高第街对面，创办"平权女子茶室"，后又在西关十八甫路开设"平等女子茶室"，开始雇佣女性服务员，企堂、喊卖等工作都由女子担任。这激起了广州酒楼茶室工会等守旧力量的阻挠，最终在女律师苏瑞生的支持下，女子在饮食行业有了合法地位。广州的"陶陶居""占元阁"等茶楼，也开始在卡位、餐厅试用女侍(女招待)。[①] 此后，茶馆女招待在上海、北京等大城市纷纷涌现，一些茶楼又打出诸如"女侍皇后英倾城小姐恭候光临"的广告及其靓丽照片，门前挂生花牌匾，招揽茶客。

据不完全统计，宣统元年(1909)的上海有茶楼64家，到民国八年(1919)，发展到164家。[②] 1931年，日军侵占南北许多城市，使中国茶馆业受到很大的摧残。据有关专家查阅机关资料统计，"日军占据的城市茶馆损毁严重"，仅以杭州为例，在1932年有585家，到1949年只剩下348家，而在沦陷期间，则不过十几家而已。[③] 宣统元年，武汉三镇茶馆有250家，主要集中在汉口，1918年有696家，1933年达到顶峰有1373家，自此之后因战争、经济衰弱等原因，茶馆数量一路下跌，到新中国成立前仅剩300余家，又回落到民国初的水平。[④] 相比之下，重庆和四川等地的茶馆业是个特例。这些地方民风本尚茶馆，抗战期间大量人员西迁，给当地茶馆业带来了大量的外来消费群体。另一方面，日本侵略者未能攻占四川和重庆，其茶馆发展有相对和平的外部环境。重庆的茶馆很多，遍布大街小巷。据1947年3月《新民报》发表的统计，全城新旧市区共有街巷316条，茶馆有2659家之多，平均每条街巷有8家茶馆。而据成都市茶社业同业公会记载，1949

① 广东省文史研究馆编：《岭峤拾遗》，上海书店出版社1994年版，第84—85页。

② 上海文化出版社编：《上海常故》，上海文化出版社1982年版，第68页。

③ 陈文华主编：《中国茶艺馆学》，江西教育出版社2010年版，第41页。

④ 武汉地方志编纂委员会主编：《武汉市志·商业志》，武汉大学出版社1989年版，第774页。

年前成都的茶馆有598家,逊于重庆。[①] 实际上,这一数字并不准确,成都茶馆之繁荣不亚于重庆。作家李劼人称,茶铺是成都城内的特景,全城不知道有多少,平均下来,一条街总有一条。1938年左翼作家萧军到成都主编《新民报》副刊《新民讲座》,感叹其茶馆之多"江南十步杨柳,成都十步茶馆"。1939年曾留学法国的国民党元老吴稚晖发现,茶馆在成都人民中的地位,可以跟巴黎的咖啡馆相媲美。学者王笛从社会、经济与政治的视角,考察以成都茶馆为代表的地方文化,分析了茶馆作为一种日常生活方式所显示出的坚韧性和灵活性。[②] 这一精彩的研究,为我们重新认识茶馆提供了独特的视角。

六、当代茶馆

新中国初期,我国茶馆有所恢复和发展,1953年浙江省茶业调查组统计,当时吴兴、德清、长兴、安吉及湖州市区有各类茶馆293家。[③] 但一些小茶馆底子较薄,再加上私营工商业的社会主义市场经济改造,不少个体经营者在变迁过程中都有适应能力较差的问题。此时,百姓消费观念也在变更,故不少小茶馆纷纷倒闭歇业,能坚持下来的为数不多。以杭州为例,1951年尚有各类茶馆385家、从业人数855人,1956年经过社会主义改造后,茶馆多变为餐馆或开水供应站,到1959年仅剩81家、从业人数180余人。[④] 作为上海市历史发源地,老城厢(今城隍庙一带)在1949年有169家大小茶馆,"文革"结束后仅剩26家,多惨淡经营。就全国而言,计划经济时代的茶馆整体规模较小,只有在茶叶消费较多的城市才能找到几家"老字号",或者是几家能够勉强撑着的老茶馆。

改革开放以后,人们的公共生活丰富起来,文化多样性得到发展,公共领域大幅增多。茶馆作为城市中的一种商业和文化,其发展获得了前所未有的成功。[⑤] 茶馆业重新发展起来,并呈现出众多新风貌。北京茶馆的复

---

① 杨耀健:《老重庆的茶馆》,中国人民政治协商会议重庆市委员会学习及文史委员会编《重庆文史资料》第十辑,西南师范大学出版社2008年版,第302页。

② 王笛:《茶馆:成都的公共生活和微观世界,1900~1950》,社会科学文献出版社2010年版,第13页。

③ 连振娟:《中国茶馆》,中央民族大学出版社2002年版,第135—136页。

④ 陈永华:《清末以来杭州茶馆的发展及其特点分析》,《农业考古》2004年第2期。

⑤ 王笛:《公共生活的恢复:改革开放后的成都茶馆、民众和国家》,《开放时代》2018年第5期。

兴首先从路边的流动茶摊开始,1979 年尹盛喜在前门箭楼挂出“青年茶社”的招牌,在人行道边售卖大碗茶,东直门内大街、景山公园等人流量较多的地方也出现了类似的经营方式。杭州向来是茶馆荟萃之地,1983 年杭州市有茶馆、茶室近百家,主要是由西湖风景区、市属企业及有关事业单位开设,私营性质的极少。上海湖心亭、西藏路、九江路、塘沽路、复兴公园等地的茶摊或茶馆也陆续出现。广州的惠如楼、陶陶居、太如楼等老字号茶餐厅,也发展起来。

茶馆的真正复兴始自台湾省,其最大特色是茶艺馆的出现及迅速发展。1978 年,台湾省内民众的茶饮风气逐渐拓展开来,改变了台湾以往茶叶主要在国际市场销售的情况,本土的茶叶消费日渐增长。从事皮件生意的钟溪岸在台北市林森北路创办了一家颇具规模的“中国工夫茶馆”,这是台湾省第一家现代性质的茶艺馆。之后,又有从法国回来的管寿龄在台北市仁爱路开设“茶艺馆”。到 1980 年时,茶艺馆开始变成普通名词,台湾陆续出现了“仙境茶艺馆”“静心园茶艺馆”“茶王楼茶艺馆”等。到 1987 年,台湾省内茶艺馆的数量已经达到 500 家左右,并影响到东南亚。[①]

在台湾省的影响以及本土自觉的双重力量牵引下,大陆的茶馆特别是茶艺馆也发展起来。1985 年浙江杭州“茶人之家”茶馆开业,“茶人之家”虽然没有以茶艺馆命名,但其茶馆格调,经营理念属于茶艺馆范畴。1988 年,靠大碗茶积累资金的尹盛喜创办北京“老舍茶馆”,借助老舍小说《茶馆》的名气以及北京丰厚的戏曲文化资源,该茶馆成为当代茶馆文化的一道风景。1989 年 5 月 22 日,台湾省的茶艺人士来南京访问,在总统府旧址(今中国近代史遗址博物馆)里表演茶艺礼节,传神的演示把茶的冲泡和品饮上升为一项专门的技艺,给南京茶业界人士以启示。同年香港“雅博茶坊”开业。20 世纪 90 年代以后,一批彰显“茶艺”的茶馆也开始在全国各地出现。1990 年福建省博物馆等单位创办“福建茶艺馆”,次年上海市闸北史料馆在闸北公园内开设“宋元茶艺馆”,1992 年江西画报社主办的“江西茶艺馆”和江西省中国茶文化研究中心主办的“神农茶艺馆”也开业迎客。[②]杭州、广州、厦门等地也相继出现了茶艺馆,开始将饮茶文化与生活融为一体。1984 年—1993 年年间,是当代茶馆由传统转型的时期。在这段时间里,全国各地相继开办了一批极具特色的茶馆与茶楼,不仅在选茶选水选器

---

① 范增平:《中华现代茶艺的形成与发展》,《广西职业技术学院学报》2019 年第 3 期。

② 陈文华:《从茶馆到茶艺馆》,《农业考古》2009 年第 2 期。

具时颇为讲究，连茶馆的装饰也别具特色。可以说，这一阶段是茶馆转型的重要时期之一，新兴的茶馆各个方面皆与传统茶馆不同，各地的先行者们为后人留下了探索和实践的足迹，也为茶馆的时尚化、生活化贡献了一份不可忽视的力量。

20世纪后半期，中国当代茶馆的发展呈现出四个特征：第一，经营主体多元化，个体私有业主大批进入，他们为在市场上生存下来，打出了各自的特色，并日益丰富和拓展着茶馆的类型，花样日新，受到百姓喜爱；第二，向北方及中西部地区扩展，茶馆不再局限于江南地区、川蜀等地以及中心城市，而是向东北、西北、中部等地迅速发展，一些中小城市也纷纷开设茶馆；第三，依托于改革开放市场化，茶馆快速扩张，出现一批大型或连锁经营的茶馆，出现了有影响力的品牌；第四，涌现出一批有个性的特色茶馆，如北京大觉寺内的“明慧茶院”，让季羡林、侯仁之、汤一介、乐黛云等学者流连忘返。[①]

第二节　经营类型

茶馆主要是为了满足市场的消费需求，这要求经营者对茶馆进行定位，根据自身的资源提供多元化的服务。按照茶馆的经营方式及其所提供的服务，可将历史上的各种茶馆粗略分为清茶馆、书茶馆、棋茶馆、野茶馆、大茶馆、荤茶馆、戏曲茶馆等。当代茶馆可以分为清茶馆、茶叶店式茶馆、附属型茶馆、文化艺术式茶馆、社交休闲式茶馆、茶饮式茶店等。

一、传统式清茶馆

所谓“清茶馆”，顾名思义重在一个“清”字，是以品茶为主要营业服务活动的场所，其特色有三点：一是此类茶馆只是经营茶，兼营各种茶点、茶食，有的也不提供食品，更不会营销茶后进餐时所用的酒、菜、主食等；二是馆内环境“清静”，没有安排丝竹器乐演奏、说唱表演等；三是茶馆内设施清新，装修简约大方或怀有复古气息，旧时代则指氛围清贫简陋，进馆饮茶的客人多为清苦之士，基本上是时称“短衣帮”之人。

清朝初年，茶馆业异常兴旺，大江南北，长城内外，大大小小的城镇，乃至集市贸易及通商岸点，茶馆如星罗棋布，遍地开花。清茶馆平时只卖清

---

① 阮浩耕：《中国茶馆　风景独好——中国当代茶馆30年》，《茶博览》2009年第10期。

茶，一般不配茶点，即使有也是极其清淡，更不伺候酒饭。其馆内设施简约，一般布置有方凳、紫砂瓷杯、名人字画、幽兰翠竹等，显得清新、雅致，重茶叶品饮的质量，讲究品茶的环境。在旧北京，悠闲老人、无业游民、八旗子弟较多，他们早起散步，手提鸟笼到城外遛鸟，回城就到清茶馆喝茶休息，聊天消遣；亦有小贩、生意人、高利贷者，边喝茶边交流信息，商谈买卖等；也有供各行手艺人作“攒儿”“口子”的，手艺人没活干，便到清茶馆沏一壶茶坐一坐，或许能找到活干。而这些清茶馆有高中低档的区别，能满足不同层次的消费需求，多于春、夏、秋三季在门外搭凉棚，棚架上或房檐下悬挂木板招牌，上刻各地名茶的称号，招牌下系红布条穗迎风飘扬，招徕茶客。

不过随着社会发展，人们的休闲消费途径越来越多元化，清茶馆在民众公共生活中的中心位置大幅下降，经营较为困难。但仍有一批茶馆坚守“清茶”的传统，不附带餐饮和棋牌娱乐，不断推陈出新，在市场中仍享有不错的口碑。如杭州有一家名为“同一号”的清茶馆，创立于 2006 年，客座数 72 个，每天营业时间 12 小时，全年节假日闭馆，一年四季只提供普洱茶，除了原味的瓜子和花生，没有其他多余的零食。这样看似清简寡淡的经营模式，却吸引了一批拥趸。该清茶馆的秘诀在于内部装修以及摆设的考究，坚持对顾客进行“需求教育”，而不是被顾客需求所牵引。[①] 正是因此，该茶馆得到众多顾客的好评，有“文艺路线”“如此特立独行的存在”之类的称赞。类似的，武汉还有一家“老门茶馆”也颇受追捧，被称为“深藏在闹市区里的一方净土”。

二、现代茶艺式茶馆

现代茶艺式茶馆是 20 世纪 80 年代以来的新生事物，伴随着现代消费的发展而崛起，其经营对象以茶为依托，但更多是将茶作为文化和艺术来经营。经营者往往有自觉的文化意识，把传授品茶技艺和传播茶文化知识作为日常工作重点之一。除了进行茶水、茶叶、茶具、茶点等商业销售和经营之外，还经常举办茶艺表演、茶艺讲座、各类艺术讲座、品鉴茶会、诗歌朗诵茶会、专家学者专题讲座等，开展茶文化艺术沙龙、养生保健讲座，举办茶艺师、评茶员、古琴演奏、香道、插花等方面的培训，组织“寻茶”文化旅游等。现代茶艺馆用高雅的文化熏陶茶友，培训客户，发展客户，普及散播最新的茶文化知识成果，对茶文化事业的发展起到很大的积极作用。

---

① 高英勃：《大茶同一——记同一号清茶馆》，《茶博览》2011 年第 4 期。

现代茶艺馆最早在台湾省得到发展。1988 年,台湾"茶艺特使"范增平跟随两岸隔绝 40 年来的首个"台湾经济文化探问团"访问大陆,他表演了台湾茶艺,向大陆茶业者输入了茶艺馆的理念,并呼吁"在两岸统一之前,茶先统一起来。弘扬茶文化是振兴中国的基础,因此,在宴会、座谈会等场合,应该提倡以茶来代替咖啡,可乐等洋饮料"。两岸的茶文化交流,符合大陆民众对茶文化提升的向往和渴望,茶艺开始流行,现代茶艺馆也随之快速发展。1990 年 2 月,福建省博物馆、福建省茶叶进出口公司、福建省旅游学会、福建省考古博物馆学会、福建省陶瓷工业公司联合创办的"福建茶艺馆"是大陆第一家真正意义上的现代茶艺茶馆。它不以营利为主要目的,重在继承和弘扬中华民族传统文化、促进文博、旅游和经贸;通过泡茶和饮茶的艺术化来弘扬茶文化,泡茶有了一套固定的程序,并且有专职人员表演茶艺;讲究品茶环境,饮茶的物理空间审美化、艺术化,强调浓郁文化氛围的室内陈列。以"福建茶艺馆"为代表的茶馆,是一种新型的茶馆和文化形态,它与传统茶馆的区别主要表现在经营宗旨、品茗艺术以及相关文化活动等三个方面。[①] 自此之后,现代茶艺馆纷纷开设,成为当代茶馆主流形态。

三、附设一体式茶馆

附设一体式茶馆是指经营的重点不是茶馆,而是将其作为附设,有的则只设茶座,但仍以茶馆的外在样态来经营,主业和附设茶馆两种业态紧密结合在一起。这些茶馆的日常运营,主要来源于销售茶叶、餐饮、茶具、书画、艺术品等,设立茶座的目的以茶饮为媒,提供业主和顾客交流的空间,拉近彼此的情感距离,产生直接的消费体验,最终实现促进这些商品销售的目的。

附设一体式茶馆主要有两类。一类是品牌企业连锁馆,主要是某个资本实力较为雄厚的实体所设立的茶馆,以统一形象、统一标识、统一服务、统一管理等来实现标准化运营,以直营、加盟等连锁方式不断扩大销售渠道,最终促进主营商品的销售。另一类是茶座式的经营模式,主要设立在宾馆、写字楼、大型商场、火车站等公共场所,其最直接的目的是满足消费者对茶水的需求,以便捷性和快销为出发点;间接的目的是服务整个公共设施,是所隶属的公共设施功能的一部分,故有些商业区在招商时明确说明要设立一间茶馆。

---

① 王静:《当代中国茶艺馆的兴起》,《农业考古》2012 年第 5 期。

四、快时尚式茶饮店

快时尚式茶饮店起源于20世纪末从台湾传到大陆的奶茶店，是指设立于交通枢纽或中心商业地带的茶饮店铺，其提供的饮料，不是单纯的液体茶汁，而是添加了冲调粉、牛奶等其他成分，以适应消费者特别是年轻一代消费群体的不断变化的口感。这类茶饮店以快时尚为特征，材料多为萃取物，生产加工标准化、快速简便，一次性消费不会产生茶渣、茶末等，口味不断更新迭代、推陈出新，这适应了年轻人快节奏的消费需求，催生了一批吸引大众“打卡”、拍照、发朋友圈不断的“网红”店。在经营方式上，快时尚茶饮店不再局限于堂饮或打包外带，还随着网络销售的大潮，开始大规模开展外卖业务。在传统的茶馆经营者看来，这类茶饮店只是打着茶的旗号，但并不是真正意义上的茶馆，它们甚至破坏了中国的茶文化。我们认为，应该怀着开放的姿态，将这些茶饮店纳入到茶馆的业态中来，它们在扩大茶叶的消费、带动年轻人对茶的认知等方面，发挥了独特的作用。

快时尚茶饮店的发展经历了四个阶段。20世纪90年代后期到21世纪初，是冲调粉末时代，其茶饮料多是用果味粉冲调而成，直接加热水或冰块勾兑，不含奶也不含茶，制作速度快，口感和营养较差，经营模式多为路边摊，这是第一个发展阶段。第二个阶段是2004年—2006年，以桶装奶茶为代表，在果味粉中加入奶精，口感和品质有所提升。这两个阶段，其实并不是真正的茶饮，因其中基本不含茶或茶成分。第三个阶段是2007年—2014年，以手摇茶为代表，原料主要是特调红茶（或其他类型茶）、水果浓缩汁、奶精、糖浆、二砂糖、果糖及其他食材，其中用茶末或茶渣做基底茶，各种原料按照比例依顺序放入茶汤中，再冲泡调匀，形成丰富的茶饮风味。第四个阶段是2015年至今，以新中式茶饮为代表，不再以粉末勾兑，主打现泡茶和新鲜牛奶的结合，使用上等茶叶配上水果、鲜奶、奶盖或芝士奶盖，店铺装修更精心、精致、精美，受到新一代消费群体的热捧。与前三个阶段相比，目前流行的“新茶饮”，更加注重茶，辅之以奶及奶制品等其他食品，更有自然的本味。在加工制作方面，多为萃取茶，即使用专用的高压机器，开水深度浸泡茶叶，快速萃取茶汤，提取其中含有茶多酚、咖啡因等物质的浓缩汁液，去除碎茶和茶渣，再制成浓缩茶或者速溶茶等成品。经过萃取的茶汁，要比现泡茶的味道更为浓厚，更适合制作各种茶饮料。有一些茶饮店，还模拟咖啡的制作方式，使用了现焙茶的制作方法，即在店内使用专业焙茶机把生茶烘焙成茶水，消费者可以听到现场调制鲜茶的声音，还能闻到满室四溢的茶香，营造了饮茶的艺术氛围。

快时尚式茶饮店的发展极为迅速。美团数据显示，到2018年第三季度末，全国快时尚式茶饮店门店数量达到了41万家，一年之内增长了74%。各种资本对这类茶饮店极为青睐，快时尚品牌融资不断，屡创新高。其消费倡导“健康饮茶”，适应消费结构转型升级的趋势，需求主要来自对传统奶茶店、咖啡店的替代，对冲调类热饮的替代，对瓶装类果汁、碳酸饮料的替代，以及自身所带来的增量需求。国内的快时尚式茶饮店主要分布在北上广深一线城市，以及南京、杭州、武汉等新一线城市。不仅如此，一些快时尚式茶饮店品牌还走出国门，在日本和东南亚国家及地区都受到了“网红”待遇。

第三节　地域特色

中国地域广大，在山川、江河的阻隔之下，形成了不同的地域文化，特别是南北差异较为鲜明。“千里不同风，百里不同俗”，这些地域文化特征，对茶馆的风格产生了深刻影响。按照地域文化特色可区分出川派茶馆、粤派茶馆、京派茶馆、杭派茶馆、闽南茶馆等不同类型。

一、川派茶馆

川派茶馆，以成都为代表。成都有句谚语，“头上晴天少，眼前茶馆多”，还有“四川茶馆甲天下，成都茶馆甲四川”之说。在以农业文明的封闭性和静态性为特征的巴蜀文化影响下，成都茶馆的地域特点十分突出。四川人喜欢盖碗茶，将其称为“三才碗”，茶盖在上为天、茶托在下为地、茶碗在中为人，包含了“天盖之，地载之，人育之”的哲学思想，与中国文化“天人合一”的观念相呼应。川派茶馆的特点可概括为“三多”，即数量多、花样多、功能多。

川派茶馆的最大特点是数量多。以成都为代表，据《成都通览》记载，1909年成都有茶馆454家，1935年《新新闻报》统计有599家，1941年成都市政府编制的茶馆统计数量为614家，1949年成都茶社业同业公会记载的数量为598家。总体来说，民国时期成都茶馆数量变化起伏不大，行业发展相对稳定。而成都的街巷数量，1909年《成都通览》载有516条，1935年《新新闻报》统计为667条。因此，我们可以大体推断，成都平均每条街巷都有一家茶馆，茶馆已经深深融入这个城市的日常生活之中。散文家黄裳在《茶馆》中感叹道："成都有那么多街，几乎每条街都有两三家茶楼，楼里的人总是满满的。大些的茶楼如春熙路上玉带桥边的几家，都可以坐上几百人。开水茶壶飞来飞去，总有几十把，热闹可想。这种宏大的规模，恐怕不是别的地方可比的。"2000 年的一项估计认为，每天超过 20 万的成都人会去茶馆。[①]

花样多又可细分为招牌多、行话多、招式多。成都茶馆名称多为茶铺、茶社、茶楼等，招牌上的名称多经文人琢磨推敲而定，名字雅致。茶馆的经营业者还有通用很多行话，如茶叶放进茶碗叫"抓"，碗中茶叶多叫"饱"、少叫"啬"，只喝白开水叫"免底"，顾客少叫"叫堂"，抹桌布叫"随手"，调配茶叫"关"或"勾"，另换一碗新茶叫"换过"等。[②] 招式多是针对成都茶馆内的"茶博士"而言，这是茶馆内专门从事加茶跑堂的服务的堂倌，他们个个身怀绝技，练就了一手精彩的泡茶硬功夫。待茶客落座时，茶博士右手提紫铜壶，左手夹着七八个茶碗、茶托、碗盖，一挥手叮当作响，茶具在桌上各就各位；再将紫铜壶的茶水或正手或反手，倒入茶碗中，犹如赤龙吐水。整个过程干净利落、一气呵成，不洒一滴茶水，甚是令人叹服。

功能多首先表现在四川茶馆空间布局的便利性。哪里方便顾客，就在哪里设置茶馆，无论大街小巷、公园名胜，到处都有格局不同、大小不同的茶馆。有座凳，有躺椅；有早茶馆、午茶馆、晚茶馆。其次，无论是文人雅士，还是贩夫走卒，各色人等都愿意泡在茶馆。黄裳发现，与北京、苏州、上海等地茶馆中以有闲阶级为主的情形不同，四川茶馆里可以找到社会上各色的人物："警察与挑夫同座，而隔壁则是西服革履的朋友。大学生借这里做自修室，生意人借这儿做交易所，真是：其为用也，不亦大乎！"也就是说，四川茶馆是各阶层日常生活的一部分。早上，晨练和遛鸟的茶客在茶馆喝热茶，吃早点；中午，经商、旅游、劳动者都到茶馆里歇歇脚，喝杯茶，接洽业务，交流信息；晚上以老人为多，茶客在此喝茶听书，消遣时光。川派茶馆的茶客，边喝茶，可以边享受捶背、掏耳朵、擦皮鞋等服务。茶馆有市民客厅和起居室的功能，以缓解家中狭促、无法待客的窘况，是"摆龙门阵""冲壳子"的地方，政治经济、文化历史、邻里闲言、婆媳碎语等大至宇宙、小至苍蝇蚊子的

---

① 王笛：《公共生活的恢复：改革开放后的成都茶馆、民众和国家》，《开放时代》2018 年第 5 期。

② 陈茂昭：《成都的茶馆》，中国人民政治协商会议四川省成都市委员会文史资料研究委员会编《成都文史资料选辑》第 4 辑，1983 年版，第 180—181 页。

信息都在此交流,成为新闻汇集和传播的中心。旧时茶馆还有“民间法庭”的功能,当房屋、土地、婚姻等事务当事人彼此之间发生纠纷的时候,请调解人在茶馆中评判调解(见图8-3)。[①] 茶馆还有娱乐功能,人们可以在此欣赏评书、川剧、四川扬琴等民间艺术,还可以在茶馆中打麻将,是老年人度日的理想场所。四川人喜欢麻将,成都致民路的十一街,被成都人谑称为“麻将一条街”。在这条只有五十米长、十米宽的小街上,开了五家老式茶馆,摆开的麻将桌占了整条街的三分之一,而茶馆外的路面则被自行车和老年代步车所占据。[②]

图8-3 一心园茶馆内的冲突[③]

① 于观亭编著:《茶文化漫谈》,中国农业出版社2003年版,第112页。

② 王笛:《公共生活的恢复:改革开放后的成都茶馆、民众和国家》,《开放时代》2018年第5期。

③ 《蓬路一心园茶馆主控探伙之妻方》,《时报》1909年11月23日,第6版。

二、粤派茶馆

在“得风气之先”的岭南文化影响下，广州茶馆起步早，是南方沿海地区茶馆的代表。广州“重商、开放、兼容、多元”的地方特色为茶馆打下了深深的烙印。与其他地方不同的是，广州茶馆多称为茶楼，楼上茶馆，楼下卖小吃茶点，典型特点是“茶中有饭，饭中有茶”，餐饮结合。

广州人向来有饮茶的习俗，尤其是“喝早茶”。以早茶为中心的饮茶习俗，在清代便已开始形成。清代中后期，随着广州商业的发展，大量农业人口加快向城市转移，城市内各阶层的分化加快，新的社会群体需要一个社会交往的舞台，于是一些店家便设立了专业茶店“二厘馆”。所谓“二厘馆”是指茶价每位二厘钱，堂馆内只有简易的桌、凳，供应茶水和糕点，价格比较便宜，受到中低阶层的欢迎。而这些“二厘馆”中比较有特色的是“一盅两件”，即一盅茶和两样简单的点心，这逐渐成了广州茶楼里面的标配。光绪年间，为了迎合城市中不同的消费群体，出现了“茶居”。与“二厘馆”相比，“茶居”强调隐逸特点，从名称上就凸显了自身的档次，更适合中高收入群体的消费需求，当时较为出名的“茶居”有“陶陶居”“天然居”等，而这些“茶居”就是现代茶楼的前身。改革开放以来，随着经济活动和社会交往的频繁，喝早茶已成广东省沿海经济发达地区人们生活的重要组成部分，政府及众多企业、单位也将其作为接待宾客的方式。早茶常用的茶品有铁观音、寿眉、红茶、乌龙、普洱茶、菊普（菊花和普洱）和水仙等，有的则简化为铁观音、普洱、菊花等。早茶虽然以茶名之，但中心不在茶，而在点心、各式粥以及菜肴，早茶有干湿之分，干点最为精致和独特，最有代表性的有榴梿酥、叉烧包、虾饺、烧卖、奶黄包等。

除了在茶馆中售卖茶叶外，广州另一特色是路边或摊贩售卖的凉茶。凉茶起源于清代，是中草药植物性饮料的通称，有的含茶，有的不含茶。清代最为著名的凉茶品牌当属鹤山人王泽帮（乳名阿吉）所创立的“王大吉凉茶”，徐珂的《清稗类钞・饮食类・茶肆品茶》记载：“茶馆之外，粤人有于杂物肆中，兼售茶者，不设座，过客立而饮之。最多者为王大吉凉茶，次之曰正气茅根水，曰罗浮山云雾茶，曰八宝清润凉茶。又有所谓菊花八宝清润凉茶者，则中有杭菊花、大生地、土桑白、广陈皮、黑元参、干葛粉、小京柿、桂圆肉八味，大半为药材也。”总体而言，广州的饮茶风气较为浓厚，广州人多喜到公共场所中饮茶。

三、京派茶馆

与以小方桌、竹靠椅、盖碗、紫铜壶和老虎灶为标志的川派茶馆相比，北京茶馆的特色在于融听书、看戏、下棋、养鸟等为一体，以种类繁多、功用齐全、文化内涵丰富等为重要特点，显示出独特的京味气派。

历史上，北京茶馆的名称繁多，有大茶馆、清茶馆、书茶馆、红炉馆、野茶馆、贰浑铺等，还有大量的茶棚和茶摊。王玲根据文化和社会功用将旧北京的茶馆分为四类。[①] 一是与评书和市民文学结合的书茶馆。书茶馆中，饮茶是媒介，真正目的在于听评书。书茶馆，开书以前卖清茶，开书以后，饮茶便与听书结合，不再单独接待一般茶客。茶客们边听书，边品饮，以茶提神助兴。听书客交费不称茶钱，而叫“书钱”。北京的书茶馆多集中于东华门和地安门外。二是与北京的游艺活动结合的清茶馆、棋茶馆。清茶馆主题突出，一般是方桌木椅，陈设雅洁简练，为晨起锻炼“遛早儿”的老人服务，茶客们在茶馆中讨论茶经、鸟道，谈时事，唠家常。茶店老板为招揽顾客，还会组织“茶鸟会”，让养鸟者展示鸟鸣。有时，茶客还在清茶馆中养蝴蝶、斗蛐蛐，显示了北京市民的日常情趣。而棋茶馆多以圆木或者方木半埋于地下，上绘棋盘，或者用木板搭棋案，让茶客边饮茶，边对弈。三是与园林、郊游结合的野茶馆和季节性的茶棚。野茶馆多设于风景秀丽之地，跟池塘、瓜田、果园等结合在一起，茶客在品茶之余，还可钓鱼、采摘蔬菜和瓜果，有点类似今天时兴的农家乐。北京城内水质较差，故一些野茶馆开设在山间水质清甜之地，如安定门外有野茶馆“上龙”“下龙”等。北京的公园里还设有季节性的茶棚，以北海小西天最为出名。四是与社交和饮食结合的“大茶馆”(见图 8－4)。老北京的大茶馆是一种多功能的饮茶场所。在大茶馆，茶客既可以饮茶，又可享用美食，主要供生意人聚会、文人交往，为三教九流提供服务。老舍戏剧《茶馆》中所描绘的，是北京大茶馆的典型。

北京的茶馆具有综合性的文化活动场所的特性。清代以来，北京戏班争雄，精彩纷呈，一些清茶馆逐渐改为了“茶戏园”。民国以来，现代文明戏得到发展，茶戏园也与时俱进，在上演传统戏曲的同时也安排现代戏剧的演出。在妇女解放等思潮的带动下，广和茶园等也开始设立女性专座，20 世纪 30 年代逐渐出现男女合座的茶戏园。茶戏园是北京上层社会人士走向大众的一个媒介，而广大市民在其中接受了一些新的思想观念，成为现代文

---

① 王玲：《中国茶文化》，九州出版社 2009 年版，第 150—154 页。

图 8-4　清代北京茶馆图(中国历史博物馆藏)

明展示的一个窗口,故有些茶戏园也自称为“文明茶园”。当代京派茶馆文化的典型代表是 1988 年大碗茶公司创立的老舍茶馆(见图 8-5)。该茶馆以“振兴古国茶文化,扶植民族艺术花”为经营宗旨,集京味茶文化、戏曲文化、餐饮文化等于一身,融书茶馆、餐茶馆、清茶馆、大茶馆、野茶馆、清音桌等六大老北京传统茶馆形式于一体,包含茶事服务、文化演出、特色餐饮和茶礼品四大经营业态。店内再现了老舍先生的名著《茶馆》里的风貌,将老北京特色四合院搬到室内设立“四合茶院”,每天有乌龙茶、文士茶、农家茶、茉莉花茶、八宝茶等茶艺表演,还有老二分大碗茶摊、戏迷乐京剧票房和老北京传统商业博物馆等公益项目。馆内设戏曲馆、电影馆、照相馆、图书馆、工艺美术馆等 10 个馆展示传统民俗文化,每天上演北京琴书、京韵大鼓等传统艺术表演。北京的地域文化特色有机地融入老舍茶馆中,正因此老舍茶馆有“北京城市名片”和“京味人文地标”的美誉。

图 8－5　老舍茶馆外景

四、杭派茶馆

在"人性柔慧，尚浮屠之教"（《宋史·地理志·两浙路》）的吴越文化影响下，杭州杭派茶馆在中国茶馆业汇中颇具特色。浙江是吴越文化的核心地区，山灵水秀，名人辈出，孕育了独特的茶文化。浙江是中国绿茶的主产区，还多名山、名水，具有天然的上好品茗自然环境。禅宗在浙江古代以来便十分兴盛，而佛教寺庙又多建于名山大川，这些地方往往又是名茶的产区。因此，自然和人文环境为浙江茶文化提供营养，而这也给浙江的茶馆业提供了丰富的文化土壤。

浙江的茶馆，以杭州的最具代表性，杭派茶馆的特征主要有三个。第一，讲究名茶配名水，品茗临佳境。杭州人喜好西湖龙井，最崇尚狮峰龙井，故一些茶馆中多提供上好的龙井茶；虎跑为天下名泉，龙井茶配虎跑泉，是旧时茶馆的一绝。西湖茶馆不论在亭台楼榭之中，或是山涧幽谷之处，总透着自然的灵气，让人在其中品味茶的色、香、味。第二，杭派茶馆充满"仙气""佛气"与"儒雅"之风。杭州人喜欢把茶馆称为"茶室"，"室"，既可以是文人的书室，又可以是佛道的净室，体现了雅洁、清幽的意境。杭州的茶馆，一般少有说唱、曲艺，更少广州、香港等地的"吃茶"风俗。在杭州茶室中，体会到的是湖天一色，人茶交融，是厚重的历史和文化。第三，整个杭城山水构成西湖茶室文化的自然氛围。杭州的茶与天、地、人、山水、云雾、竹石、花木融为一体。① 杭派茶馆的代表性茶馆,有西湖边南山路的茶馆以及灵隐寺一带的茶馆。

五、乡村茶馆

新中国成立之后,中国人的饮茶之风日渐浓厚,水源丰富的江南农村小镇,甚至村落,为了迎合村民的需要,到处开设了茶庄、茶社、茶店,道上也开设了不少茶馆,成了饮茶的风景线,传播着茶文化。随着改革开放的推进,乡村农家乐、乡村游等各种农村经济的发展,乡村茶馆亦红红火火。

乡村茶馆独具特色。一是茶馆的设施与建设具有醇厚的乡土气息,其馆址设置合宜。茶馆大多依街傍水而筑,各有其风味:首先是取水极易,再是临街或依乡村公路而建。这样便于饮茶人做商品交易。乡村小茶馆最受当地农民欢迎。二是营业服务时间灵活、适宜、接地气,乡村茶店一般是凌晨两三点就生火沏茶,开门迎客。当地四邻八乡的农民不管春夏秋冬,不管风霜雨雪,都会赶早来店饮茶。三是灵通信息,俗称"灵市面"。在茶馆内,饮茶的农民可了解远至国内外大事,近则村里的生活趣事,无所不谈,无话不说。四是可作为简洁的农产品交易洽商之所。饮茶的农民将昨日傍晚整理好的诸如大蒜、香葱、青菜、萝卜等新鲜蔬菜,装上提篮,到茶店门口摆开,相互交易买卖。五是参与评说公理,乡村茶店俗称"百口衙门"。村子里难免发生矛盾、纠纷,往往不是先对簿公堂,而是走进乡村茶店,沏茶就事论理。此茶俗称"评理茶"。六是弘扬传统文化,积极开辟乡村旅游文化源泉。

第四节　功能作用

茶馆是社会名流和文人雅士常去的地方,也是民众生活不可或缺的重要场所,其休息解渴、交际功能不言而喻。除此之外,茶馆还有休闲娱乐、信息交流与商务洽谈、提高审美、宣传教化等方面的功能。茶馆的这些功能,主要是针对消费者而言的,前文多有涉及,很容易理解,不需要过多阐释。从整体的宏观角度出发观察,茶馆还有其他方面的经济和社会功能。

---

① 穆少秋:《茶道》,远方出版社 2001 年版,第 274—276 页。

一、促进消费、带动就业

近些年来,中国茶业发展迅猛,茶园面积、生产量屡创新高。2013 年—2017 年,国内茶叶产量年均复合增长率为 7.6%。初步测算,2018 年中国茶业种植面积达 4395.6 万亩,产量达到 277.6 万吨左右,而国内消费只有不足 200 万吨,国际市场销售 36.5 万吨。[①] 国内生产的茶叶,还有大量处于囤积状态,并未真正消费掉。实际上,从 2014 年开始,我国茶叶消费增长始终低于产量增长,茶叶库存不断增加,因此我国茶叶面临着产能过剩的问题。如何促进茶叶的消费,是一项紧迫的任务。

从台湾省的经验看,茶艺馆的兴起对其摆脱国际市场销售难、提振省内消费具有重要作用。台湾茶叶长期在国际市场上销售,赢得良好的口碑和市场,最为鼎盛时台湾茶叶曾占据世界茶叶贸易量的 10% 的市场份额。国际市场对茶叶的需求容易受到经济形势、政治环境以及口味变化等因素的影响,台湾茶叶产业以外销为主的经营存在较大的不确定。特别是 20 世纪 70 年代,台湾茶业外销贸易迅速衰减。而正是在这个时候,一批有识之士开始倡导茶艺馆,引导了新的消费潮流,多管齐下提振本土茶叶消费,实现从外销为主向内需为主的转变,挽救了台湾茶业。[②] 茶馆是茶叶消费的重要展示窗口,茶馆业的发展可以有效降低库存,提振国内茶叶的消费。

茶馆经营的主体力量是民营经济和个体工商户,茶馆业属于劳动密集型的服务业,可以提供大量的就业岗位。截至 2015 年,全国约有 12.6 万家茶馆,从业人员达到 250 多万人。[③] 茶馆业为社会提供了大量的就业岗位,创造了巨大的经济效益,而且在转型升级、提质增效、实现高质量发展的背景下,不断满足着人民群众对美好生活的向往。

二、隐性知识传播功能

为人们提供交往的场所是茶馆的显性功能,同时茶馆还有不被认识到的隐性功能。茶馆是许多人聚集的场所,有的消息在这里传播,有的言论在这里发表,这些消息言论会形成一种氛围,影响到茶馆里的人,馆里的人走

---

① 梅宇、梁晓:《2018 年中国茶叶产销形势分析报告》,《茶世界》2019 年第 2 期。

② 宋时磊:《中国台湾茶叶国际贸易及其茶文化的历史变迁》,《台湾农业探索》2015 年第 1 期。

③ 柯静:《2015 年全国茶馆经理年会在杭州召开》,《杭州日报》2015 年 4 月 13 日第 1 版。

出去，将这些思想传递给他人，有可能会影响到社会的很多人群，为社会形成某种氛围。由此可见茶馆的这种隐性功能的巨大影响，不仅带动个人的学习和发展，也会为整个社会的发展起到积极的作用。[①]

反过来，社会整体的文化氛围和共识，会投射到茶馆中，也会对茶馆中人们探讨的话题产生深刻的影响。茶客们在外在社会环境的规约下，传递着相同的文化心理和社会现实。其实，老舍的《茶馆》便体现了这方面的功能，在茶馆中所张贴的那个"莫谈国事"的提示纸条，是话剧演出和舞台效果的重要道具。

三、文化展示和传播的载体

如今，茶馆已经不再是单纯的餐饮服务业，而是综合的新兴文化产业。茶馆连接着茶叶的生产和消费，已成为都市特别的文化景观，成为人们日常生活中不可或缺的品茗赏艺好去处。而全国各地大量涌现的现代茶艺馆，除了卖茶、鉴茶、品茶外，还组织香道、琴艺、插花、曲艺、评书等休闲的文化艺术活动，并且不断推陈出新，举办各类学术文化讲座、茶文化专题旅游等。通过这些综合性的手段，茶馆吸引着越来越多的消费者去接触茶、了解茶、融入茶的文化生活中去，既促进了他们的身体健康，又给予了其审美化的娱乐社交活动。茶馆是文化休闲的理想场所，是喧闹的商业社会中人们平衡心态、净化心灵的一片净土，在中华传统文化的展示和传播，以及新文化生活的创造方面是无可替代的空间载体。

拓展训练

一、思考论述

《茶馆》是老舍的最为著名的话剧作品，其故事背景设置在茶馆，在这一空间中展示了中国三个关键历史时期社会风云的变化。如果该戏剧的背景设置在酒馆、戏院是否会对剧情造成影响？《茶馆》不仅以戏剧的形式被众多杰出的艺术家在舞台上反复演绎，还被搬上电视荧屏，同样颇受好评，为什么这部作品会有如此生命力？

二、学术选题

茶馆不仅在中国的公共空间和社会生活中发挥着独特的作用，这一融商业性和

① 赵甜甜：《茶馆功能的演变》，《中国茶叶》2009年第7期。

文化性于一体的场所,在其他饮茶风气较为浓厚的国家,同样承载着独特的意义。请查阅日本安土桃山时代的茶室、古代波斯的茶馆以及英国近代的茶屋三者的历史发展状况,观察不同文化谱系中茶馆功能的异同。

三、实践训练

除了个别地区,中国茶馆在当代有被边缘化的趋势,反而咖啡馆越来越受欢迎,一些国外的咖啡连锁品牌在中国甚至成为"情调"的代名词。你是否愿意进入茶馆喝茶?当前中国茶馆还有什么不足?需要朝着怎样的方向改进?试写相关咨询报告。

四、拓展阅读

1. Carlton Benson, *From Teahouse to Radio: Storytelling and the Commercialization of Culture in 1930s Shanghai*, Thesis (Ph. D. in History)-University of California, Berkeley, Dec. 1996.

2. Joshua Goldstein, "From Teahouse to Playhouse: Theaters As Social Texts in Early-Twentieth-Century China", *The Journal of Asian Studies* 62. 3(2003).

3. Klein Jakob Akiba, *Reinventing the Traditional Guangzhou Teahouse: Caterers, Customers and Cooks in Post-socialist Urban South China*, Diss. SOAS, University of London, 2004.

4. Qin Shao, "Tempest over Teapots: The Vilification of Teahouse Culture in Early Republican China", *Journal of Asian Studies* 57. 4(1998).

5. 刘勤晋编著:《茶馆与茶艺》,中国农业出版社 2007 年版。

6. 刘修明:《中国古代的饮茶与茶馆》,商务印书馆国际有限公司 1995 年版。

7. 阮浩耕:《茶馆风景》,浙江摄影出版社 2003 年版。

8. 陶文瑜:《茶馆》,花山文艺出版社 2005 年版。

9. 王笛:《茶馆:成都的公共生活和微观世界,1900 ~ 1950》,社会科学文献出版社 2010 年版。

10. 吴承联:《旧上海茶馆酒楼》,华东师范大学出版社 1989 年版。

11. 徐传宏、骆芃芃编著:《中国茶馆(修订版)》,山东科学技术出版社 2005 年版。

12. 周文棠:《茶馆》,浙江大学出版社 2003 年版。

第九章　对外传播

中国是茶叶的原产国,茶文化的发祥地。在很长一段时间内,中国是世界各国茶叶消费的唯一供应国。各国在接触中国茶叶后,迅速地养成了喝茶的风习,并逐渐与本民族的文化特点相结合,形成了本土的新型饮茶文化。中华茶文化的对外传播带有圈层性特征,即以中原为中心,向原本不隶属中央政府管理的边疆的少数民族地区传播,这些地区最终成为中国版图的一部分;在此基础上,在亚洲传播,向东传播到朝鲜、日本,向西传播到中亚、西亚,向南传播到与中国毗邻的东南亚国家;大航海时代以后,海上丝绸之路被开辟,荷兰、英国、法国等扮演了异同寻常的茶文化传播角色,茶经由西方殖民国家,在它们的殖民地和附属国也传播开来,使其成为重要的茶叶生产国或消费国。中国茶叶的对外传播史,在一定程度上,就是世界全球化的历史。

第一节　西南传播与茶马古道

茶叶的西南传播是指茶从云南、贵州、四川等地,沿着复杂的高原陆地及澜沧江等水路,向青藏高原,以及东南亚的缅甸、越南、老挝、泰国,南亚的印度、尼泊尔、不丹等国家的传播。因在唐宋时期,今云南、贵州等地尚未完全被纳入中原王朝版图,故从广义上看,茶叶的西南传播还包括早期从中原向西南边陲省份的传播。

一、茶向云贵藏的传播

从秦汉时期开始,西南与青藏高原及境外之间形成了纵横交错的交通网络。这一网络随着时代的发展而不断变迁,贸易的数量和规模也逐渐增大,在20世纪80年代云南和四川等地的学者将这一贸易网络统称为“西南丝绸之路”。西南丝绸之路主要包括在汉代所称的“蜀身毒道”,即由五尺道、灵光道、永昌道和缅印道贯穿而成。除此之外,还有沟通安南的进桑—麋泠道和步头路,从银生城至海边的通道,连接青藏高原的茶马古道,从永昌循伊洛瓦底江的出海道,从大理经元江、车里入缅甸、八百至南海的道路,经广西出海的邕州道,等等。①

茶向西南地区的传播,在唐代以前就有所记载。东晋常璩的《华阳国志·南中志》记载:“平夷县,郡治。有硃津、安乐水。山出茶、蜜。”平夷为西汉时设立,位于今天贵州的遵义怀仁市或习水县,②在当时以四川为中心的西南地区茶叶的种植已经形成一定规模。唐代贵州茶叶的生产种植更加广泛,陆羽的《茶经》所记载的贵州产茶区主要分布在恩州、播州、费州、夷州,并且茶的品质较为上乘,“往往得之,其味极佳”。唐代朝廷对今贵州大部及黔桂边境地区的少数民族同样施行了羁縻政策,设置了五十个羁縻州。③ 与这些州相互对照,我们发现这四个产茶区都不在此之列,这客观上说明唐代贵州种茶植茶主要分布在汉族聚集区,少数民族居住地则较为少见。

唐代贵州尚在中原政府的正式统治管辖内,而云南的情形则有所不同,主要由南诏国来统辖。当时南诏对中原文化缺乏足够认同,一直在唐王朝和吐蕃之间摇摆,并和唐政府战事纷争不断。④ 贞元十年(794),唐朝派使者吏部郎中兼御史中丞袁滋以及内给事俱文珍、判官刘幽岩入云南,持节册封南诏国国王异牟寻为“云南王”,为西南之藩屏。后异牟寻派遣清平官尹辅酋十七人奉表谢恩,向唐朝进纳“吐蕃赞普钟印一面、并献铎鞘、浪川剑、生金、瑟瑟、牛黄、琥珀、白毡、纺丝、象牙、犀角、越赕马、统备甲马、并甲文金”。⑤ 这些方土所贵之物中并未见茶的影踪。但樊绰的《云南志》(《蛮书》)中明确记载:“茶出银生城界诸山,散收无采造法,蒙舍蛮以椒、姜、桂

① 黄光成:《西南丝绸之路是一个多元立体的交通网络》,《中国边疆史地研究》2002年第4期。

② 舒楚泉:《两晋平夷郡置废时间考辨》,《贵州师范大学学报(社会科学版)》1997年第4期。

③ 朱珊珊:《唐代贵州羁縻州的设置及特点》,《贵州师范大学学报(社会科学版)》1995年第2期。

④ 详见廖德广《南诏国史探究》,云南民族出版社2006年版;谷跃娟《南诏史概要》,云南大学出版社2007年版。

⑤ 樊绰撰,向达原校,木芹补注:《云南志补注》,云南人民出版社1995年版,第137—138页。

和烹而饮之。”[①]“蒙舍”此处主要是指今云南巍山回族自治县境，“银生城界诸山”大体位于今天的云南思茅和西双版纳地区，《云南志》所记唐时上述地区人们已经在开发利用茶，但并未将之进献，这客观说明茶在南诏的社会生活中地位并不高。

唐茶传入吐蕃主要得益于与中原的交流和往来，有学者推断唐贞观八年（634）松赞干布即派使入长安，对唐文化进行观摩，吐蕃大约此时方知有茶叶[②]。李斌城认为西藏茶风的形成主要得益于唐朝的和亲政策，即贞观十五年文成公主嫁给松赞干布和景龙四年（710）金城公主嫁给赞普尺带珠丹等，两位公主入藏将茶带入高原。[③] 1328 年索南坚赞撰写的《西藏王统记》（又称《西藏王统世系明鉴》《西藏政教史鉴》）印证了文成公主对茶在藏地传播的贡献：“茶亦自文成公主入藏土也。”[④]7 世纪末到 8 世纪，中原茶叶大量传入吐蕃。唐德宗时期（779 年—805 年在位），“常鲁公使西蕃，烹茶帐中。赞普问曰：‘此为何物？’鲁公曰：‘涤烦疗渴，所谓茶也。’赞普曰：‘我此亦有。’遂命出之。以指曰：‘此寿州者，此舒州者，此顾渚者，此蕲门者，此昌明者，此㴩湖者。’”（《唐国史补》卷下）赞普所出示的茶叶都是唐代名茶，产自安徽、江西、湖北、湖南、浙江各地，这说明在 8 世纪末，流入西藏的内地茶叶已经不少了。随着茶叶的传播，西藏的茶具制造业也发展起来。《汉藏史集》记载，松赞干布的曾孙都松莽布支听说汉地有叫“碗”的茶具，于是派出使臣前往汉地求碗。汉地皇帝派了名工匠到西藏，“工匠分别原料的好坏、清浊，制成兴寿等六种碗”。[⑤]

宋朝在川、陕等地设置茶马司与吐蕃等少数民族开展大规模的茶马贸易。北宋政府在蜀地产茶州县共设置买茶场 24 个，宋神宗熙宁、元丰年间在熙秦地区共置卖茶场 48 个。宋代永康军（今四川都江堰市）是重要的茶叶贸易市场，宋人石介云：“永康军与西蛮夷接，四海统一，夷夏相通，番人之趁永康市门，日千数人。”[⑥]茶马互市，实际上是互通有无的贸易，内地的

① 樊绰撰，向达原校，木芹补注：《云南志补注》，第 103 页。

② 李烈辉：《吐蕃王朝之与茶叶》，《农业考古》1991 年第 2 期。

③ 李斌城、韩金科：《中华茶史 · 唐代卷》，第 360 页。

④ 转引自齐桂年《川藏茶马古道上的四川边茶》，收录于刘勤晋主编《古道新风——2006 茶马古道文化国际学术研讨会论文集》，西南师范大学出版社 2006 年版，第 93 页。

⑤ 达仓宗巴 · 班觉桑布：《汉藏史集——贤者喜乐赡部洲明鉴》，陈庆英译，西藏人民出版社 1986 年版，第 105—106 页。

⑥ 石介：《徂徕文集》卷九《记永康军老人说》，舒大刚主编《宋集珍本丛刊》第 4 册，线装书局 2004 年版，第 236 页。

茶叶、布匹、丝绸、糖盐，藏区的虫草、麝香、贝母、羊毛、黄金等是彼此交换的货品。在贸易开展过程中，无数的商旅、驼队、马帮、背夫为了运送货物，披荆斩棘，开拓出了一条青藏高原和内地交通的道路，这条道路被后代学者统称为“茶马古道”。

在明代，茶马贸易成为保障国家军事力量的国策。在此基础上，形成了三条茶马古道。一是陕甘路线，从陕西紫阳始发，经石泉、西乡到汉中，经汉中“批验所”检验后，一路经勉县、略阳、徽县、西河到达洮州（今甘肃临潭）为“汉洮道”，一路沿褒斜道往留坝、凤县、两当到秦州（今甘肃天水市）为“汉秦道”。到清代，这条路线上交易量有1500吨。二是康藏路线，在四川雅安制作茶砖，经背夫翻雪山背运至康定，然后分三路入藏，一路由康定越雅砻江至理塘、巴塘到昌都，再行至拉萨，为入藏南路；一路由康定经道孚、甘孜渡金沙江至昌都，再由昌都趋玉树、结古入青海，为入藏北路；另一路为经懋功达藏县趋松潘入甘南藏区。该条路线在明代中后期交易量有340万斤，在清代有1100万斤。三是滇藏路线，开通于明代木氏土司统治时期，将云南下关、勐海、临沧、凤庆等地的普洱茶、沱茶运往西藏换取战马，主要路线分为上行与下行两道，上行由普洱茶的原产地西双版纳、思茅等地经景谷、下关、丽江、中甸、德钦转至拉萨，为入藏线；下行即滇越道，从普洱经勐先、黎明、江城至越南莱州、海防，为国际贸易通道。[①] 茶马古道的路线比较复杂，除了这三条核心线路外，还有很多支线和辅线，也都可以列入其中。茶马古道对促进民族融合、巩固国家边防安全、促进中华文明的传播等具有重要意义。

二、茶向东南亚和南亚的传播

通过西南地区的茶马古道，茶叶不仅向东南亚越南、老挝、柬埔寨、泰国、缅甸等陆地国家传播，还向南亚尼泊尔、不丹、印度等国家传播。唐朝安南来唐求法的僧人已经接触到茶，中唐诗人张籍曾作《山中赠日南僧》赠予安南高僧：“独向双峰老，松门闭两崖。翻经上蕉叶，挂衲落藤花。甃石新开井，穿林自种茶。时逢海南客，蛮语问谁家。”《膳夫经手录》中的一段文字记载，直接证明了唐代安南已经有中原茶叶的销售与消费：“衡州衡山团饼而巨串，岁收千万。自潇湘达于五岭，皆仰给焉。其先春好者，在湘东皆

---

① 李刚、李薇：《论历史上三条茶马古道的联系及历史地位》，《西北大学学报（哲学社会科学版）》2011年第4期。

味好。及至湖北滋味悉变。虽远自交趾之人，亦常食之，功亦不细。”[①]这说明越南(交趾)茶叶的消费量也是很大的，并且人们“常食之”，唐时茶在越南已经不再是稀奇至宝，而是较寻常的饮品了。到元代，茶叶已经在越南种植，陆友仁的《研北杂志》记载：“交趾茶如绿苔，味辛烈，名之曰‘登’。”[②]同时期成书的越南历史典籍《安南志略》也称：“茶，古载出谅州古都县，味苦，难为饮。”[③]谅州是唐代设置的羁縻州，属于安南大都护府，这说明在中国的影响之下，越南北部已经种植茶叶。这些当地出产的茶叶，从中国已经成熟的茶文化角度来审视，质量比较低劣，味苦少甘，但也从客观上说明，茶叶已经具有了当地的特色，适应了本土人士的口感。1792 年，清政府允许广州商民赴越南贸易，但一切槟榔、烟、茶等货物出口与进口，都按照浔州、梧州两地税关的税则收税。[④] 另据越南人陈庆浩的《雨中随笔》称：“我国嗜好与中国略同。余景兴盛时，宇内无事，戚里公侯绅弁子弟，以奢靡相高，一壶一碗之费，至十数金者。”[⑤]景兴是大越国后黎朝后期显宗永皇帝黎维祧的年号，其时代对应清朝乾隆年间，陈庆浩虽然没有直接指明这些富家子弟所饮茶叶来自中国，根据当时双边的贸易情况，可以判断中国茶叶的传入引起了当地权贵阶层炫耀财富的风潮。上有所好下必效之，这客观上带动了茶叶的消费和普及。

1862 年、1874 年，越南阮朝与法国殖民者相继签订了《第一次西贡条约》《第二次西贡条约》，1885 年清政府放弃对越南的宗主权，与法国签订《中法新约》，越南沦为法国殖民地。法国在成功侵占越南后，“亦令种茶，有东山、建吉、富华诸园”(《清史稿·食货志》)。越南较大的茶园建设于 1890 年，位于富寿省静崇地区，占地有 60 余公顷。1893 年越南向法国出口茶叶，但质量欠佳，因此次年派人到中国学习研究烘制茶叶的技术。[⑥] 当今，越南的茶文化既受到中华茶文化的深刻影响，又保留了一定特色，如喜欢喝香味浓厚的茶，在茶叶加工中常加入大茴、小茴、甘草等多种香料。越南的绿茶文化与中国的绿茶文化较为相似，一般为热饮，有时会加冰块；花

---

① 杨晔：《膳夫经手录》，《续修四库全书》编纂委员会编《续修四库全书》第 1115 册，上海古籍出版社 1996 年版，第 524 页。

② 陆友仁：《研北杂志》卷下，民国景明宝颜堂秘笈本。

③ 黎崱：《安南志略》卷一五，清文渊阁《四库全书》本。

④ 刘锦藻：《清续文献通考》卷四六《征榷考十八》，民国景十通本。

⑤ 转引自耿祝芳《越南及其茶文化》，《农业考古》2012 年第 5 期。

⑥ 耿祝芳：《越南及其茶文化》，《农业考古》2012 年第 5 期。

茶的窨制方法与中国类似,但除了茉莉花外,越南花茶还喜欢添加莲花、米籽兰、金粟兰等;越南还有比较原生态的漫茶文化、鲜茶文化和干茶文化等。

在中国云南、缅甸、老挝、阿萨姆邦(印度东北部)等地,存在着大量的古茶树,这主要是野生茶。当地的原住民很早之前已经开始采摘幼叶,放在竹节内腌制和发酵茶叶,或埋在锅里,或包在车前草叶里,发酵几天到一周,成熟叶发酵长达一年,有时切碎食用或者咀嚼之,当作调味品来使用。这是一种古老而原始的茶叶利用方式。1634 年,荷兰东印度公司在缅甸建立了业务,1680 年退出了缅甸。在此期间,东印度公司的菲利普斯·包道斯报告说,公司在缅甸的雇员经常在船上吃煮沸茶叶做的沙拉,与醋、油和胡椒一起吃掉。这就是缅甸著名的茶叶沙拉(见图 9-1),是一种将新鲜的发酵茶叶、酸橙汁、花生、芝麻、辣椒、虾仁和一点糖做成的沙拉。据缅甸国家统计,2006 年—2007 年,腌茶作为食物(不是饮料)在缅甸的茶叶消费量中占了将近 20%。[①] 在泰国北部与云南接壤的地区,也有类似的茶叶食品,被称

图 9-1 缅甸的腌茶沙拉

---

① Kelly Laura, "Culinary History Mystery 4: The Origins of Tea in Burma", Last Modified May 4, 2011. www.silkroadgourment.com/the-origins-of-tea-in-Burma. 访问时间 2020 年 7 月 25 日。

为腌茶。通常做法是采摘鲜茶叶,蒸笼杀青后,堆积 1 个月左右,将发酵后的茶跟香料等拌在一起,放在嘴里咀嚼食用。老挝的情形也十分接近,在北部的傣担族、瑶族、棉族、呼木族、阿卡族等群体中长期保持着食用茶叶的传统。1353 年,法昂创建了老挝第一个封建王朝澜沧王国,此时老挝与中国已经开展了广泛的茶叶及其他产品的贸易,16 世纪老挝北部是明朝附属国西双版纳王国的一部分,茶叶的种植技术从明朝传入,许多茶园被开辟,茶叶经济活跃了这一相对落后的农村地区。

唐朝和印度半岛的交流也很频繁。特别是佛教在中国盛行,玄奘、义净、慧日等高僧西行求法,波罗颇迦罗密多罗、阿地瞿多等印度高僧来华弘扬佛法,印度大量的典籍传入中国。同时,两国之间物品的交流也很多,吴枫、陈伯岩《隋唐五代史》称:“唐代丝、茶、瓷及其他土特产品不断输入天竺,并成为帝国对外贸易的主要对象之一;由天竺输入中国的物品,有胡椒、棉花、沙糖、香料和奢侈品等,直接或间接影响到两国经济的发展和进步。”①天竺僧入唐后,经常会接触到茶。德宗贞元八年(792),天竺密宗高僧释智慧(般刺若)奉诏入西明寺任译经师,唐德宗曾赐茶以示恩宠。

第二节　东路传播与日韩交流

地理意义上的东亚,主要包括中国、日本、韩国、朝鲜和蒙古国五个国家。在历史上,蒙古国疆域曾长期位于中国版图范围内,朝鲜和韩国都同属于朝鲜民族,因此本节所称的东路传播主要包括朝鲜半岛和日本列岛。朝鲜半岛与中国东北接壤,日本与中国一衣带水,两者在唐代以前已与中国有着人员和文化上的交流,同样,在饮茶风习的传播和茶文化的接受方面,也有着天然的优势。朝鲜、韩国和日本是海外最早种植茶叶的地区,也是最早形成富有本民族特色的茶文化的国家。

一、茶向朝鲜半岛的传播

从地缘上看,朝鲜半岛与中国接壤,通过陆路便可以通达。据文献考古资料,从汉代起,中朝之间在政治、经济、文化等多个领域交往频繁,这种交通往来“对于朝鲜半岛国家的形成有着某种催化作用”。② 进入唐代后,中

① 吴枫:《隋唐五代史》,人民出版社 1958 年版,第 120 页。

② 白云翔:《汉代中国与朝鲜半岛关系的考古学观察》,载《北方文物》2001 年第 4 期。

朝之间的往来更为密切，据《三国史记》记载，从武则天长安三年（703）到昭宗乾宁四年（897）的近200年间，朝鲜半岛当时的主要政权新罗曾向唐派遣使团89次。与此同时，唐代的风俗、饮食等都在朝鲜半岛广为传播，茶作为重要的饮品同样流入了朝鲜半岛。

中国茶在朝鲜半岛传播，最早可追溯到7世纪初。《三国史记·新罗本纪》兴德王三年："冬十二月，遣使入唐朝贡。文宗召对于麟德殿，宴赐有差。入唐回使大廉，持茶种子来，王使植地理山。茶自善德王时有之，至于此盛焉。"[①]善德王四年，是唐贞观九年（635）；地理山即今智异山，位于韩国庆尚南道，至今韩国茗园文化财团仍在此种茶。此时茶已在三国时代的朝鲜半岛传播的情况，在文献和碑刻中也有体现。金立之的《崇严山圣住寺事迹碑铭》中有"茶香"字样，收藏于韩国东国大学的《崇严山圣住寺址碑片》有"茶香手"字样。[②] 高丽时代普觉国师一然的《三国遗事》收录金良鉴撰《驾洛国记》："每岁时酿醪醴，设以饼饭、茶果、庶羞等奠，年年不坠。"[③]文中记载的是驾洛国金首露王的第十五代后裔、统一三国的新罗文武王即位之年（661），首露王庙合祀于新罗宗庙，祭祖时所遵行的礼仪。从上下文我们可以推断茶在此处当为饮品。

茶在朝鲜半岛的传播较快。据《三国史记》载："又有一丈夫，布衣韦带，戴白持杖，龙钟而步，伛偻而来。曰：'仆在京城之外，居大道之旁，下临苍茫之野景，上倚嵯峨之山色，其名曰白头翁。窃谓左右供给虽足膏粱以充肠，茶酒以清神，巾衍储藏，须有良药以补气，恶石以蠲毒。故曰："虽有丝麻，无弃菅蒯，凡百君子，无不代匮。"不识王亦有意乎？'"[④]薛聪生卒年不详，一般认为他生活在7世纪中后期到8世纪初，这篇《花王戒》是他的寓言体散文。据白头翁"茶酒以清神"之句，可推断在薛聪生活的时代，人们已经认识到茶有振奋精神的作用。文中提到的两处信息值得特别注意。一是白头翁衣着为"布衣韦带"，一般指未仕或隐居在野者的粗陋服装，即贫贱之士。二是白头翁的生活环境，"居大道之旁，下临苍茫之野景，上倚嵯峨之山色"，是一个交通便利却又人烟稀少的地区。我们可以判断，7世纪末在朝鲜半岛相对偏远的地区，一般的贫寒士子之间，茶应该已经是较为寻常的日

---

① ［朝］金富轼：《三国史记》卷一〇，吉林大学出版社2015年版，第145页。

② ［韩］释龙云：《茶名的考察》，载王家扬主编《茶的历史与文化——'90杭州国际茶文化研讨会论文选集》，浙江摄影出版社1991年版，第9页。

③ ［朝］一然：《三国遗事》，吉林文史出版社2003年版，第102页。

④ ［朝］金富轼：《三国史记》卷四六，第657页。

常饮品了。

兴德王(826 年—836 年在位)是新罗国第四十二代君主。兴德王二年是唐大和元年(827),茶文化在朝鲜半岛传播了 200 余年后,朝鲜民族已经将茶作为重要的饮品。9 世纪初,他们已经不满足于单纯的茶叶的输入和消费,遣唐使大廉将茶种带回国内,开始了茶叶栽培与种植的历史,朝鲜半岛的茶文化进入了新的历史发展阶段。《世宗实录·地理志》载,高丽时代(918—1392)朝鲜半岛有 35 个产茶区,并有孺茶、龙团胜雪、雀舌茶、紫笋茶、蜡面茶、脑原茶、香茶、灵芽茶、露芽茶等,这些茶有的来自中国,有的产自本国。在中国瓷器技术特别是越州秘色窑的影响下,高丽时代朝鲜半岛的茶具业也发展起来,其青瓷制作精巧,色泽鲜艳,令人赞叹。高丽时代也形成了较为完备的茶礼,宫廷里有专管茶汤供应的茶房;军队中有行炉军士和茶担军士,负责茶水的供应;春之燃灯会和冬之八关会,会举行茶礼活动;佛教僧侣供佛、祭祖、修行、赠礼时,也必然会用到茶,其《百丈清规》茶礼受到宋代《禅苑清规》的深刻影响。① 高丽与宋代有贡赐贸易、聘使贸易、使团附带贸易、商人贸易、走私贸易等五种形式,不同类型的贸易途径中,都存在着茶叶的交流和传播。② 宋代龙凤贡茶等上品茶的观念、点茶法及相应的茶具都传到了朝鲜半岛,并对其茶具和茶礼等产生了较为深刻的影响。

朝鲜半岛茶文化的发展离不开使者、留学生、僧人等人,他们在中国与茶有着广泛的接触。以新罗时期为例,国王子金乔觉,又名金地藏,在九华山择地栽茶,"金地茶,梗空如筱,相传金地藏携来种"③,《全唐诗》收录了他的茶诗《送童子下山》。圆仁的《入唐求法巡礼行记》还提到众多新罗人,其中有名有姓的新罗人近五十人,他们的身份多为译语(翻译)、僧人、学者、官员、水手、商人等。④ 新罗人与唐人杂居,很熟悉唐代的茶及饮茶习俗。在唐代生活的新罗人代表人物李元佐在会昌三年到会昌五年(843—845)与圆仁多有往来。圆仁离开万年县(今西安市东部)前往照应县(今陕西临潼)时,李元佐相送到春明门(长安外郭城东面中门)外,两人共同吃茶,李元佐送圆仁"路绢二匹、蒙顶茶二斤、团茶一串、钱两贯文,付前路书状两封,别有手礼"。⑤ 另一名与茶有密切相关的新罗人是前文提到的崔致

① 林瑞萱:《中日韩英四国茶道》,中华书局 2008 年版,第 125 页。

② 沈冬梅、黄纯艳、孙洪升:《中华茶史·宋辽金元卷》,第 405—406 页。

③ 印光重修:《九华山志》卷八之《志物产》,民国二十七年(1938)排印本。

④ 牛致功:《圆仁目睹的新罗人》,载《唐文化研究论文集》,上海人民出版社 1994 年版。

⑤ [日]圆仁:《入唐求法巡礼行记》,上海古籍出版社 1986 年版,第 186 页。

远。他为创建双溪寺的新罗国真鉴国师撰写的碑文《有唐新罗国故知异山双溪寺教谥真鉴禅师碑铭》中写道："复有以汉茗为供者，则以新爨石釜，不为屑而煮之，曰：'吾不识是何味？濡腹而已。'守真忤俗，皆此类也。"①文中提到的是唐代最为主流的煎茶之法，崔致远曾作诗《谢新茶状》："所宜烹绿乳于金鼎，泛香膏于玉瓯。"②诗中描写的同样是煎茶法。崔致远生活在唐僖宗时期，正是煎茶法大行其道的时期，他对其应是相当熟悉的。

综上所述，唐初茶文化已经向朝鲜半岛传播，7 世纪末，茶在朝鲜半岛已经较为普遍了，远离城市的贫寒士子已经将其视为普通的饮品。同时，大量新罗人入唐，他们同唐代的文化进行着广泛而深入的接触。新罗人在把唐朝的文化制度带回新罗的同时，也把茶叶及茶文化带回了新罗。这在一方面传播了唐朝先进的饮茶文化，另一方面又提升了本国茶文化发展的水平与层次。因为地理上的便利，新罗茶文化的发展与演进与唐代茶文化的发展几乎是同步的，新罗也是接受程度较高的国家。进入 9 世纪后，新罗人已经不满足于从中国输入茶叶，他们开始尝试种茶、制茶，在饮茶方法上仿效煎茶法，努力提高本国的茶文化层次与内涵。茶被用来祭祀先祖、接待宾客、日常饮用、赏赐群臣、供奉佛祖，用途极为广泛。从高丽时期到朝鲜时代，朝鲜半岛还派遣使行人员以外交使节的方式拜访中国，采取正祖使、冬至使、圣节使等一年三贡的形式。这些外交人员所撰写的"燕行录"比较详尽地介绍了中国的茶文化，其中与茶叶有关的使行录有 20 多种，与茶有关的内容出现 500 多次。这些记录影响了日后韩国茶文化的发展，也成为记录中华茶文化的珍贵史料。③ 因此，在中国周边的国家和地区中，朝鲜半岛是较早地接受中华茶文化的地区。

二、茶向日本的传播

美国学者威廉·乌克斯《茶叶全书》认为，茶叶传入日本当在圣德太子时代，593 年左右与美术、佛教及中国文化同时输入。④ 那么，中国茶叶向日本的传播当追溯到唐初，可惜威廉·乌克斯并未列明佐证资料。日本孝德天皇大化二年(646)"大化改新"之后，中日之间的交流更为频繁。从贞观

---

① 陆心源辑：《唐文拾遗》卷四四《崔致远》，清光绪刻本。

② [朝]崔致远：《桂苑笔耕集》卷一八，《四部丛刊》影高丽本。

③ [韩]李幸哲：《朝鲜使行录与中国茶》，浙江大学 2012 年博士学位论文。

④ [美]威廉·乌克斯：《茶叶全书》，中国茶叶研究社社员集体译，上海中国茶叶研究社 1949 年版，第 4 页。

四年(630)到乾宁元年(894)的264年间,日本共遣使13次,[①]使团由大使、判官、录事、翻译、医生、学问僧、留学生等各类人员组成。他们对唐代文化的学习是全方位的,包括传统文化、典章制度、释道儒学、雕刻建筑、音乐美术、社会习俗、饮食服饰等。中国茶叶及茶文化也随着这股汹涌的文化交流大潮,源源不断地向日本输出。

奈良时代(710—794)日本文献中关于茶的记载极其少见,地方志《风土记》、汉诗集《怀风藻》、和歌集《万叶集》都没有相关记录。仅在日本现存最早的官修史书《古事记》中有两处记载,提到茶山、茶树、茶花等。《古事记》记载的多是神的谱系、开天辟地、人类起源、皇族传说、英雄史诗等方面的内容,并不能客观反映所载时代真实的生产状况。不过《古事记》从侧面反映了其成书年代,即8世纪初期日本国内茶叶传播的某些踪迹。藤原清辅的《奥仪抄》记载,日本圣武天皇曾于天平元年(729)四月,召集百名僧人讲经,事毕举行赐茶仪式。编于751年的《怀风藻》是日本现存的最早的汉诗集,诗集中收录了自天智天皇(668年—671年在位)至奈良时代64名知识分子所创作的120首汉诗,没有一个作者的诗歌中提到茶,这说明在8世纪的日本茶颇为罕见。

日本正史中关于茶的文献记载见于840年成书的《日本后纪》。嵯峨天皇时代弘仁六年(815)四月"癸亥,幸近江国滋贺韩埼,便过崇福寺。大僧都永忠、护命法师等,率众僧奉迎于门外。皇帝降舆,升堂礼佛。更过梵释寺,停舆赋诗。皇太弟及群臣奉和者众。大僧都永忠,手自煎茶奉御。施御被,即御船泛湖"。777年都永忠随遣唐使到中国,在中国生活三十多年后,于805年返回日本。《日本后纪》所记载的都永忠献茶,发生在都永忠回国后的第十年。崇福寺大僧都永忠,亲手煮茶进献,天皇龙颜大悦,赐之以御冠。这段文字向我们透露了几个信息:嵯峨天皇应该已经接触过茶;茶已经被当作饮料使用;茶是贵重的物品,用来接待贵宾;都永忠所煮之茶味道不错,深得天皇赞许。同年六月,嵯峨天皇"令畿内并近江、丹波、播磨等国植茶,每年献之"。[②] 这些茶作为贡品进献朝廷,他还把皇宫内的东北隅辟为茶园。

平安时代前期(794—930),茶文化在日本的传播有了新的发展,人们开始种茶、制茶、引茶、咏茶,茶文化之风大盛。该时期的传播主要是通过僧

---

① 据杜文玉考证,日本方面认为有19次,中国多认为有18次,但5次未成行,故实际13次。(见杜文玉编《中国古代历史三百题》,商务印书馆国际有限公司2017年版,第566—569页。)

② [日]藤原良房、春澄善绳等:《日本后纪》卷二四之《嵯峨纪七》,吉川弘文馆1966年。

侣来实现的,皇室成员起到了推波助澜的作用。茶由何人从唐传入日本,除了上文提到的大僧都永忠一说外,还有最澄说及空海说。最澄又称传法大师,他于804年来到浙江天台山,向道邃、行满等禅师学习天台宗教义。天台山是唐代重要的产茶区,寺院中饮茶的风气很兴盛。最澄在佛陇寺庙时,曾经任智者塔院的“茶头”,工作内容为向佛龛献茶、主持寺院茶会、给来客敬茶。最澄于805年初春回国,此时正是春茶采摘的季节,当时举办了一场盛大的送行茶会。参加茶会的有台州司马吴颉等十人,吴颉作《送最澄上人还日本国诗序》赠最澄。在天台山茶风的熏染下,最澄对唐代茶文化有了深入认识。最澄的贡献不仅在于将茶种带回日本,更重要的是他致力于茶文化在日本贵族阶层及僧侣阶层的传播。嵯峨天皇与最澄有唱和诗歌《答澄公奉献诗》,嵯峨天皇在诗中提到了陆羽,说明贵族阶层已经对唐代茶文化发展的情况有所了解。

弘法大师空海是日本另一位重要的茶人。他与最澄同年来华,他先入长安西明寺,后入青龙寺,跟随密宗大师惠果受法。三年后回国,据《弘法大师年谱》记载:“大师入唐回国的时候,把茶带回来,奉献给嵯峨天皇。”[①] 815年嵯峨天皇临朝时,空海上书《献梵字并杂文表》云:“窟观余暇,时学印度之文,茶汤坐来,乍阅振旦之书。”空海在阅经颂书时,一瓯茶汤与他相伴,是其莫大的精神享受。他的《高野杂笔集》提到茶在他生活中不可或缺的地位:“思渴之次,忽惠珍茗,香味俱美,每啜除疾。”他在《中寿感兴诗并序》中云:“曲根为褥,松柏为膳,茶汤一碗,逍遥也足。”[②]从这些文字中,我们可以看出,空海不仅看重茶的具体功用,他更注重茶所带来的清净自由之境界以及审美的感受。空海不仅喝茶、诵经,他还经常写诗作文,与嵯峨天皇、仲雄王、小野岑守等皇族、诗人酬唱应和,其中不少诗作与茶有关。空海对茶在日本的种植、中华茶文化在日本的传播、高僧文人以茶为主题的诗歌创作的兴起等方面起到了重要作用,故人们将其称为日本“茶祖”。嵯峨天皇在位的弘仁年间(810—824),日本推进新文化政策,中国文化在日本备受推崇,这也带动了茶文化在日本的传播,饮茶之风盛行,学界称之为“弘仁茶风”。此时诞生的三部敕撰汉诗集《凌云集》《经国集》《文华秀丽集》中,出现了多首茶诗,反映了当时饮茶之风盛行的情况。814年4月,嵯峨天皇及其

---

① [日]得仁纂:《弘法大师年谱》,高野山经师伊右卫门天保十一年(1840)。

② 弘法大师空海全集编辑委员会编:《弘法大师空海全集》第6卷,东京,筑摩书房1987年版,第738页。

继任者淳和天皇、《经国集》主编滋野贞主及众大臣在左大将军藤原冬嗣的闲居院,模仿中国文人的雅趣,举办茶会,众人多以茶赋诗。820年嵯峨天皇退位后,茶作为一种高雅的文化风尚仍然在日本上层贵族和文人雅士之间传播,岛田忠臣及其女婿菅原道真的文集和著作中,有不少较为出色的茶诗。唐昭宗乾宁元年、日本宽平六年(894),宇多天皇(887年—897年在位)停止派遣遣唐使,致力于本土文化的发展,中华茶文化向日本的传播暂时中断。

尽管唐代中日茶文化交流较为深入,但真正对日本茶文化产生深刻影响的是宋元时期中华茶文化的进一步传播。该时期中华茶文化向日本的传播主要有以下特点。

第一,与唐朝中日茶文化交流带有官方往来色彩相比,宋代中日茶文化交流更多带有民间色彩,特别是禅宗的传播起到了重要的媒介作用。迫于禅宗发展的需求,日本僧人到中国祖庭寺庙长时间学佛求法,他们与宋代的点茶文化有了更直接的接触,并参与实践。日本藤原时平的曾孙成寻于宋神宗熙宁五年(1072)入宋求佛,撰写《参天台五台山记》,记录了他在宋的茶事活动;日本临济宗初祖荣西于1168年和1187年两次入宋,将中国的茶籽带回了日本,培育了最古老的京都拇尾山高山寺茶园,在对中国文化典籍的深入吸收的基础上写成日本茶道名著《吃茶养生记》;日本曹洞宗的创始人希玄道元1223年—1227年入宋求法,写成《正眼法藏》,将宋代禅寺的茶礼传入日本;南浦绍明1259年入宋求法,长达7年,将径山茶宴传到日本。另一方面,宋末元初,由于国内的战乱局势,加之日本方面发出了邀请,一些中国僧人赴日传法,带去了中国的茶给禅宗寺院作为茶礼。宋禅僧无学祖元应北条时宗的邀请,于1279年赴日,在镰仓建长寺、圆觉寺等地传法,留有与茶有关的墨迹《无学祖元与高峰显日问答语》;清拙正澄应北条高时之邀,在元泰定三年(1326)赴日,成为日本临济宗大鉴派开山之祖,他制定的禅林规章影响了小笠原武家礼法,而这一礼法是日本茶道礼法的重要构成部分。

第二,宋代的点茶之法、茶具器物等对日本产生了深刻影响。荣西将宋代的茶末充点法传入了日本,但宋代点茶崇尚白色,皇家等上层爱好尤甚,荣西在宋代寺院中不容易接触到头纲、次纲一类的白色贡茶,所接触的点茶或许主要为绿色,这也导致他在日本致力于绿色茶末的冲点,并形成了日本的特色。荣西还将中国的大件瓶罐贮藏法传入日本,此后道元还带回小茶罐,这两种器物对日本的茶道也产生了深刻影响:大的茶罐用于长期保存茶叶,小茶罐(茶入)则用来贮藏点茶用的绿色茶末。日本僧人在天目山一带活动时,接触到了建窑等窑口所出产的黑釉盏,将之称为“天目盏”,带回日本后备受推崇，被用来招待最为尊贵的客人。日本人对天目茶盏的喜爱，也刺激了日本境内的仿制之风，但效果并不理想，很难达到宋代建盏的水平。1223 年，出身于陶瓷世家的加藤四郎随禅师道元等人到中国浙江天目山等地学习了 5 年陶艺。学成归国后，他开始在日本着手黑釉盏的烧制，先后在京都、美浓、尾张、知多、爱知等地尝试，未能如愿。最终在山川郡濑户村找到适合的材料，开辟了日本著名瓷器濑户烧的事业基础。① 到室町时代（1336—1573），濑户黑釉器皿已经非常出名，有了白天目、黄天目、灰被天目、菊花天目等品类。濑户天目成为日本茶道器具的标杆，而加藤四郎也被视为日本陶瓷之祖。

第三，中国的文化思想和茶礼对日本的茶道思想产生了深刻影响。1211 年荣西所著的《吃茶养生记》，广泛征引了《尔雅》《博物志》《神农食经》《唐本草》《本草拾遗》以及陆羽《茶经》的观点，认为茶叶具有自然之美和人性之美，大力提倡饮茶。荣西还根据宋代寺院的饮茶方法，制订了日本寺院饮茶仪式。圆悟克勤是宋代临济宗杨岐派禅师，他给弟子虎丘绍隆的法语墨迹传到了日本（见图 9 – 2），其中一幅为一休宗纯所有，传给了村田

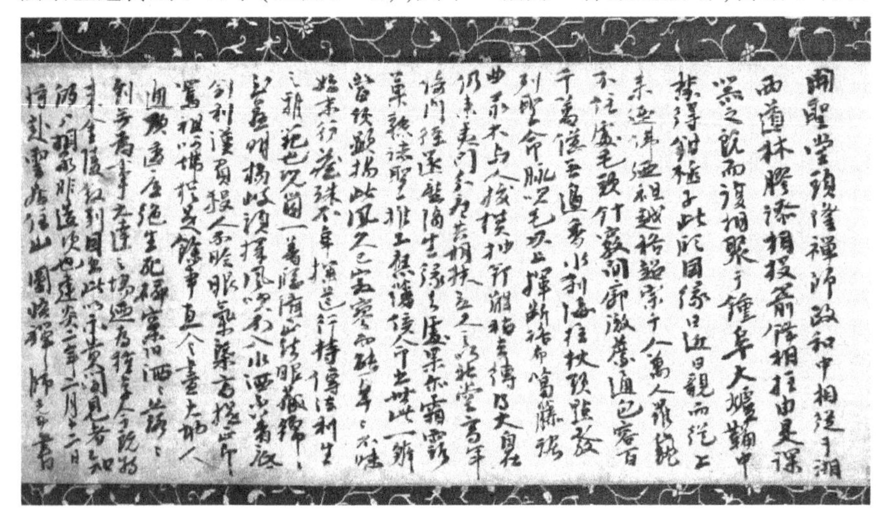

图 9 – 2　圆悟禅师墨迹（东京畠山纪念馆藏）②

---

① ［日］辻善之助：《中日文化之交流》，俞义范译，国立编译馆 1941 年版，第 62 页。

② 日本东京国立博物馆还藏有另一幅圆悟墨迹，据传墨迹装于桐木圆筒中而漂流到萨摩（今鹿儿岛县）坊之津海岸，因而又称为“流れ圜悟”，在日本茶道界也具有重要地位。据学者考证东京畠山纪念所藏应非圆悟本人所写，可能由弟子代笔，但墨迹文字内容是圆悟的思想当无疑。

珠光。村田珠光将之挂在茶室里最重要、最显著的位置——壁龛里。人们走进茶室时，要在墨迹前跪下行礼，表示对圆悟的敬意。他还从墨迹的文字内容中悟出了“茶禅一味”的思想，写成日本茶道思想不朽之篇《心之文》。圆悟的这一墨迹成为茶与禅结合的最初的标志，成为日本茶道界的宝物。

第四，另外，南宋临济宗杨岐派禅师密庵咸杰在任径山寺住持时所书写的《与璋禅人·法语》也传入日本，对其茶道也有深远影响，1951 年被指定为日本国宝。[①]

明清时期，中日之间茶文化仍有交流和传播，但日本本土的茶文化已经走向成熟，所受中华茶文化的影响已经大为降低，最明显的是中国新兴起的炒青绿散茶在日本接受范围十分有限。日本明治维新后大力发展茶叶出口贸易时，中国的买办曾一度居间交易，中国的红茶制茶技术也传到日本，但该时期的影响更多是技术层面，文化上影响有限。相反日本的茶道文化开始对中华茶文化界产生影响，在中国当代这一情形则更加明显。根据国际茶叶委员会统计，2017 年日本是世界第十大茶叶产茶国，茶叶主要供本国消费，出口数量未进全球前十，但出口金额却排名第六，这说明日本茶叶在国际市场上的售价较高，以美国市场为例，2012 年进口绿茶平均价格接近 10 美元/公斤，但日本绿茶售价却接近 30 美元/公斤，这一现象值得深思。

第三节　西路传播与丝绸之路

从地理空间看，中国位于世界上最大的大陆——亚欧大陆的东端，跨越中西部的戈壁、沙漠和高原，一路向西，便可到达中亚、西亚、南亚的众多国家，经过中转还可以到达欧洲和北非等地。这些地区地域广袤、人口众多，民族更迭频繁，朝代更替不断。早在西汉时期，张骞便通使西域，开辟了通往这一地带的线路，中国的丝绸等贸易品被运往中亚、印度、地中海西岸和小亚细亚等地。这一线路被德国地质学家李希霍芬和德国历史学家郝尔曼等人称为“丝绸之路”，该概念受到人们的普遍认同。这一贸易路线最初运输的主要是丝绸，故以“丝绸之路”命名之。除此之外，瓷器、药品、书籍等也被大量贩卖，但在这条贸易路线上茶叶出现的时间较晚。

唐玄宗开元年间(713—741)，随着佛教在北方快速传播，饮茶风气也向北方拓展。封演的《封氏闻见记·饮茶》云：“开元中，泰山灵岩寺有降魔

① 滕军：《日本茶道文化概论》，东方出版社 1992 年版，第 39 页。

师大兴禅教,学禅务于不寐,又不夕食,皆许其饮茶,人自怀挟,到处煮饮,从此转相仿效,遂成风俗。”唐朝北方饮茶风俗的兴盛,带动了茶叶向西北边疆的传播。郭孟良根据出土文物认为唐代新疆地区已有饮茶风尚,他说:“据考古发现,新疆吐鲁番的唐墓出土物中,有一幅绢画《对棋图》,上面画着一个手捧茶托端茶献茶的侍女,说明茶叶贸易和饮茶之风尚已深入到新疆地区。”[①]唐德宗贞元年间(785—805)有明确记载表明,西北边疆的回鹘已经与唐朝建立茶马互市,《封氏闻见记·饮茶》云:“往年回鹘入朝,大驱名马市茶而归,亦足怪焉。”宋代曾在秦州和熙州等地设有马匹贸易市场,其贸易对象主要是吐蕃,但也包括西北的西夏、回鹘和于阗等。处于塔里木盆地的于阗曾于1078年派遣进奉使买茶,“元丰元年六月九日,诏提举茶场司:于阗进奉使人买茶,与免税,于岁额钱内除之”。[②]

有学者认为唐代大食商人已从中国采购茶叶,[③]可未能提供任何史证,或许是从《中国印度见闻录》中猜想得知。在11世纪早期,波斯学者已经了解到中国茶的相关信息。阿尔·比鲁尼的著作《药学与药物之书》(*The Book of Pharmacy and Materia Medica*)记录了5世纪早期到11世纪的历史,给出了茶的相关记载,并提到了中原和西藏将其用作饮料的情况。[④] 他根据茶的颜色确定了五个品种,认为白茶是最好的、罕见的,并且对身体益处最大。[⑤] 拉施德丁的《碑记与动植物之书》(*The Book of Monuments and Living Things*)说:“当地有一种茶比较特殊,当地人喜欢将其与麝香、樟脑等混合……人们用碾子将茶叶碾成末,就像散沫花和筛过的面粉一样,再用长条纸将茶末卷成包,上面加盖官印,以备征税用。如果有人将未加盖官印的茶包出售,一旦发现就会有牢狱之灾。茶叶发往全国各省,属于大宗商品。这种茶叶的味道很特别,还有营养价值。”[⑥]这些资料提供的多是一些道听途说的见闻,并不能说明当地已经受中华茶文化的影响开始饮茶。

---

① 郭孟良:《中国茶史》,山西古籍出版社2003年版,第29页。

② 《宋会要辑稿》第1册,中华书局影印本1957年版,第7721页下。1006年,于阗被喀喇汗国吞并,逐渐伊斯兰化,此处的于阗应该是指喀喇汗国。

③ 纳忠:《中世纪中国与阿拉伯的友好关系》,《历史教学》1979年第1期。

④ Bernard Lewis, *The Middle East: A Brief History of the Last 2000 Years*, New York: Scribner, 1995, p.161.

⑤ H. M. Said and R. Ehsan Elahie, *Al-Bīrūnī's Book on Pharmacy and Materia Medica*, Pakistan: Karachi, 1973, p.105.

⑥ 引自[美]梅维恒、[美]郝也麟《茶的世界史》,高文海译,香港,商务印书馆2013年版,第140页。

有专家认为13世纪蒙古大军向西征伐的同时,将茶叶沿着丝绸之路向西传播。[①] 这有很大的可能性,关于中国茶叶的消费何时以及如何向西传播,还需要更多的证明。进入14世纪以后,蒙古人逐渐饮茶成习,茶经由今新疆地区,沿着陆地丝绸之路不断向西传播。[②] 在蒙古之后,15世纪创建的帖木儿帝国占据了中亚的广大领土。帖木儿的儿子沙哈鲁继承皇位后,于1419年向明朝派遣了使团。据使团行程记录官和艺术家吉亚斯・乌德丁所说,在代表团1421年离开中国时,平阳城的官员对其进行严格检查,确保代表团没有将严禁商品走私出境,特别是茶叶,这是严格控制的战略商品。[③] 到16世纪时,中亚和西亚人民对茶的知识往往还是道听途说,该地区几乎没有茶叶的贸易和消费,16世纪到访过里海以东地区的英国探险家安东尼・杰克逊也证实了这一点,他看到鞑靼的突厥人只喝马奶和水。16世纪以后,蒙古军队对清朝的威胁消失,茶马互市的战略性有所下降,清政府逐渐放松了对茶叶交易的控制,商人开始将茶叶大量运往中亚腹地销售。满载着茶叶的大篷车从布哈拉(今属乌兹别克斯坦)出发,长途跋涉,穿过卡拉库沙漠和卡维尔盐漠,最后抵达波斯首都伊斯法罕。[④] 17世纪时,茶叶在撒马尔罕、布哈拉、伊斯法罕等地的集市上已经十分普遍地在销售。1638年,德意志荷尔斯泰因公国的外交官亚当・奥莱里亚到访伊斯法罕时,提到中国茶馆是社会精英人士的聚集地。到19世纪前期,饮茶在阿富汗已经十分流行,亚历山大・伯恩斯在1831年观察道:"在这个国家,没有茶什么都做不了,茶总是不分昼夜地喝来喝去,给谈话带来一种社会性。"[⑤]中亚还成为中国茶叶信息的中转站,欧洲第一次了解到中国茶叶的信息来自波斯商人哈吉・穆罕默德。1559年威尼斯作家G.拉姆西奥在其著作《航海旅行记》中记载了哈吉对中国茶叶情况的描述。

与此同时,波斯和阿富汗等地的茶叶进口量急剧增加,在印度开始出口茶叶之前,这些地方主要从中国经由布哈拉进口茶叶。伯恩斯发现布哈拉的商人同清政府在喀什和莎车的驻军进行广泛而直接的贸易往来,他们从

---

① Berthold Laufer, *Sino-Iranica*, Chicago, 1919, p. 553. 卡特也认为食用的茶叶是元代传播到中亚的,见[美]卡特《中国印刷术的发明及其西传》,胡志伟译,台北,台湾商务印书馆1980年版。

② 黄时鉴:《关于茶在北亚和西域的早期传播——兼说马可波罗未有记茶》,《历史研究》1993年第1期。

③ [波斯]火者・盖耶速丁:《沙哈鲁遣使中国记》,何高济译,中华书局1981年版,第136页。

④ [美]梅维恒、[美]郝也麟:《茶的世界史》,第142页。

⑤ Alexander Burnes, *Travels into Bokhara*, vol. 1, London: Nabu Perss, 1834, p. 221.

中国进口瓷器、麝香和金银，最主要的进口商品还是茶叶。1833年，从莎车运到布哈拉的茶叶有950驾马车，约20万镑。这些茶叶大部分销往托尔基斯坦(Toorkistan)，这里的居民十分喜爱茶叶，有少部分运往兴都库什以南。茶叶贸易是巴达赫尚的本地人主导的，他们对中国人贸易的公平性和便利性十分称赞。这些茶叶是从中国中部的省份运来的，主要是绿茶，装在用生皮缝制的盒子里，在路上要经过几个月的长途跋涉。[①] 莎车的商队穿越帕米尔高原，沿着乌浒水山谷到达布杜赫山、巴尔克和布哈拉。这条路不安全，许多地方很危险，布满悬崖峭壁。英国探险家和外交家罗伯特·肖在1860年代末来到这一地区，他发现此时每年从中国运往布哈拉的茶叶已有1万驼，约有500万磅，比伯恩斯所记载的时期增长25倍。[②]

值得一提的是，随着英、俄的崛起，两个帝国从19世纪初期开始，以阿富汗为中心在中亚和南亚的领土问题展开了激烈的争夺，这场持续近百年的政治和外交对抗被亚瑟·康诺利称为“大博弈”(The Great Game)。与之相适应，两国的经济势力也向这一地区渗透。伯恩斯注意到，布哈拉跟沙俄和英国也有十分密切的贸易往来。在17世纪时，布哈拉商人在西伯利亚地区的茶叶贸易中十分活跃，1661年—1671年斯拉夫天主教活动家克里扎尼奇流放西伯利亚期间发现，布哈拉商人将茶叶运往该地区。1684年，布哈拉商队还将茶叶运往伊尔库茨克。到“大博弈”时期，情况发生了逆转，俄罗斯的茶文化对中亚有较深的影响，1821年—1822年俄罗斯的茶炊被当作礼物送给了波斯吉兰省拉什特的总督穆罕默德·里扎·米尔扎。他将茶具和会煮茶的宫女一同敬献给了波斯国王法特赫-阿里沙。法特赫-阿里沙将这名宫女送到一家咖啡馆中，专门为贵族提供茶饮服务，因当时的贵族不知如何使用茶炊。之后，法特赫-阿里沙之子阿巴斯·米尔札从大不里士(今伊朗东阿塞拜疆省首府)的俄国商人那里订购了一套茶炊，这是波斯皇室的第二套茶炊。波斯首相埃米尔·卡比尔对波斯饮茶风俗的发展起到了推动作用。1850年，他从法国政府和俄国商人那里得到两套俄式茶炊，他把茶炊制作的垄断权授予了伊斯法罕的一位大师傅，并给予政府补贴。土耳其的茶文化也深受俄罗斯的影响，特别是1869年苏伊士运河开通之后，俄罗斯开辟了从中国运茶到黑海港口敖德萨的贸易路线，土耳其可以以更为

---

① Alexander Burnes, *Travels into Bokhara*, vol. 3, London: Nabu Press, 1834, p. 350.

② Robert Shaw, *Visits to High Tartary, Yârkand, and Kâshgar* (Formerly Chinese Tartary), London: John Murray, Albemarle Street, 1871, p. 167.

低廉的价格从俄国获取茶叶。

另一方面,英国也在积极拓展这一地区的市场,借此取代中国茶的传统优势地位。17 世纪起,英国通过广州口岸将茶运回欧洲。英国商船在印度、西亚等沿途港口停靠,部分茶叶从海路销往阿拉伯世界(参见表 9 - 1)。19 世纪上半叶,英国在印度的茶叶种植取得成功后,开始积极拓展新的销售市场,如罗伯特·肖还是印度茶园主,他进入中亚带有为印度茶开辟新市场的意图。根据英国领事在伊斯法罕和亚兹德贸易的报告,到 19 世纪末期,波斯主要从印度进口红茶,1895 年的进口量高达 200 万英镑。1934 年,据波斯拈孖治洋行函称,波斯以前进口的主要为中国的茶,后在殖民者的操纵下,波斯设立最高与最低关税,对与波斯通商的国家征收最低关税,未签订通商条约国家征收最高关税,中国因未签订条约,中国茶被课以最高关税,导致波斯主要从中国取得红茶的状况被彻底颠覆,中国茶在波斯市场几乎绝迹,印度、锡兰、爪哇等地红茶占据市场主导地位。[①]

表 9 - 1　1878 年—1887 年英国向伊朗出口茶叶的货值(单位:英镑)[②]

年份	货值	年份	货值
1878	34,870	1883	43,928
1879	26,928	1884	65,440
1880	40,176	1885	81,120
1881	19,064	1886	75,200
1882	25,880	1887	96,600

20 世纪,伊朗和土耳其的统治者,开始大力提倡种植和培育茶叶,用于本国消费,以取代咖啡和进口的茶叶。土耳其黑海东南里泽地区成为重要的茶叶产区,2017 年土耳其的茶叶产量位居世界第五。

1662 年,葡萄牙的凯瑟琳公主嫁到英国时,不仅带去了饮茶的风俗,还带给了查理二世一笔丰厚的嫁妆——摩洛哥的港口城市丹吉尔。1662 年—1683 年,英国占领摩洛哥期间,英国人将中国的茶叶引入到了摩洛哥。[③] 但与英国不同的是,摩洛哥人偏爱中国的绿茶。摩洛哥保守的瓦哈

① 《请与波斯缔订商约》,《申报》1934 年 6 月 17 日,第 11 版。

② Matthee, Rudi. "From Coffee to Tea: Shifting Patterns of Consumption in Qajar Iran." *Journal of World History* 7.2(1996):199-230.

③ [美]梅维恒、[美]郝也麟:《茶的世界史》,第 144 页。

比教派禁止饮用咖啡、吸食烟草，故摩洛哥人对茶叶的消费快速走高。1880年，摩洛哥进口43万磅茶叶，到1910年已经激增至550万镑。[①] 茶叶已经与摩洛哥的宗教生活紧密联系在一起，成为民族神圣仪式的一部分。根据粮食及农业组织合作数据库（Food and Agriculture Organization Corporate Statistical Database 简称 FAOSTAT）2014 年统计数据，摩洛哥是世界第六大茶叶进口国，人均年消费量为4.34公斤，仅次于土耳其，位居世界第二位。[②]

在长期的宗教信仰和生活习惯的带动下，茶叶已经深深地融入中亚、西亚和南亚等地区的穆斯林的世俗生活和文化血脉，茶叶是他们的生活必需品。在19世纪以后，以英国为主导的海路茶叶贸易对北非、中东、西亚、中亚等地区的影响越来越大，印度、锡兰等新兴产地的茶叶被大量运往这些地区。据国际茶叶委员会（International Tea Committee）统计，2017年独联体（除俄罗斯）国家、埃及、摩洛哥、伊朗、阿联酋（含迪拜）、伊拉克、土耳其等是世界上最重要的茶叶消费国，进口量包揽了从第五名到第十一名的位次。目前，世界茶叶人均消费量排名前三十位的国家中，有13个国家位于上述地区，并且主要为伊斯兰国家。特别是巴基斯坦，是世界第一大茶叶进口国，2017年进口金额为54.96亿美元，占全球进口茶叶市场的7.5%。[③]

第四节　北路传播与万里茶道

中华茶文化的北路传播是指茶向蒙古、俄罗斯等地的传播。在辽金时代，契丹人和女真人饮茶已成风习。10世纪前期，契丹人在北方建立辽国后，不断南下，与中原文化有了日益密切的文化接触，茶叶随之向北传播。宋人朱彧的《萍洲可谈》记载："先公使辽，辽人相见，其俗先点汤，后点茶。至饮会，亦先水饮，然后品味以进。"随着饮茶风俗从贵族到平民的传播，辽对茶叶的需求越来越大，辽宋的茶叶贸易也快速增长。辽的贵族和官员的墓地中出土了大量壁画，其中一些记载了辽国饮茶的情况（见图9－3、9－4）。从壁画的内容可以看出，辽的饮茶方式从宋习得，在饮茶器具方面具有高度的一致性，但品饮方式有所出入，如朱彧所记载的先点汤后点茶，中

---

① ［美］梅维恒、［美］郝也麟：《茶的世界史》，第149页。

② Charlotte Fabiansson and Stefan Fabiansson, *Food and the Risk Society: The Power of Risk Perception*, London and New York: Routledge, 2016, p. 72.

③ 中国茶叶流通协会：《2017年度世界茶叶产销形势发展报告》，《茶世界》2018年第12期。

图 9－3　1993 年河北宣化辽代张匡正墓出土《备茶图》(绘制年代 1093 年)

图 9－4　河北宣化辽代张世卿墓壁画(绘制年代 1116 年)

土则与之相反。

在金国入主中原后，女真人很快养成了饮茶的习惯，据《金史·食货志》载："上下竞啜，农民尤甚，市井茶肆相属。商旅多以丝绢易茶。"金朝位于北地，并不出产茶叶，其获取的茶叶主要来自宋金边境所设立的榷场以及宋人的岁供。官方设置的带有垄断性质的榷场，无法禁止民间逐利的行为，汪应辰撰《文定集》记载："鼎、沣、归、峡产茶，民私贩入北境，利数倍。"金朝的茶叶消费数量巨大，一度造成财富外流，朝廷采取的措施主要有两种：一是加大茶叶流通和管理的力度，统供统销，禁绝私茶；二是开设"造茶坊"，推进茶叶的本地制造。但此举导致假茶一度泛滥，收效十分有限，从侧面也可以看出金人嗜茶。

在金兵与南宋军队为争夺城池缠斗正酣时，北方草原上的蒙古族开始崛起。1206 年，铁木真征服漠南漠北。蒙古贵族召开会议，推举铁木真为成吉思汗。蒙古大军又挥师南下，先后灭掉西夏和金朝，并于 1267 年灭掉南宋。受中原风习影响，元朝的统治阶层也开始饮茶。1330 年，元朝回回人忽思慧所著《饮膳正要》，其中提到元朝朝廷已经在享用枸杞茶、玉磨茶、金字茶、范殿帅茶、紫笋雀舌茶、女须儿、西番茶、川茶、藤茶、夸茶、燕尾茶、孩儿茶、温桑茶、清茶、炒茶、兰膏、酥签、建汤、香茶等 19 种。这里面有宋式的点茶，有散茶和饼茶，有藏式的酥油茶，还有蒙古式的炒茶，种类比较多元。《饮膳正要》所涉及的主要是上层社会，元朝时期普通基层的蒙古人也在饮茶的证据较少，故有学者认为 14 世纪以后蒙古人才普遍饮茶。[①] 蒙古人喜欢砖茶，加入水、奶、盐等同煮，口味多为咸奶茶。在俄罗斯人抵达西伯利亚的广袤地区时，首先接触到的是蒙古人的茶饮。

从 16 世纪起，俄罗斯一直在试图向东扩展统辖空间。1567 年，与茶叶有关的描述首次出现在俄国。这一消息是由伊万·彼得罗夫和波纳西·亚米谢夫游历中国返回俄罗斯时带回。他们提到茶叶时有点漫不经心，他们将茶树描述为中国的神奇植物，但是没有带回茶树样本，也没有带回茶叶样品。[②] 17 世纪初，俄罗斯人抵达蒙古地区。1638 年，俄国公使瓦西里·斯塔尔科夫被派往蒙古。1639 年，阿勒坦可汗赠予他茶叶作为给米哈伊尔·

---

① 黄时鉴：《关于茶在北亚和西域的早期传播——兼说马可波罗未有记茶》，《历史研究》1993 年第 1 期。

② William Harrison Ukers, *All about Tea*, Vol. 2, New York: Tea and Coffee Trade Journal Company, 1935, p. 95. 中文译文见威廉·乌克斯《茶叶全书》下册，第 53 页。

罗曼诺夫沙皇的礼物。但是他没有将其呈献给这名罗曼诺夫王朝的创建者,因为他觉得这一商品没有什么用处。[1] 明清两朝在山西北部开辟了与蒙古贸易的茶马互市,在中国皇帝赠赐和边境贸易的过程中,俄国人逐步养成了饮茶的风习。

17 世纪中后期,俄国托木斯克、托博尔斯克等地的海关文件中,已经有茶叶贸易的记载。俄国托博尔斯克、莫斯科等市场上已经有茶在售卖,如一位名为柯伯格的人记叙道:"1674 年在莫斯科的市场里就有大量的茶叶了。"[2]俄罗斯人很快爱上了茶这一饮品,饮茶风气迅速传播到各个阶层、各种场合。从 19 世纪起,饮茶风习已经拓展到普通的消费群体,饮茶成为俄罗斯文化中不可或缺的一部分。普希金 1833 年的诗体长篇小说《欧根·奥涅金》(查良铮译本)广泛记载了俄罗斯各阶层饮茶的情况。弗拉基米尔·连斯基到乡间时,主人给客人端来茶炊,于是杜妮亚出来斟茶倒水,主人偷偷说:"杜妮亚,注意!"饮茶不分早晚,全天都会饮茶。白发苍苍的奶妈在清晨推开达吉亚娜的房门,手托着茶盘喊叫着:"不早了,我的孩子,起来!"下午人们会饮茶来打发时间,奥丽嘉的妈妈让他预备茶水,时间就这样轻轻地逝去。在昏黑的夜晚,茶更是桌上必不可少的饮品:"天已昏黑。在桌上,闪闪的/黄昏的茶炊在缓缓燃烧/瓷制茶壶嗞嗞冒着气/轻飘的水雾在壶边缭绕/奥丽嘉伸手从壶嘴倒出/浓郁的热流,茶香四溢/杯子一一斟满;一个童仆/拿着凝乳向座中传递。在打牌休息的间隙,茶也是提神醒脑的必备饮品:打'惠斯特'的牌手本领高强/一转眼就打了八个回合/他们的阵地换过了八次/于是茶来了……"普希金还借用小说的叙事者"我"来说明茶在俄罗斯人日常生活中的地位:"亲爱的读者/我喜欢用吃茶、正餐、晚餐/来标明时刻。在乡间/我们不用费事去看时钟/肚子就能够报告钟点。"此处的"吃茶"指的是早餐,这说明 19 世纪早期乡间吃早茶已成为日常习惯。1839 年,法国文人阿·德·古斯:"俄罗斯人,甚至是最贫穷的俄罗斯人,家里都有茶壶和铜制的茶炊,每天早晚家人都聚在一起喝茶……乡下房舍的简陋和他们喝着的雅致而透明的饮料形成鲜明的对比。"[3]19 世纪中期时,俄罗斯的人均茶叶消费量排名世界第二,仅次于英国。

---

① Fischer, *Sibirische Geschichte*, 1639, vol. ii. p.694; John Coakley Lettsom, *Natural History of the Tea Tree*, London, 1799, p.20.

② [俄]伊万·索科洛夫编著:《俄罗斯的中国茶时代》,武汉出版社 2016 年版,第 10 页。

③ 引自[俄]伊万·索科洛夫编著《俄罗斯的中国茶时代》,第 14 页。

1689 年,中俄签订《尼布楚条约》之后,经由中国东北的商队路线,俄罗斯开始常规性地进口中国茶叶。该条约将中俄贸易限定在中国北部边境的恰克图城,因此该地成为两国物品交换和进出的唯一进出通道。[1] 1699 年,沙俄国家商队首次到达北京,自此隔三年定期到中国贩运金银、丝绸瓷器、棉布等物品,直到 1716 年来华商队才正式采购茶叶。该时期茶叶经历了从礼品到商品的转变,中俄贸易以北京为中心,多为皮布往来贸易,茶叶贸易居于次要地位,贸易量并不大,且俄国国家商队的活动范围受到严格的限制。1727 年,清俄双方签订了《恰克图条约》,确立自额尔古纳河以西的边界,还规定除已有的尼布楚贸易集市,还在俄国边界之恰克图开设为中俄贸易之地点。此条约使中俄早期茶叶贸易发生两大转折:一是贸易地理中心从北京转移至恰克图,二是茶叶贸易主体从国家商队转变为以地域为特征、取得贸易特许经营权的商帮,中国主要为西帮茶商(晋商),俄国主要为莫斯科帮、土拉帮、阿尔扎马斯克和伏洛格达帮、托波尔斯克帮、伊尔库茨克帮、喀山帮等六大商帮。[2]

该时期闽茶在英国市场上享有盛誉,俄人对闽茶也情有独钟,故晋商深入武夷山区从事茶叶收购,从闽北山区出发,运到江西上饶铅山的河口镇,转水路走信江、鄱阳湖、九江运至汉口,再溯汉江而上至樊城(今湖北襄阳市),继续北上入河南唐河、赊旗(今河南社旗县),再入山西潞安府(今山西长治一带)、沁州和太原府等至河北张家口,用驼队将茶叶经库伦(今乌兰巴托)运至恰克图后交予俄商,俄商再将茶叶贩运至俄罗斯各地。其中,从张家口到恰克图有东中西三条商路,中路路程最短、货物流通量最大,但运输条件极为艰苦。该贸易路线是中俄茶叶贸易的重要路线,前后持续时间将近 200 年,直到 1860 年代汉口、天津等港口开埠才发生新的变化。茶叶运输在中国境内约有 5300 公里,俄罗斯境内约有 8000 公里,陆路全程达 1.3万公里,这一贸易路线被学者称为"万里茶路"。[3] 这一由晋商开辟的新兴茶叶贸易路线,改变了中国境内以北京为中心的贸易时期经鄱阳湖、顺长

---

① William Harrison Ukers, *All about Tea*, Vol. 2, p. 96. 中文译文见威廉・乌克斯《茶叶全书》下册,第 53 页。

② 蔡鸿生:《"商队茶"考释》,《历史研究》1982 年第 6 期。

③ 武汉市国家历史文化名城保护委员会编:《中俄万里茶道与汉口:中、俄、英文版》,武汉出版社 2015 年版,第 63—64 页。

江入大运河至北京的传统南北茶叶商路和贡道。[1]

最初,中俄贸易路线上所运输出口的产品以中国的棉布和丝绸为大宗,茶叶出口数量较少,如1750年仅有7000普特砖茶、6000普特白毫茶。[2] 18世纪后半叶,俄国棉纺织业有了长足发展,饮茶风习也在俄国广为普及,因此中国棉布和丝绸出口的比重开始下降,茶叶的输出迅速增加。18世纪60年代初开始达到3万普特左右,约占中国对俄出口商品总值的15%;1792年,茶叶输俄货值达54万卢布,首次超过棉花货值,占当年中国输俄总货值的22%;1802年茶叶输俄货值达187万卢布,占输俄总货值的40%。[3] 1839年—1845年,茶叶贸易已占恰克图全部出口贸易的91%。[4] 1857年马克思在《俄国的对华贸易》中说:"在恰克图,中国人方面提供的主要商品是茶叶。俄国人方面提供的是棉织品和皮毛。以前,在恰克图卖给俄国人的茶叶,平均每年不超过4万箱,但在1852年却达到了175000箱,买卖货物的总价值达到1500万美元之巨……由于这种贸易的增长,位于俄国境内的恰克图就由一个普通的集市发展成为一个相当大的城市了。"[5]

俄罗斯地域广袤,俄国的茶文化受到蒙古等边疆地区饮茶方式的影响,又带有西方饮茶国家的风格,因此呈现出东西合璧、独立多元的特征。西伯利亚地区喜欢砖茶,往往在茶叶中加入奶油、盐甚至肉末调制后饮用。俄罗斯人还喜欢在茶中加糖,喝甜茶,甚至会喝口茶,再吃点糖。农村地区还喜欢在茶中加牛奶,谓之"白茶"。[6] 俄罗斯人在喝茶时,还喜欢搭配白面包、布兰卡面圈、普郎尼可小饼。《欧根·奥涅金》还反映了俄罗斯人多吃茶习惯,茶会和糖一起使用,在达吉亚娜的公爵丈夫家里的社交场合中,一位好讽刺的先生,嫌茶里糖放得太多;茶甚至会跟甜酒掺和饮用,在乡间的舞会上,当

---

① 庄国土:《从闽北到莫斯科的陆上茶叶之路——19世纪中叶前中俄茶叶贸易研究》,《厦门大学学报(哲学社会科学版)》2001年第2期。

② 白毫茶是指用带有细白毫毛的嫩叶加工而成的非常高级的红茶。见[英]罗伊·莫克塞姆:《茶:嗜好、开拓与帝国》,毕小青译,生活·读书·新知三联书店2010年版,第253页。

③ C. M. FOUST, *Muscovite and Mandarin: Russia's Trade with China and Its Setting, 1727-1805*, University of North Carolina Press, Chapel Hill, 1969. pp. 358-359.

④ [俄]霍赫洛夫:《十八世纪九十年代至十九世纪四十年代中国的对外贸易》,《中国的国家与社会》,莫斯科1978年俄文版,第93页。转引自蔡鸿生《俄罗斯馆纪事》,中华书局2006年版,第138页。

⑤ 马克思等:《马克思　恩格斯　列宁　斯大林　论沙皇俄国(文章摘编)》,人民出版社1977年版,第164页。

⑥ [俄]安娜·帕弗洛夫斯卡娅:《文化震撼之旅　俄罗斯》,何艳译,旅游教育出版社2009年版,第144页。

箫和笛的响亮的声音响起时,青年男女们放下了掺甜酒的茶,开始捉对跳舞。

俄罗斯茶文化中最有特色的是茶炊(见图9-5)。这是一种用金属制成的双层壁的烧水器,内壁中添加燃料加热水,内壁和外壁中间注水。茶炊外有水龙头和把手,下面有炉圈和通风口,上面有烟囱,其材质有银、黄铜、铁、陶瓷等,传统燃料为木炭或各种柴火,现在一般改用电加热。俄罗斯茶炊或许是受到中国传统煮水器的影响,也可能受到拜占庭文化的影响。俄罗斯最早制造茶炊的时间,一说为1740年,产生于乌拉尔地区;但普遍认为是1778年,图拉市的金属加工工匠里西钦兄弟设立了俄国第一家从事茶炊制造的工厂。茶炊在市场上出现后,满足了俄国人在寒冷冬天永远享受一

图9-5　古里·克雷洛夫的名为《厨房》的绘画作品,描绘的是厨房的内部装饰和放置茶炊的地方(收藏于俄罗斯国家博物馆)

杯热茶的需求,很快风靡全国,成为在家庭或者酒馆等饮茶的标配器具(见图9-6),同时还是身份和地位的象征(见图9-7),图拉市也因此成为著名的茶炊制造中心。茶炊营造出拉家常和谈生意的轻松氛围,俄语表达"坐在茶炊旁边"时,意味着在茶炊喝茶时悠闲地说话。俄罗斯饮茶一般使用陶瓷的茶碟,也会经常使用玻璃杯,陶瓷茶具往往既有中式花色,又有欧洲的造型和镶边等,体现了东西合璧的特点。喜欢饮茶的这一习俗在当今俄罗斯仍旧十分流行,该国2017年是世界茶叶第二大进口国。

图9-6　彼罗夫·瓦西里·格里戈里耶维奇1862年所绘《梅季希市的茶饮》

图9-7　鲍里斯·库斯季耶夫1918年所绘《喝茶的商人之妻》(收藏于俄罗斯圣彼得堡国立博物馆)

第五节　海路传播与世界化进程

1497年，葡萄牙人达·伽马开通了从非洲南端好望角到印度的航线，1513年—1514年葡萄牙商人欧维士率领船队穿越马六甲，到达广东东莞的屯门（今九龙青山湾），企图与中国贸易。1519年—1521年葡萄牙人麦哲伦又完成了全球航行。这是世界航海史和全球化的标志性事件，同时也是中国茶叶开启世界化的关键性事件。在此之前，茶叶主要通过陆路传播，海路传播主要局限于日本、韩国，以及东南亚诸国等亚洲东部地区。在此之后，中国茶叶沿着海上丝绸之路，源源不断向世界各地传播。

中国的茶叶在唐代也传播到了波斯、阿拉伯等西亚地区。自6世纪以来，中国便与波斯保持着良好的关系。唐朝同中亚大食（阿拉伯）于高宗永徽二年（651）正式建立邦交关系，到德宗贞元十四年（798），大食国先后遣使来华36次，大唐的很多都市都有波斯人在做生意。公元851年，阿拉伯人苏莱曼等人来到中国广州，在其游记中提到了茶叶："国王本人的主要收入是全国的盐税以及泡开水喝的一种干草税。在各个城市里，这种干草叶售价都很高，中国人称这种草叶叫'茶'（Sakh）。此种干草叶比苜蓿的叶子还多，也略比它香，稍有苦味，用开水冲喝，治百病。"①他到中国之前应该没有接触过茶，在他的眼中茶及唐人饮茶的嗜好都充满了陌生的新奇感。尽管如此，茶还是继续通过海上丝绸之路源源不断地向西亚输出。1998年，德国海底寻宝者在印度尼西亚苏门答腊岛附近打捞发现"黑石号"沉船。据考证，这艘船是在826年左右从中国驶往阿拉伯。在众多的唐朝文物中有一小碗，上面写有"茶盏子"，②这是茶及茶具在唐代已向西亚地区传播的有力物证。

一、茶向荷兰的传播

在开辟东方航线后，南欧的地中海国家通过海路频频来到中国，而天主教徒扮演了先驱的角色。他们来到中国后，逐渐养成了喝茶的习惯，并将其带回欧洲。公元1556年葡萄牙神父克鲁士来华传教，1560年回国，带回了中国饮茶的信息："凡上等人家习以献茶敬客。此物味略苦，呈红色，可以

---

① 佚名：《中国印度见闻录》，穆根来、汶江、黄倬汉译，中华书局1983年版，第17页。

② 杜文：《永恒的黑石号——黑石号沉船打捞长沙窑珍瓷》，载《收藏》2012年第2期。

治病，作为一种药草煎成液汁。”葡萄牙人、意大利人、西班牙人源源不断地将中国饮茶文化介绍给欧洲。以葡萄牙为首的南欧国家在介绍饮茶风俗方面起到先导作用，但真正把茶叶作为一种文化习俗和生活方式融入欧洲社会生活的国家是荷兰。

荷兰人同样是跟随葡萄牙人的脚步来到亚洲，并接触到了茶这种新型饮品。1563 年—1600 年，荷兰航海家林楚登同葡萄牙人一起来到亚洲，并从 1583 年至 1588 年间在果阿担任葡萄牙总督的秘书。他 1596 年出版的著作两年后被翻译成英语，书名为 *Discours of Voyages into ye Easte & West Indies*，即《到东印度群岛和西印度群岛航行的论述》，其中提到了茶：“膳后饮用一种饮料，为盛于壶中的热水，不论寒暑，均用沸水，热至几难入口。此种热水，以一种所谓茶之植物粉制成，颇为朋辈所爱好。彼等均亲任调制，招待友人时，始用以飨客。叶即盛于壶内，饮用时则有陶器杯盛之。”几乎是与此同时，1579 年尼德兰北方省中的七个省和南方部分城市成立“乌特勒支同盟”，这成为现代荷兰的开始。1581 年同盟宣布独立，成立尼德兰联省共和国。现代荷兰爆发出巨大力量，从航海业为主的工业小国快速发展成为全球商业巨头。[1] 随后，新兴的荷兰派出舰队前往东印度，随之与占据先期优势的葡萄牙人发生了一系列纠纷和冲突。[2] 1602 年，阿姆斯特丹成立荷兰东印度公司，联合国内商业力量在东亚开展活动，尝试在印度尼西亚、日本和其他亚洲国家建立据点。该公司被授予了好望角以西、麦哲伦海峡以东的贸易垄断权。自此以后，国家成为商业的后盾，贸易公司成为商业的先导。1607 年，该公司的商船将澳门的茶叶运往爪哇，这是第一艘运输茶叶的欧洲商船。[3] 17 世纪初，东方的茶叶通过贸易的方式到达荷兰，1623 年荷兰解剖学家、博物学家加斯帕德·鲍欣写道：“在 17 世纪初期，荷兰人最早将日本和中国的茶叶带回欧洲。”[4]1640 年左右，海牙上流社会已经开始流行饮茶，到 17 世纪末绝大多数荷兰人已经了解饮茶风尚。自此之后，茶叶成为荷兰在东方采购的重要商品，在整个 17 世纪以及 18 世纪前期，荷兰是西方最大的茶叶贸易国。

从 18 世纪起，茶叶渗透到荷兰人的社交、娱乐、文艺等日常活动当中，

---

① ［美］梅维恒、［美］郝也麟：《茶的世界史》，第 154 页。

② John Woulfe Flanagan, The Portuguese in the East. *The Stanhope Prize Essay*, 1874, p.45.

③ ［美］梅维恒、［美］郝也麟：《茶的世界史》，第 13 章。

④ Gaspard Bauhin, Theatri Botanici, Basel 1623.

被人们在各种场合习惯性饮用。随着饮茶习俗的不断普及,中国茶叶对近代荷兰人的社会生活发挥了潜移默化的积极影响。品茶新时尚的出现,刺激了荷兰人对茶器收集以及茶亭兴建的热衷,而中国的式样和风格受到追捧,中国艺术风格成为欧洲"中国热"的有机构成部分。乡间别墅或城墙外的花园里,富裕家庭开始建设专用的茶亭,中国式的建筑风格备受推崇。[①] 在荷兰东印度公司与中国贸易的过程中,荷兰还发明了一套茶叶等级分类的词汇,有一些至今仍在使用。如红茶的分级橙黄白毫(Orange Pekoe)一词,便起源于荷兰,根据传说是低地荷兰的小贩在中国发现这一类型的茶叶并带回,他们将其放到一个名为"pecco"(该词可能来自厦门方言中"白毫"的发音)的橙色房屋里保管,在荷兰这种茶被视为"皇家"茶。另外,荷兰也是第一个在茶叶和咖啡中加入牛奶的国家,带动了欧洲茶饮的文化消费新潮流。但目前,荷兰饮茶的口味要比英国淡,荷兰人不太喜欢英式加奶的茶,口味多为伯爵茶、草莓、肉桂、杧果、覆盆子、黑加仑和橙味等,甚至在沸水中浸泡新鲜薄荷叶饮用,稍微加一点绿茶做点缀。

荷兰对于东西茶叶贸易的贡献,不仅在于本国的消费,还在于开风气之先,将饮茶的风俗带到其他各国,并以合法或走私的形式复出口(re-exporting),提供价格相对低廉的茶叶。欧洲最大的茶叶消费国英国,最早消费的茶叶有很大一部分是通过荷兰获得的,在英国东印度公司崛起之前,以荷兰为主体的欧陆国家是英国茶叶的重要供给方。即便英国东印度公司在东亚确立了优势地位之后,因为英国征收的高茶税,导致欧洲很大一部分茶叶通过走私的途径从荷兰获取。1635 年,荷兰人将茶叶带往法国,到 1685 年茶叶消费在中产及上层社会群体中变得非常流行。1650 年,茶叶通过荷兰传到德国,并成为德国市场上的重要商品。17 世纪时,荷兰定居者横跨大西洋,将茶叶带到了新阿姆斯特丹(今美国纽约)。[②] 1730 年代,茶叶和咖啡贸易占据了荷兰东印度公司在新阿姆斯特丹贸易份额的1/4,仅次于生丝和纺织品所占比重。[③] 18 世纪茶饮传播到了波士顿和费城,这两个地区后来成为美国茶叶的重要消费地,这也促进了英国与北美殖民地之间的贸易,茶叶是当时重要的商品。尽管是葡萄牙人将茶叶从东方带回了里斯本,但

---

① 刘勇:《中国茶叶与近代荷兰饮茶习俗》,《历史研究》2013 年第 1 期。

② Joel Schapira, David Schapira, Karl Schapira, *The Book of Coffee and Tea*, New York: St. Martin's Griffin, p. 166.

③ Frank Trentmann, *The Oxford Handbook of the History of Consumption*, Oxford: Oxford University Press, 2012, p. 187.

是荷兰人将这些茶叶运输到了法国、波罗的海沿岸国家，以及欧洲大陆的德国、波兰等国家。[①] 荷兰的影响力一直持续到20世纪上半叶，例如在1933年德国消费的茶叶50%以上仍旧来自荷属东印度群岛。[②]

二、茶向英国的传播

真正将饮茶融入民众生活，成为茶叶消费大国，并对中国茶叶的世界化产生深刻影响的是英国。比较可靠的资料是1615年6月27日英国人最早提到茶叶信息，英国东印度公司驻日本平户的代理人维克汉姆，他在信件中恳请驻澳门代理人伊顿帮助其购茶："伊顿先生，烦劳您帮我在澳门购买一罐最优质的茶叶(chaw)。"[③]这是第一个以书面形式提到茶叶的英国人。1657年伦敦一家名为托马斯·加威的咖啡店，以每磅6—10英镑的高价出售茶叶，这是英国最早的商品茶记载。该商店的招贴广告称："茶叶效用卓著，故以智慧及古国文明之国家，无不高价售之。此种饮料既为一般所欣赏，故凡屡在该处旅行之各国名人，以各种实验与经历所得，无不劝导其国人采用。其最主要之效用，在于质地温和，冬夏咸宜，饮之有益卫生，保持健康，颇有延年益寿之功。"[④]该咖啡店不仅出售茶叶，还销售香烟、咖啡、可可等海外商品。1658年皇后像咖啡室(Sultaness Head Coffee House)在《墨丘利政治报》(*Mercuris Potiticus*)投放了英国第一则茶叶商业广告(见图9-8)。1660年，理查德·福特爵士向海军大臣、传记家萨缪尔·佩皮斯赠送了一杯中国茶。[⑤] 这说明茶开始融入英国上层社会的社会交往生活。从此可以看出，茶叶最早是以一种神奇的东方饮料的特征进入英国，其保健价值受到重视，购买或品饮的场所主要为咖啡馆。

1660年英国东印度公司向国王查理二世赠送了2磅茶叶，1666年又赠送了23磅茶叶，这些茶叶可能从荷兰取得，而非直接从中国进口。1662

---

① Paul Chrystal, *Tea: A Very British Beverage*, Stroud: Amberely, 2014.

② William Harrison Ukers, *All about Tea*, Vol. 2, p. 354. 中文译文引自威廉·乌克斯《茶叶全书》下册，第137页。

③ Jane Pettigrew, *A Social History of Tea*, London: National Trust.

④ William Harrison Ukers, *All about Tea*, Vol. 1, p. 39. 中文译文引自威廉·乌克斯《茶叶全书》上册，第22页。

⑤ "The Diary of Samuel Pepys", trans and ed. Robert Latham and William Matthews, 11 vols (London: Bell & Hyman, 1970-1983), I, p. 253. 理查德·福特爵士是一个商人，曾出任英国东印度公司领地委员，因1660年斯图亚特王朝复辟中表现出的忠诚而被授爵。在英国内战期间，他在荷兰鹿特丹生活，在那里他接受了荷兰的饮茶风习，并将之带回到了英国。

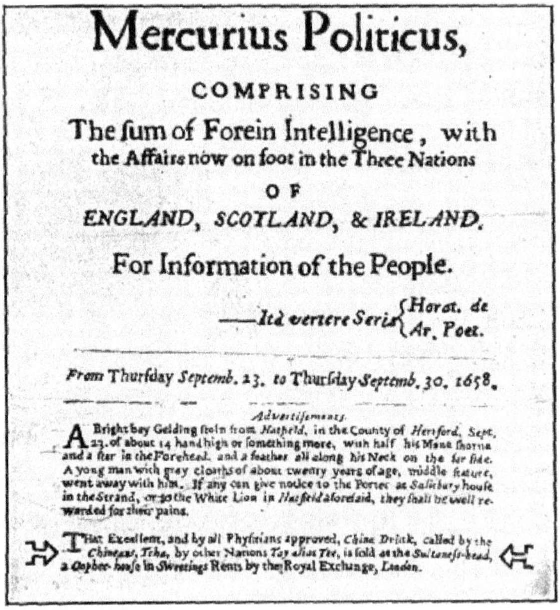

Mercurius Politicus,

COMPRISING

The ſum of Forein Intelligence, with the Affairs now on foot in the Three Nations

OF

ENGLAND, SCOTLAND, & IRELAND.

For Information of the People.

—*Ita vertere Seria* { *Horat. de Ar. Poet.*

From Thurſday *Septemb.* 23. *to* Thurſday *Septemb.* 30. 1658.

Advertiſements.

A Bright bay Gelding ſtoln from *Hatfeld*, in the County of *Hertford*, Sept. 23. of about 14 hand high or ſomething more, with half his Mane ſhorne and a ſtar in the Forehead, and a feather all along his Neck on the far ſide. A yong man with gray cloaths of about twenty years of age, middle ſtature, went away with him. If any can give notice to the Porter at *Saliſbury* houſe in the Strand, or to the White Lion in *Hatfeld* aforeſaid, they ſhall be well rewarded for their pains.

That Excellent, and by all Phyſitians approved, *China* Drink, called by the *Chineans*, *Tcha*, by other Nations *Tay alias Tee*, is ſold at the *Sultaneſs-head*, a *Cophee-houſe* in *Sweetings* Rents by the Royal Exchange, *London*.

图 9－8　1658 年英国的茶叶广告

年,葡萄牙的凯瑟琳公主嫁给英国国王查理二世时,随身携带了几盒茶叶,她还在宫廷中倡导举行茶会,成为英格兰第一位饮茶的王后。乌克斯称凯瑟琳在英国上层社会从饮酒到饮茶的风气转变中发挥了重要的作用:"在英国皇后中,彼实为饮茶之第一人,而可称许者,以彼嗜好温和饮料——茶——使成为朝廷风行之饮品,以代酒、葡萄酒及烧酒。盖英国之妇女与男子因有饮酒习惯,当使其头脑发热日夜昏迷不清。"[①]在"饮茶王后"的倡导之下,饮茶之风首先在英国上层社会中普及开来。

宫廷的消费带动了贸易的发展。1659 年,英国东印度公司在印度巴拉索尔的代理人丹尼尔·谢尔顿致信班德尔的代理人,要求为其叔叔、英国坎特伯雷主教吉尔伯特·谢尔顿博士购买茶叶若干,价值几何,在所不计,并称其叔叔为好奇心所驱使,极愿赴中国及日本进行研究。[②] 1664 年,英国宫廷总管从东印度公司购买 2 磅 2 盎司的上等茶呈送国王,1666 年东印度公司又将 22.75 磅的茶叶以每磅 50 先令的高价供给国王,这些茶叶的来源没

---

① William Harrison Ukers, *All about Tea*, Vol. 1, p. 43. 中文译文参见威廉·乌克斯《茶叶全书》上册,第 24 页。

② Ibid., p. 39. 中文译文参见威廉·乌克斯《茶叶全书》上册,第 22 页。

有记载,多半应是从荷兰购买。1668 年,英国东印度公司首次发出委托订购茶叶的订单,1669 年收到了从万丹(今印度尼西亚的一个省)发来的 2 罐茶叶,重量为 143 磅 8 盎司。[①] 自此之后,英国东印度公司进口的茶叶不断增多,1678 年从根贾姆和班坦进口 4717 磅,1685 年从马德拉斯和苏拉特进口 12070 磅,每磅售出价格为 11 先令 6 便士到 12 先令 4 便士。[②] 最初英国茶叶并不是直接从中国口岸购买,而是通过中转方式获得中国茶,到 17 世纪晚期中英开始进行直接茶叶贸易。1704 年,英国东印度公司派出商船"肯特号"到广州,该船总吨位为 340 吨,其中运载回国的茶叶为 117 吨,占总吨位的 34.4%,可见茶叶已经成为中英茶叶贸易的主要商品。英国将中国茶叶区分为绿茶和红茶,绿茶的种类有松萝、珠茶、熙春、屯溪、贡熙、瓜片等,红茶包括发酵的红茶和半发酵的乌龙茶,种类有武夷、工夫、白毫、小种、乌龙、色种等,这些都成为英国家喻户晓的中国茶名。

与此同时,英国对茶叶的需求量开始迅速增长。到 1700 年,茶叶已经在伦敦的 500 多个咖啡馆售卖。1731 年,英国进口茶叶数量达到 1 793 000 磅,征收茶税金额为 358 000 英镑。[③] 到 18 世纪中期,茶已经取代杜松子酒和啤酒成为英国流行的饮料,茶叶的消费群体从上层社会拓展到中产阶层。受英国等西方国家茶叶进口规模不断增大的影响,从 18 世纪 20 年代起,茶取代丝绸成为中国出口的第一大商品,[④]英国伦敦也成为世界茶叶市场之中心。特别是 1784 年 9 月,英国国会颁布大幅削减茶叶进口税的《减免法案》,规定从 1785 年 8 月 1 日起取消现有进口税、津贴和附加税等 119% 的综合税,代之以 12.5% 的单一税,大大刺激了合法途径的茶叶进口,此后十年之内茶叶的进口量翻了两番,走私等现象大幅减少。进口的激增带来茶价的下降,茶叶的销售场所也激增,购买更加便利,1799 年,伊顿爵士发现:"任何人只消走进米德尔赛克斯或萨里郡(今伦敦西南部)随便哪家贫民住的茅舍,都会发现他们不但从早到晚喝茶,而且晚餐上也大量

---

① Sir George Birdwood's "Report on the Old Records at the India Office," 1890, p. 40.

② John MacGregor, *Commercial Statistics: A Digest of the Productive Resources, Commercial Legislation, Customs Tariffs, of all nations. Including all British commercial treaties with foreign state*, vol. 5, London: Whittaker and Co., 1850, p. 47.

③ C. H. Denyer, *The Consumption of Tea and Other Staple Drinks*, The Economic Journal, Vol. 3, No. 9, 1893, pp. 33-51.

④ 郭卫东:《丝绸、茶叶、棉花:中国外贸商品的历史性易代——兼论丝绸之路衰落与变迁的内在原因》,《北京大学学报(哲学社会科学版)》2014 年第 4 期。

豪饮。"[①]最终,英国18世纪在饮品消费领域掀起了一场"茶叶革命",茶叶成为英国消费革命中最具代表性的商品,其国饮的地位得以确立。[②] 英国最初偏爱绿茶,红茶的进口量也很大,但由于绿茶需要半年以上的长途海上运输方能达到英国本土,容易受潮变质、丧失新鲜的口感,加之绿茶中染色掺假的问题较多。故进入19世纪后,英国成为红茶的主要消费国。

在接受中国茶及茶文化的同时,英国也开始孕育出独具特色的茶文化。在饮茶初期,英国人便喜欢在茶中加糖,还向荷兰等国家学习将牛奶加入其中。到19世纪初期,在贝雷德伯爵夫人安娜的引领下,英国形成了独具特色的下午茶。这种精致、典雅的饮茶文化和风格,体现了维多利亚时期英国的精神风貌。中国茶叶的引入和茶叶贸易的发展,对英国产生的深远影响还表现在航海技术、茶具生产、国际关系等方面。茶叶贸易的发展,带动了英国海上运输业的发展以及航海技术的提高,最著名的是英国最早发明了快剪船,英美还围绕运茶开展了富有戏剧性和挑战性的航海竞赛。茶叶贸易还导致英国工业革命创造的大量财富流向中国,引发国内产业资产阶级的不满,他们一方面在印度发展鸦片种植业并向中国大量走私,又积极在印度发展茶业以实现进口替代,甚至当清政府力禁鸦片时对中国发动了战争,对中英关系和世界格局产生了深刻影响。为了满足英国饮茶者对茶具的需要,英国还开始研究陶瓷的制作和生产技术,著名品牌威特伍德应运而生,并出现了加把手的杯子、茶叶罐、汤匙、银质器皿等具有英式特色的茶具。更重要的是,英国还将饮茶的风格,向殖民地及属国二次传播,带动了中国茶向全世界的进一步传播。至今英国茶叶消费的需求仍旧很大,2017年是世界第三大茶叶进口国。

三、茶通过西方殖民国家向殖民地的传播

(一)茶向荷属爪哇的传播

据乌克斯《茶叶全书》载,1684年,德国的博物学家兼医生安德烈斯·克莱耶将茶树种在巴达维亚泰格运河河畔住宅的庭院中,是第一个在爪哇种茶的人。1694年,教会史学家F. 瓦伦丁在荷兰总督J. 坎帕伊斯位于巴

---

① Sir Frederick Morton Eden, *The State of the Poor*, Vol. 1, London: Printed by J. Davis. B. & J. White etc., 1797, p. 535.

② 宋时磊:《18世纪英国茶罐中的实用美学与消费革命》,《农业考古》2018年第2期。

达维亚近郊的私邸中，看到了新近从中国移植来的茶丛。① 这些茶树都带有观赏猎奇性质，不具有商业价值，但可以证明继朝鲜、日本之后，爪哇成为中国茶的第三个种植地。1720 年代，荷兰东印度公司尝试从中国引进茶树，在爪哇进行商业种植，以对抗比利时奥斯坦和奥属尼德兰的贸易竞争，该公司的"十七绅士"还向政府建议，茶不仅要在爪哇种植，还要推广到好望角、锡兰的贾夫纳帕特南以及其他地区，但也没有取得任何实质性成果。

爪哇茶业之发展始自雅各布森（见图 9－9）。在来到爪哇之前，他从父亲那里得到家传，成为一名鉴茶师。1827 年，他代表荷兰贸易协会开始到中国广州等地，开展旅行和冒险活动，他试图从中国带回茶籽和茶苗，学习茶叶种植和加工的相关知识，并带回茶工。甚至传说在中国尚处于封闭自守的情况下，他还到过河南并参观了很多内地茶园。1831 年—1832 年，雅各布森第五次探访中国时，带回了 30 万粒茶籽和 12 名中国茶工；1832 年—1833 年，雅各布森第六次探访中国时，带回了 700 多万粒种子、15 名中国茶工和一些生产工具。殖民地政府官员凡·登·博世认为他在中国所从事的活动有非凡意义。1833 年雅各布森的船到达安喆港时，欢迎礼炮鸣响，一群当地土著人帮助他卸下货物，一队驿马载他疾驰入巴达维亚城。雅各布森扎根爪哇，长期指导各省的产茶和制茶，先后出版了《茶叶的培育和生产手册》（*Handboek voor De Kultuur En Fabrikatie van Thee*，见图 9－10）、《茶叶的筛分与包装》（*Over Het Sorteeren En Afpakken van De Thee*）等著作，奠定了当地茶业发展的技术基础，并培养了一批储备人才。殖民地当局任命雅各布森为当地的茶督导员，后授予了其"荷兰狮子"勋章，印度尼西亚奉他为"茶叶之父"。除雅各布森外，阿美士德勋爵、明托·德·塞烈勋爵、布鲁姆博

J. I. L. L. JACOBSON, 1799-1848
From the original painting owned by Dr. C. J. K. van Aalst, Amsterdam.

图 9－9　雅各布森像

① William Harrison Ukers, *All about Tea*, Vol. 1, p. 109. 中文译文见威廉·乌克斯《茶叶全书》上册，第 59 页。

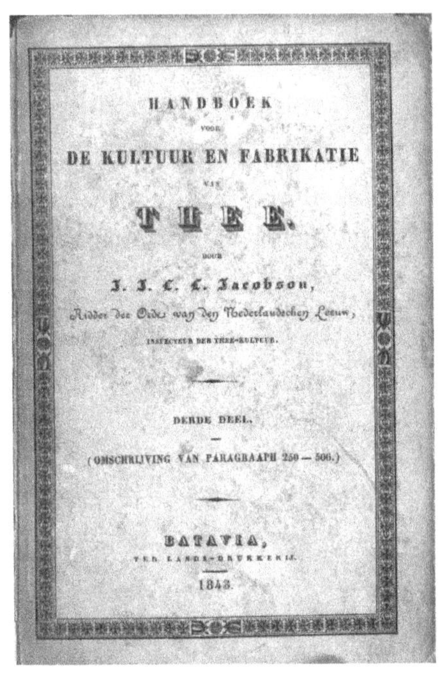
HANDBOEK
VOOR
DE KULTUUR EN FABRIKATIE
VAN
THEE.
DOOR
J. J. L. L. Jacobson,
Ridder der Orde van den Nederlandschen Leeuw,
INSPECTEUR DER THEE-KULTUUR.

DERDE DEEL.

(OMSCHRIJVING VAN PARAGRAAPH 250 — 506.)

BATAVIA,
TER LANDS-DRUKKERIJ.
1843.

图 9 - 10 《茶叶的培育和生产手册》书影

士等人也从中国引进了茶树，这些茶树的引进带有科学实验性质，先是种植在植物园，取得成功后，又移栽到其他地区，他们也引进了一些日本的茶籽和茶树。一些下南洋的中国人以及被荷兰人聘请的中国茶工，也带来了中国的茶树及制茶的技术。英国东印度公司在苏门答腊岛的控制实力削弱后，荷兰人乘虚而入，打败了当地分散的王国，在中国人所初创的小农茶园的基础上，逐渐发展成荷属东印度的重要产茶省之一。1830 年，克拉万省的瓦纳加沙已经有了小型茶厂，1835 年爪哇茶已经在阿姆斯特丹市场售卖。

爪哇茶叶之所以发展迅速，离不开殖民当局的大力倡导。1826 年—1834 年，荷兰东印度公司总督季赛尼斯及其继任者波什都在积极推动茶叶的本土化发展，特别是波什鼓励荷兰人在爪哇从事工农业，推出了“垦殖定居”政策，私人化的茶叶栽培受到鼓励，产生了深远影响。1878 年，约翰·菲特对阿萨姆大叶种茶籽采取新的生产方法，取代中国的茶树和制作方式，爪哇开始采用阿萨姆模式，当地茶业发展进入新的阶段。从 1890 年代开始，特别是 20 世纪之后，爪哇茶在世界市场上声名鹊起、颇受好评。[①] 在爪哇茶取得成功后，荷兰殖民者试图寻找更多的茶产地。经过三十多年的战争，1905 年荷兰人打败了亚齐酋长国，以昂贵的代价取得亚齐战争的胜利。在征服苏门答腊岛后，荷兰人迫不及待地在这片地广人稀、土壤肥沃、降水充沛的岛上发展茶叶，开辟了众多茶园，建立了现代化的茶叶工厂，使之成为荷兰重要的茶叶生产基地。茶叶经济的发展，带动了爪哇、苏门答腊及其他岛屿不同部落居民的往来和交流，为统一的印度尼西亚的建立奠定了基础。2017 年，印尼成为第七大茶叶出产国和出口国。

---

① Cohen Stuart, C. P. , *Gedenkboek der Nederlandsch Indische theecultur 1824-1924*, Weltevreden: Gedrukt bij G. Kolff, 1924.

（二）茶在印度和斯里兰卡的传播

早在18世纪晚期，英国植物学家约瑟夫·班克斯爵士、英属印度总督哈斯丁斯与军官凯特已倡议在印度种茶。[①] 因东印度公司从对华茶叶贸易中获得巨额利润，没有在印度试种茶叶的意愿。1823年英国上校罗伯特·布鲁斯在布拉马普特拉河上游发现了印度本土野生茶树，但当时没有认识到这种茶树的价值，反而热衷于从中国南方引进茶树。1834年，英国政府废除了东印度公司对华贸易专利权，这给印度茶业发展提供了契机。同年，英国印度总督本廷克勋爵组织委员会，研究从中国引进种茶并尝试商业性种植。1838年，东印度公司收到12小箱计480磅精制印度茶并在伦敦拍卖，引起轰动，人们"一致认为如再细心操作，将会证明阿萨姆茶叶即使不能超过中国，也会与中国相等"[②]。这刺激了英印政府的植茶狂热，1839年阿萨姆公司成立，将中国茶树同本土茶树进行试验改良并取得成功，阿萨姆地区迅速被改造为茶叶种植园。但是英国殖民当局意识到，印度所出产的茶叶不够精致，无法成为顶级茶，必须到中国寻找训练有素的茶农和制茶工人，引进中国优质的茶树，才能改变印度茶先天不足的难题。

在第一次鸦片战争结束、中国封闭已久的大门被迫开放后，英国便迫不及待地向中国派遣专家或商业间谍，搜罗和引进中国优质的茶树，探寻种茶和制茶的秘密，其中最为著名的是1813年出生于苏格兰的罗伯特·福琼。英国皇家园艺学会派遣他到中国搜集新的园林植物，以丰富英国皇家植物园的物种。不仅如此，他还接受了英国东印度公司的高薪聘请和委派，深入中国内陆的产茶区考察。福琼先后三次深入中国探险，了解了中国茶叶的栽培制作经验，在伦敦医师华德所发明的"沃德箱"的帮助下，成功地把茶树苗、种子及制茶人带到印度。1851年，他将最后一批茶苗从中国运往加尔各答，随后运往萨哈兰普尔园区，开箱时还存活的植株超过一万两千多株，发芽的更不计其数，这些从中国来的茶苗成为印度大吉岭等茶园的基础。英国殖民者又将中国的茶树同阿萨姆等地的本土茶树结合，培育出了优质的品种。他们改良了中国传统的手工茶叶生产工艺，不断发明和改进揉捻机、干燥机、碎茶机、筛分机等以取代人力。经过数十年的快速发展，印度殖民地所出产的茶叶品质超过了中国，质量稳定、标准统一、干净卫生，价

---

① ［澳］霍尔：《茶》，王恩冕等译，中国海关出版社2003年版，第14页。

② 姚贤镐编：《中国近代对外贸易史资料1840—1895》第2册，中华书局1962年版，第1187页。

格更为低廉,中国茶在世界市场的优势地位迅速丧失。

为配合殖民者开发印度茶取代中国茶的商业行动,英国国内极力鼓吹印度茶纯净之特质。从19世纪下半叶起,一批植物学家、历史学家篡改事实,通过其话语主导权重塑茶叶的发展谱系,这便是茶起源于印度说之嚆矢。[①] 另一方面,这些书籍大肆指责中国茶掺假,将其妖魔化,1882年塞缪尔·贝登宣称印度茶树是纯正的,中国茶树实际上是"纯净茶树退化的品种",由于中国没有种植好茶的气候或地形条件,中国茶几乎全部掺假,而所有的印度茶"都能保证是绝对纯净"。[②] 1905年,郑世璜等人赴印锡考察茶业发现,英国人在极力诋毁华茶,甚至将之编入教材:"英人报章,借口华茶秽杂,有碍卫生,又复编入小学课本,使童稚即知华茶之劣,印茶之良,以冀彼说深入国人之脑筋,嗜好尽移于印锡之茶而后已焉。"[③]茶叶专家吴觉农也发现:"许多外人的著作,都有华茶不清洁的画图和言论,使爱呷华茶的西人,也不敢再去赞美华茶了。"[④]在印度茶叶发展取得长足进步的同时,英国国内对其纯净的鼓吹则进一步提升了印度茶在英国的市场占有率,阻碍了中国茶的进口(见表9-2)。2017年,印度是世界第二大茶叶生产国,第四大茶叶出口国。

表9-2 中国和印锡茶占英国茶叶市场份额[⑤]

年份	中国茶	印锡茶	年份	中国茶	印锡茶
1865	97%	3%	1886	57%	43%
1866	96%	4%	1887	39%	61%
1869	90%	10%	1890	40%	60%

---

① 持此类观点的英国学者主要有John H. Blake, Samuel Baildon, Edith A. Browne等人,其观点详见Samuel Baildon, *The Tea Industry in India: A Review of Finance and Labour, and a Guide for Capitalists and Assistants*, London: W. H. Allen & CO., 13 Waterloo Place. S. W., 1882. John H. Blake, *Tea Hints for Retailers, In Two Parts*, Denver: The Williamson-Haffner Engraving Company, 1903. Edith A. Browne, *Tea*, London: Black, 1912。

② Samuel Baildon, *The Tea Industry in India: A Review of Finance and Labour, and a Guide for Capitalists and Assistants*. London: W. H. Allen & CO., 13 Waterloo Place. S. W., 1882, p. 12.

③ 陆溁澧:《乙巳年调查印锡茶务日记》,南洋印刷厂铅排本1909年版,第68页。

④ 中国茶叶学会编:《吴觉农选集》,上海科学技术出版社1987年版,第42页。

⑤ 数据来源于[美]罗威廉《汉口:一个中国城市的商业和社会(1796—1889)》,中国人民大学出版社2005年版,第190页;杞庐主人《时务通考续编》卷一七《商务五·茶叶比较》,上海点石斋印本;*Imperial Maritime Customs*, *Tea*, 1888, p. 118。

续　表

年份	中国茶	印锡茶	年份	中国茶	印锡茶
1878	77%	23%	1897	14%	86%
1881	70%	30%	1903	10%	90%
1885	61%	39%			

锡兰(今斯里兰卡)位于印度洋,公元前5世纪维阇耶王带领印度北部的僧伽罗人南下登岛,建立了僧伽罗王朝。近代以来,葡萄牙和荷兰先后入侵,荷兰人在1656年击败葡萄牙人后,通过东印度公司控制锡兰140余年。在印度建立了牢固的殖民统治后,英国南下锡兰以扩张其在印度洋的实力。1796英军占领科伦坡,结束荷兰人在锡兰的统治,1802年英法签订《亚眠条约》,锡兰成为英国的殖民地。在荷兰人统治时期,锡兰已在大力发展咖啡种植业,英国统治之后锡兰咖啡主要输入到英国。1824年英国将中国茶叶带到了锡兰,1839年阿萨姆的茶树苗从加尔各答的植物园运送到锡兰康提的佩拉德尼亚皇家植物园培育。1841年,咖啡种植园主莫里斯·沃姆到访中国,带回了茶树苗,种植在罗斯切尔德植物园,后又被移植到其他植物园;他还带回了一名制茶工人,生产了一些茶叶样品。[①] 但当时锡兰正处于咖啡种植的热潮中,茶叶并不受重视。

不幸的是,从1865开始,锡兰的咖啡树感染了锈蚀病,锡兰的咖啡产业迅速走向凋萎。咖啡种植园主面临咖啡产业的废墟,不得不另觅出路。1866年,詹姆斯·泰勒访问印度,了解种茶情况,1867年他得到一批阿萨姆茶树苗后,在康提东郊的鲁勒勘德拉高地开辟19英亩茶园,培育茶树。泰勒改进了茶叶采摘的方法,使之更加科学,又设计了专门的揉捻机器,让茶叶经过充分揉捻后再发酵。经过改进的锡兰茶,获得了英国市场的好评。到1877年,第一批有记录的茶叶被运往英国,1890年锡兰茶叶出口量已增至2万多吨。根据地理环境特点,传播到锡兰的茶叶呈现了层次性的特点:西南沿海地区种植来自阿萨姆的茶树,被称为低地茶;海拔1200米及以上的中央山区种植中国茶树,被称为高地茶;中间地带种植两者杂交的茶,被称为中地茶。茶叶在锡兰的传播过程中,茶叶经销商托马斯·立顿起到了重要作用,在其公司发展早期凭借锡兰茶成为世界著名的茶叶品牌。锡兰茶产业不断壮大,到1900年锡兰已有1550平方公里茶叶园,每年出产1.5

① [英]罗伊·莫克塞姆:《茶:嗜好、开拓与帝国》,第160—161页。

亿磅的茶叶,绝大部分输出到了英国,锡兰茶的名声也随之大放异彩。另外,茶叶种植业的发展,导致劳动力需求的短缺,英国殖民者开始从印度南部大量招聘泰米尔人到锡兰工作,到1900年已有30万外来雇工进入锡兰,而当时锡兰总人口不足400万人。[①] 这些外来并最终定居的苦力,引起了当地僧伽罗人的不满,双方产生冲突,至今影响斯里兰卡的政治格局。2017年,斯里兰卡是世界第三大茶叶出口国,出口量27.82万吨。

(三)茶向非洲及越南的传播

19世纪末,英国还将茶叶传播到非洲殖民地。1886年,埃尔姆斯里博士将爱丁堡皇家植物园中的茶籽带到了尼亚萨兰(今马拉维)的一处教堂。这些茶籽培育出的茶苗,传播到了乌干达、坦桑尼亚、莫桑比克、扎伊尔等国。1903年英国又开始在肯尼亚开辟茶园。1922年,英国公司布鲁克·邦德公司在肯尼亚设立分公司,迅速控制了东非的茶叶市场。1925年,爱尔兰的詹姆斯·芬利公司也来到肯尼亚发展业务。肯尼亚的高原气候和土壤条件,特别适宜高品质茶叶的培育,凯里乔和利姆鲁地区成为重要的茶产区。肯尼亚出产的茶叶,本国消费极少,95%以上的产品向全球出口,2017年是世界第一大茶叶出口国,出口量达41.57万吨,也是世界第三大茶叶生产国。此外,非洲乌干达、马拉维和坦桑尼亚都是世界茶叶消费的主要提供者,年出口量占据世界前位。

越南北部的省份,如奠边、莱州、老街等省份,野生茶树的分布十分集中。越南北部长期处于清政府的有效管辖之下,中越双边的民众在彼此的经济往来、居住和迁移中,茶籽作为一种便于携带的物品,不断地传入到越南,越南历史文献提到18世纪不同地区已有茶叶种植。从1850年代开始,法国垂涎于越南的重要战略地位,开始渗透和侵略越南。而彼时清朝为越南的宗主国,随着冲突的升级,中法战争爆发。1885年,清政府与法国签订《中法新约》,承认法国对越南的保护,越南沦为殖民地。在取得越南的控制权后,法国殖民者从1880年代开始在越南北部发展茶叶产业。2017年越南是世界上第六大茶叶生产国和第五大茶叶出口国。

四、茶向其他国家的传播

17世纪中叶,荷兰人通过海路将茶叶带往新阿姆斯特丹(今美国纽约),荷兰人、葡萄牙人、法国人的不断涌入,带动了北美茶叶的消费,当然

---

① [英]罗伊·莫克塞姆:《茶:嗜好、开拓与帝国》,第182页。

这些茶几乎全部通过海路运来,其中武夷茶深受人们喜爱。1667 年,英国人占领新阿姆斯特丹时,他们发现当地殖民者对茶的热衷程度已经超过了英国人。随着社会对茶叶需求量的增多,英国开始正视北美市场,1765 年政府出台《印花税条例》,规定北美殖民地只能从英国进口茶叶,并且对茶叶征税,遭到当地居民的反对。这使得茶叶成为殖民地最常见的走私商品,北美消费的茶叶有 70% 是荷兰、法国、瑞典和丹麦等国的商人从中国走私而来。1773 年,为解决东印度公司的财务危机,英国出台《茶叶法案》,授予东印度公司茶叶贸易的垄断权,允许该公司直接从中国运茶至北美,不需要从英国转运。这威胁到了合法商人和走私商的切身利益,引发了一系列抗税活动,最终爆发了"波士顿倾茶事件",成为美国独立战争的导火索。遥远的中国神奇树叶,引发的连锁反应,导致了一个现代美国的诞生。

1783 年,摆脱了英国羁绊的美国商人,立即派出"中国皇后号"帆船首航中国,载茶 3022 担至纽约。1795 年—1796 年贸易季,美国从中国进口茶叶数量首次超过欧陆各国,成为仅次于英国的第二大华茶进口国。1783 年—1833 年间,美国赴中国运茶船达到 1040 艘,平均每年 20 艘,约占广州出口总量的 13%—20%。1835 年,茶叶占中国对美输出总额的 75.5%,1840 年高达 82%。美国茶叶贸易能力的增长,对英国传统主导地位构成了威胁。不仅如此,为了更快、更多地运送中国茶叶,美国人还发明了三桅方帆的运茶快剪船。1832 年,巴尔的摩商人安·迈金建造了三桅船"安·迈金号"。格里菲斯和麦凯受到启发,1843 年建造顶级快剪船"彩虹号",从纽约到广州 92 天,返程用了 88 天,它到达广州的消息,是自己返航时带回给美国人的。美国人和英国人在海洋上展开了一场激烈的运茶竞赛,直到蒸汽船的出现和苏伊士运河的开通,这场竞赛方偃旗息鼓。

作为深受英国影响、中途又与其分道扬镳的新兴国家,美国的茶文化与英国有一些不同之处。美国民众主要为新教徒,他们更钟情于中国的绿茶,如屯溪绿茶在美国市场颇受欢迎。美国独立战争期间,部分爱国者倡导不喝茶,或者是为了摆脱英国茶的影响。美国深受殖民地政策的迫害,建国之初实力尚弱,没有能力发展海外殖民地,直到 19 世纪末才从西班牙手中夺取了古巴和菲律宾。这些海外殖民地的自然条件不太适合种茶,美国曾在南卡罗来纳州以及夏威夷尝试茶叶的种植,但在商业上并不成功。因此,美国茶叶长期以来主要从中国等国家进口,19 世纪中后期日本茶叶开始进入美国市场,之后锡兰和印度茶在美国取得了成功。随着茶饮料的普及,美国开始形成与中国不同的新的饮茶传统,其中最有特色的是冰茶和袋装茶,冰茶占了美国当今茶叶市场销售额的80%左右,这与中国喜爱喝热茶的情况截然不同。2017年,美国茶叶进口数量位居全球第三位。

在美国获得独立后,其北部的加拿大并未脱离跟英国的关系。1867年3月29日,英国议会颁布《英属北美法令》,规定了加拿大为联邦制度的自治领,并规定了加拿大政府的运作方式,如联邦的组成、加拿大国会下议院、加拿大国会上议院、司法体系等。该法律成为加拿大宪法的主要组成部分。1867年7月1日,魁北克省、安大略省、新斯科舍省、新不伦瑞克省等4个省,根据《英属北美法令》实行联合,组成统一的联邦国家,定名加拿大自治领。加拿大和美国的茶文化有着共同的起源,同样长期进口中国的茶叶。目前加拿大也是重要的茶叶消费国,甚至人均消费量超过美国,加拿大人平均每年要喝264杯茶,而美国人均要喝212杯。

澳大利亚也是中国茶叶的重要传播国。澳大利亚当地居民曾浸泡各种本土的草本植物或灌木茶花,将之当作饮料,这些类茶的饮品满足了人们对滋味的需求。英国人来到澳大利亚后,茶叶随之传入,据传总督亚瑟·菲利普首次将茶叶带到了新南威尔士。1794年,澳大利亚首次进口茶叶,1819年海关有了每年都进口茶叶的常规性记载。茶在澳大利亚普及非常快,1883年理查德·托潘尼评论道:"茶叶毫无疑问是澳大利亚的国家饮料。"[①]杰弗里·布雷尼在20世纪之交时,声称澳大利亚人平均每年消耗大约4公斤茶叶,大大超过了欧洲大陆国家的茶叶消费量。[②]

在19世纪,中国是澳大利亚茶叶的主要供应国和来源地。其中,广东籍人梅光达(见图9-11)在将中华茶文化向澳大利亚传播及促进中澳茶叶贸易发展方面做出了突出贡献,他也是近代澳大利亚最有影响力的中国人。梅光达9岁时便随叔叔到澳大利亚谋生,在一个苏格兰家庭中长大。积累了创业资本后,他在悉尼国王街附近开设了一家富有东方特色和英式风情的中国茶楼:用英国桌布装饰桌椅,使用镀金和多彩的东方做旧木制品以凸显东方特征,使用带有神秘色彩的灯光,以及中国的陶瓷茶杯和茶碟。该茶楼在中国文化和传统英国文化之间取得了独特的平衡,轰动澳大利亚,许多政要人物、社会名流也纷纷慕名而至,并吸引了大批游客前往观光,争相品

---

① Richard Ernest Nowell Twopenny, *Town Life in Australia*, London: Elliot Stock, 62, Paternoster Row, E. C., 1883, p. 64.

② Geoffrey Blainey, *Black Kettle and Full Moon: Daily Life in a Vanished Australia*, Camberwell: Viking, 2003, p. 357.

尝从广州运来的中国名茶。[①] 趁此大好形势,他复制了这一成功的文化输出模式,在更多地方开设了分店。1900 年,梅光达在悉尼成立了光达茶业有限公司,聘请中国和澳大利亚员工,销售中国茶叶。以他的商业经营为平台,梅光达还跟澳大利亚的政要有着广泛的联系。在澳大利亚排华气焰嚣张时,他利用自己有利的身份,在当地政府和华人社团之间做了大量调节和斡旋的工作,保护了大量的华工。鉴于梅光达在澳大利亚的成就,1890 清政府加封其为四品官,1902 年又决定聘请他为清国驻澳大利亚第一任总领事,次年初他遭到歹徒袭击,英年早逝,殊为可惜。

图 9-11　悉尼茶楼外的梅光达

跟澳大利亚毗邻的新西兰,其早期的茶文化深受英国的影响。18 世纪晚期,英国的海豹和捕鲸者第一次来到新西兰,他们带来了中国的红茶。在此之前,当地居民喜欢喝一种名为努卡的茶饮料。詹姆斯·库克船长和他的船员来到这片新土地后,用红茶等跟当地人交换物品。很快,红茶成为新西兰的国民饮料。19 世纪和 20 世纪初,新西兰喝茶的风气不如澳大利亚盛行,但要比英国更为浓厚。1892 年,新西兰人均年消耗 2.9 公斤茶叶,而澳大利亚新南威尔士州、维多利亚州和塔斯马尼亚州人均年消耗为 3.6 公斤,英国人均年消耗为 2.1 公斤。1910 年,新西兰人均喝 3.3 公斤,澳大利亚人均喝 3.4 公斤。[②] 与此同时,新西兰也从中国大量进口茶叶,但当时茶叶贸易商为盈利在茶叶中掺假,引起当局的重视。1882 年,新西兰出台《茶叶检验法》禁止茶叶掺假,建立了具体的检验制度。中国出口检验执行严

---

① 梅逸民:《清末澳洲茶叶市场的开拓者——梅光达与其茶业有限公司》,《台山文史》编辑部:《台山文史》第 13 辑,台山县政协文史资料委员会 1991 年版,第 24 页。

② Story: Tea, Coffee and soft Drinks,Te Ara-The Encyclopedia of New Zealand, https://teara.govt.nz/en/tea-coffee-and-soft-drinks/page-1,published 5 Sep 2013. 访问时间 2020 年 8 月 7 日。

格，茶叶品质遂得到改善，华茶信誉在一定程度上有所恢复，如新西兰一度对从中国进口的茶叶要求由当地卫生局检验，并只能销给华人饮用，但从1936年起，对持有中国检验合格证书的茶叶免予检验，并不再限售于华人。[①] 目前，新西兰也拥有了本土的茶园，是中国台湾的移民陈于和他的儿子文森特创办的，从一个面积为50公顷的传统奶牛场改建而来，其出品的茶品牌称为"Zealong"，取自新西兰国家名称Zealand和汉语"龙"。

阿根廷茶叶发展较晚，但发展很快。1920年阿根廷从俄罗斯引进了第一批茶叶，尝试种植。从1924年开始，阿根廷政府将从中国进口的茶叶种子，分发给感兴趣的农民，敦促其从事种植。1950年代以后，阿根廷在东北部的米西奥内斯省、科连斯特省高地，大规模推广种植茶叶，这些地区气候温暖，降雨量大，非常适合种植茶叶。与这些地方毗邻的还有福尔摩沙省也十分适合出产高品质茶叶。到20世纪50年代末，阿根廷开始向智利出口茶叶。几十年来，阿根廷扩大了其出口市场，目前已成为全球第九大茶叶生产国。在世界茶文化中，阿根廷的马黛茶十分出名，这种茶由耶尔巴树的树叶制成，最早被阿根廷原住民食用。

拓展训练

一、思考论述

1. 论述中华饮茶文化圈的拓展同中华文明圈的关系。

2. 在中国的边疆治理体系中，茶曾经扮演了怎样的角色？

3. 在鸦片战争前后，中国不少官员和知识分子认为只要控制茶叶和大黄，就可以让西方不击而溃，你认为这种观点正确吗？

4. 为什么日本茶道更多聚焦在精神和审美层面，而中华茶文化更多包含世俗和生活气息？

5. 在荷兰、英国等西方国家普遍接受饮茶习俗之前，为什么对茶叶会有广泛的争论？

6. 1850年代以后，在国际茶叶市场上，为什么英属印度和锡兰的茶叶能够成功击败中国茶叶？

二、学术选题

在大航海时代，包括茶叶、烟草、咖啡、糖、可可等在内的成瘾性消费品的贸易，在

---

① 《纽丝纶政府对华茶入口准予免验》，《新商业》1936年第2卷第1期。

世界近代化和全球化的进程中曾扮演重要角色，它们不仅在大航海后成为主要的世界商品，而且成为宗主国与殖民地的贸易连接纽带。这些成瘾性消费品既是近代生活方式和近代文化产生的催化剂，也是世界近代化的助推器，还是全球化进程的重要推动因素。

请以茶叶这一成瘾性消费品为例，研究分析其在全球一体化中所扮演的角色。

三、实践训练

体验日本茶道、英式下午茶等不同类型的国外的茶文化，分析其与中华茶文化的异同。

四、拓展阅读

1. William Harrison Ukers, *All about Tea*, New York: Tea and coffee trade Journal company, 1935.

2. [美]梅维恒、[美]郝也麟：《茶的真实历史》，高文海译，徐文堪校译，生活·读书·新知三联书店 2018 年版。

3. [美]萨拉·罗斯：《茶叶大盗》，孟驰译，社会科学文献出版社 2015 年版。

4. [日]矶渊猛：《一杯红茶的世界史》，朝颜译，东方出版社 2014 年版。

5. [英]艾伦·麦克法兰、[英]艾丽斯·麦克法兰：《绿色黄金：茶叶帝国》，扈喜林译，周重林校，社会科学文献出版社 2016 年版。

6. [英]罗伊·莫克塞姆：《茶：嗜好、开拓与帝国》，毕小青译，生活·读书·新知三联出版社 2015 年版。

7. 刘再起：《湖北与中俄万里茶道》，人民出版社 2018 年版。

8. 仲伟民：《茶叶与鸦片：十九世纪经济全球化中的中国》，生活·读书·新知三联书店 2010 年版。

后　记

《中华茶文化概论》教材的编写，起源于2011年由吴远之主编、知识产权出版社出版的《大学茶道概论》。《大学茶道概论》从不同角度对茶道的概念、内涵、艺术、文化、科学、风俗、历史、国际交流等方面进行了简明的论述，其中有基础茶文化、茶专业知识的介绍，又有茶道核心思想和理念的传达，更有茶道价值观念和研修方法的传授。该书出版后，在相关院校广为使用，2013年又再次重印。该书主要是相关业者编写的，在学理性特别是如何适应综合性院校使用等方面还需要进一步改进。在吴远之与武汉大学茶文化研究中心主任刘礼堂教授的一次交流中，双方提出要发挥各自的优势，编写一本面向高素质大学生的、既有理论性和学术性又具有实务性和实践性的《中华茶文化概论》教材。

武汉大学茶文化研究中心主要开展两方面的工作：一是聚拢全国一流的茶文化专家资源，打造一支高水平的教材编写队伍；二是向武汉大学本科生院申请开设茶文化的通识课。如今，这两个方面的目标都已实现。《中华茶文化概论》的编写得到了中国社会科学院历史研究院沈冬梅研究员、江西社会科学院《农业考古》主编施由明研究员、浙江农林大学文法学院关剑平副教授等知名茶文化专家，大益茶道院院长吴远之、副院长徐学、李芳等业界专家，以及武汉大学茶文化研究中心刘礼堂教授、宋时磊研究员、高添璧研究员的积极响应，组建了较高水平的编委会。从2018年9月起，编委会召开会议，讨论教材的框架、章节、体例和内容等，经过紧张的编写和前后三次修改，最终在2019年6月底完成教材定稿。另一方面，在武汉大学通识教育中心的支持下，"中华茶文化概论"通识课得以立项，并从2019年9月起面向全校本科生正式开课。

本书由刘礼堂、吴远之总体组织编写，具体安排和分工为：导言，刘礼堂；第一章，沈冬梅；第二章，施由明；第三章，高添璧、宋时磊；第四章、第六章,关剑平、蒋文倩;第五章,吴远之;第七章,李芳、宋时磊;第八章,徐学;第九章,宋时磊。全书统稿工作由宋时磊完成,确保各章的文字、体例、结构等方面的一致性以及内容的准确性。

本书的出版离不开编委会全体成员的共同努力,也离不开大益茶道院的资金支持。除此之外,还有众多朋友亦对本书做出了贡献。赵昊鲁为本书绘制了部分插图,姚国坤、高英勃、段肇红、万学工等人为本书提供了部分照片。冯新悦、万美辰、陈韬、邓新蓉等做了文字上的修改。特别是编辑徐迈在审校过程中的业务素养和敬业精神,让全体编者深受感动。在此,一并致谢!

愿中华茶文化日益蓬勃发展,茶香惠及世界的各个角落!

编　者

2019 年 7 月 15 日于武汉大学